AF400161

Dietmar Fennel (Hrsg.)
Frantisek J. Turcek
Ökologische Beziehungen der Vögel und Gehölze
© 2019 Auflage IV
Herstellung und Verlag: BoD - Books on Demand, Norderstedt
ISBN: 9783748132905

Natürlich wissen wir, dass das vorliegende Buch drucktechnisch kein Meisterwerk darstellt und das von Exlibris Publish erwartete und stets gebotene Qualitätsniveau gravierend unterschreitet.

Andererseits sahen wir uns veranlasst, gemäß der gestalterischen Maxime „form follows function" die Post-Production für das interessante, wissenschaftliche Werk zu übernehmen und als Co-Producer zu publizieren.

Herausgeber Dietmar Fennel überzeugte uns von der Bedeutung des Forschungskompendiums und wir suchten und fanden eine technische Möglichkeit, aus den teilweise rudimentären Resten aus dem Jahren 1959 - 1961 eine vollumfämglich lesbare und bezahlbare Rekonstruktion der Urfassung in deutscher Sprache herzustellen. Die teilweise perspektivische Krümmung in der Darstellung war nicht „part of the plan", auf Grund des vorliegenden Materials aber unvermeidlich, da ein Neusatz zur Zeit nicht in Betracht gezogen wurde.

Wir sind der Ansicht, dass das Buch die Literatursammlungen von Biologen, Ornithologen und sich ernsthaft mit ökologischen Zusammenhängen befassenden Menschen sinnvoll ergänzt.

Jörg Krogull • Exlibris Publish

 Dietmar Fennel ist seit Jahrzehnten Mitglied im Bergischen Naturschutzverein und Vorsitzender der Ortsgruppe Radevormwald.

Zu seinen Projekten und Kooperationen zählen u.a. die Bergische Gartenarche, die Naturschule Grund in Remscheid, die Station Natur und Umwelt in Wuppertal, die Biologischen Stationen Mittlere Wupper, Oberberg und Rhein-Berg sowie der Wupperverband.

Seit über 25 Jahren ist er aktives Mitglied im Trägerverein der Biologischen Station Oberberg und setzt sich hier für Umweltbildung und eine ökologisch nachhaltige Entwicklung ein.

Dietmar Fennel hat zahlreiche Projekte entwickelt, wie die Pflanzung von Landschaftshecken, die Pflege von Streuobst- und Orchideenwiesen oder Projekte zur Wiederansiedlung seltener Arten. Er hat unzählige Nisthilfen gebaut - unter anderem einen künstlichen Horst für Schwarzstörche im Wiebachtal -, Steilwände für den Eisvogel hergerichtet, Stollen und Dachböden für Fledermäuse und alte Gebäude als Brutplätze für Schleiereulen zugänglich gemacht. Dank seines Engagements wurden Kirchtürme mit Nisthilfen für Turmfalken versehen; hierfür konnte er die Auszeichnung „Lebensraum Kirchturm" des Naturschutzbundes Deutschland entgegennehmen.

Darüber hinaus befasst er sich mit der Kulturgeschichte von Baum und Wald. Er sucht und sammelt Sagen, Legenden und Geschichten über alte Charakterbäume und hat sich über die Jahre hierüber ein eigenes Archiv angelegt.

Mit seinem Ideenreichtum und Fachwissen, seinen vielfältigen Aktivitäten und durch seine Netzwerkarbeit hat Dietmar Fennel im Natur- und Artenschutz viel bewirkt.

November 2018

FRANTIŠEK J. TURČEK

ÖKOLOGISCHE BEZIEHUNGEN DER VÖGEL UND GEHÖLZE

Zweigstelle der Tschechoslowakischen Akademie
der Landwirtschaftlichen Wissenschaften,
Forstliche Versuchsanstalt in Banská Štiavnica,
Arbeitsstelle Zvolen

1961

BRATISLAVA

Abb.: Titel des sich in sehr schlechtem Zustand befindlichen Originalwerks

EINLEITUNG

Internationale und nationale zoologische Kongresse, Symposien, Inhalts-
angaben aus den zoologischen wissenschaftlichen Zeitschriften, Übersichte
aus der Literatur und Referate aus den wissenschaftlichen Zeitschriften
beweisen die große Verbreitung und im allgemeinen auch das Überwie-
gen der Ökologie, bemerkbar bereits vom Anfang dieses Jahrhunderts, in
der Gegenwart.

Die Ökologie unseres Jahrhunderts in breitem Haeckelischem (1869)
Sinne ist auf guten Grundlagen gebaut, die im 19. Jahrhundert von so
ausgezeichneten Wissenschaftlern-Biologen wie St.-Hilaire, Buf-
fon, Darwin, Rulje, Severcov, Pallas, Haeckel, Mö-
bius, Merriam, Audubon u. a. niedergelegt wurden.

Solche Entwicklung, die progressive Vorherrschaft der Ökologie, er-
zwangen sich die Wissenschaft als Ganzes und die Praxis. Die Ökologie
dient je weiter desto mehr als Grund sowie auch als Randdisziplin für
viele andere wissenschaftliche Disziplinen — wir erwähnen hier nur den
Evolutionismus, die Genetik, Paläontologie, Taxonomie — und das praktische, tägliche Leben greift immer mehr nach den Erkenntnissen der
Ökologie, sie benützt sie und umgekehrt — sie entfaltet immer neue Pro-
bleme.

Die Ökologie unserer Zeit kann charakterisiert werden durch Sammlung
reichen Materials — neben Beobachtung als wissenschaftlicher Methode —
durch Einsetzung der Experimente, die nicht nur in Laboratorien, sondern
auch in der Natur vorgenommen wurden, und durch breite und ausführliche Analyse. Die Zeit für Synthese — unserer Meinung nach — ist noch
nicht gekommen.

Die Arbeit, die ich hier vorlege, ist eine ökologische und analytische
Arbeit. Sie bestrebt zu beleuchten — ohne weiter zu erklären — die
komplexen Beziehungen von zwei Organismengruppen: der Vögel und der
Gehölze. Mit solchem Ziel und mit dem vorgelegten Material will diese

Arbeit als ein der Grundsteine für die künftige Synthese, und zwar für die Biozönologie sein. Die Materialien, die hier präsentiert werden, können nützlich sein für das Studium der Entwicklung, der Struktur und der Physiologie der Lebensgemeinschaften, hauptsächlich der Waldbiozönosen und deren Dynamik. Vom Gesichtspunkte des täglichen Lebens — in welchem man die Vögel allgemein hauptsächlich nach ihrer „ökonomischen" Bedeutung als Insektenfresser (Pflanzenschädlinge) und nach ihrer ethischen Bedeutung kennt — bringt die Arbeit Materialien auch über andere Tätigkeit und andere Beziehungen der Vögel: über ihre Nahrungs- und Siedlungsabhängigkeit von den Gehölzen und umgekehrt: über die Abhängigkeit der Gehölze (Individuen, Populationen und Gemeinschaften) von den Vögeln bei der ökologischen und geographischen Erhaltung und Verbreitung. Endlich will diese Arbeit der Praxis auch in der neueren Anfassung der „Nützlichkeit" und „Schädlichkeit" der Vögel helfen. Vom Gesichtspunkte der biologischen Bekämpfung der Pflanzenschädlinge und der Schädlinge im allgemeinen (hauptsächlich der Insekten) zeigt diese Arbeit auch die Richtung, in der man die Einsetzung der Vögel in dieser biologischen Bekämpfung — in der heutigen Insektiziden-Zeit — realisieren, verbessern kann: heute ist es bereits klar, daß für die preventive und hauptsächlich für die dauernde Verhütung gegen die Schädlinge, in erster Reihe gegen die Gehölzschädlinge, nicht nur die Darbietung von künstlichen Nestern, genügt sondern es ist notwendig auch andere Beziehungen und Ansprüche der Vögel zu respektieren.

Das Material für diese Arbeit wurde viele Jahre lang gesammelt. Es waren einerseits Beobachtungen und Aufzeichnungen über die Nahrung, das Brüten, die Vermehrung und Siedlungsbeziehungen der Vögel, Beobachtungen über die Vermehrung der Gehölze, Magenanalysen der Vögel. Dies alles ist in Karteien eingetragen worden. Daselbst wurden auch Angaben, die aus der Literatur (hauptsächlich aus in verschiedenen Zeitschriften zerstreuten Angaben) gesammelt wurden, sowie auch Exzerpten aus größeren Werken, wie aus R i d l e y , S c h u s t e r , L e - v i n a , E r k a m o usw., eingetragen.

Ich bemühte mich alle bisherige Kenntnisse über die Beziehungen der Vögel und Gehölze aus ganz Europa zusammenzufassen. Ich bin mir dessen bewußt, daß dieses Material lückenhaft sei, hauptsächlich bezüglich der Mittelmeerländer (Pyrenäische, Appenninische Halbinsel, Frankreich) und des Balkans, über deren die Kenntnisse gering sind, und es gelang mir nicht alle notwendige Literatur zu beschaffen. Eben deshalb macht die Arbeit keinen Anspruch auf Vollständigkeit. Die Angaben über außereuropäische Kontinente Asien und Amerika wurden von mir in der Arbeit nur so weit benützt, wie es für die Analogisierung nützlich oder entsprechend war. Ich zitiere nur jene Literatur, die ich (im Original, Übersetzung, Excerpte) konsultiert habe, und zitiere keine Literatur, die bereits in anderen Werken oder Arbeiten angeführt worden ist. Aus diesem Grunde ist die Literatur am Ende dieser Arbeit nicht das vollkommene Verzeichnis aller Arbeiten über dieses Thema.

Die Arbeit habe ich in drei Teile verteilt: I. Einleitung, II. allgemeiner Teil (wo kurz über die Beziehungen von Organismen im allgemeinen gesprochen wurde) und III. spezieller Teil (als Kern der Arbeit). Solches Material, bei dem es möglich war, habe ich in Tabellen zusammengefaßt. Wo es nur möglich war, bemühte ich mich das Material auszuwerten und benützte dazu mathematisch–statistische Prüfungen, die in der Ökologie immer neue Verwendung finden.

Das fotografische Material — im Original — ist hauptsächlich von diagnostischer Bedeutung (Fraßbilder an Früchten) und wurde auf Grund eigener Sammlung verfertigt. In diesem Zusammenhang erwähne ich die Disproportion nicht nur im Bildmaterial, sondern auch im Textmaterial der einigen Kapitel. Das größte Material habe ich in die Abhandlung bezüglich der Nahrungsbeziehungen und der Verbreitung der Gehölze versammelt. Gering ist das Material über die Siedlungsbeziehungen der Vögel und der Gehölze. Hier, einerseits, war das Material selbst gering, anderseits aber habe ich berücksichtigt, daß in der UdSSR ein monographisches Werk des Dozenten der Leningrader Universität Malčevskij, das umfangreich die Nistbiologie der Vögel bearbeitet, erschienen ist.

Das Material: die Sammlungen von Fraßbildern und Beschädigungen, das negative Material, Aufzeichnungen und Karteien, befindet sich in meinem Eigentum.

Die vorliegende Arbeit betrachte ich als I. Teil eines Gesamtwerkes, dessen II. Teil über ökologische Beziehungen der Säugetiere und Gehölze handeln wird.

Abschließend spreche ich meinen aufrichtigen Dank allen denjenigen aus, die mit Rat, mit eigenen unveröffentlichten Angaben, brieflichen Mitteilungen und mit der Beschaffung der Literatur diese Arbeit unterstützt haben. Es sind die Herren: Dr. Bernis (Spanien), Dr. T. Brander (Finnland), Dr. H. Bruns (Deutschland), Dr. G. Creutz (Deutschland), Z. Csaba (Ungarn), Prof. Dr. O. Ferianc (wissenschaftlicher Schriftleiter der Arbeit — ČSSR), Prof. Dr. E. W. Jameson (USA), Prof. Dr. A. Keve (Ungarn), Dr. J. Korodi-Gál (Rumänien), T. D. Lees-Smith (England), Doz. Dr. A. S. Malčevskij (UdSSR), G. Mountfort (England), Dr. h. c. M. M. Nice (USA), Prof. Dr. G. A. Novikov (UdSSR), Dr. J. Pinowski (Polen), Dr. H. Schönbeck (Österreich), Dr. J. A. Valverde (Spanien). Mein besonderer Dank gebührt Dr. D. R a k š á n y für die Übersetzung meiner, ursprünglich slowakisch geschriebenen Arbeit.

Banská Štiavnica, Jänner 1959.

F. J. Turček

II

BEZIEHUNGEN DER VÖGEL UND GEHÖLZE

Die Beziehungen zwischen den Vogelarten und Gehölzen entstanden und entstehen (bzw. untergehen) in adaptiver Evolution der Arten, evtl. ihrer Populationen. Das Entstehen einiger Relationen verlangte eine lange philetische Entwicklung, wie z. B. die Anpassung der Früchte einiger Gehölze zur Ornithochorie und umgekehrt, andere wieder entstanden plötzlich, wie z. B. die Anpassung der Vögel zum Befressen der Diasporen der künstlich eingeführten Gehölze. In diesem letzten Falle, also bei plötzlicher Entstehung der Beziehungen, geht es immer um relativ einfache und einzelne Beziehungen, also nicht um ein Komplex der Beziehungen.

Beklemišev[1] faßt die ökologischen Beziehungen zwischen den Arten der Organismen in vier Hauptgruppen von Beziehungen zusammen, und zwar:

1. trophische, oder Nahrungsbeziehungen,
2. phorische, oder Übertragungsbeziehungen,
3. topische, oder Siedlungsbeziehungen,
4. fabrische, oder Herstellungsbeziehungen.

Diese verteilt er dann in direkte und indirekte und führt diese Klassifizierung weiterhin in Details aus.

Wenn auch diese Einteilung der Beziehungen eine gewisse Schematisierung, eine Vereinfachung der oft komplizierten Beziehungen darstellt, und man kann gegen diese Klassifikation Beklemišev's allerlei einwenden, ist diese Klassifikation im wesentlichen und im allgemeinen für die erste Analyse der ökologischen Beziehungen genügend.

Wenn wir über die interspezifischen Beziehungen in diesem Sinne sprechen, müssen wir berücksichtigen — in den konkreten genannten Fällen —, daß diese nicht verwirklicht werden, nicht Individuen berühren, aber

---

[1] B e k l e m i š e v V. N., 1951, *O klassifikacii biocenologičeskich (simfiziologičeskich) sviazej*, Bull, Mosk, obščestva ispyt. prirody, otd. biol., Bd. 56, Nr. 5, 3—30.

Populationen der Arten. So z. B. der Buchfink (*Fringilla coelebs*) ist in einer Nahrungsbeziehung mit den Samen der Fichte (*Picea excelsa*). Wenn wir diese Beziehung entweder des Buchfinks, oder der Fichte übertragen hätten, hätten wir auch in der engen Population (sog. Mikropopulation) ein Individuum des Buchfinks gefunden, welches nie eine trophische Beziehung zu der Fichte gehabt hat und umgekehrt. Deshalb werden diese Beziehungen, bzw. ihre Gruppen zu biozönotischen synökologischen Beziehungen. Da man aber unserer Ansicht nach die Ökologie in „Synökologie" und „Autökologie" nicht verteilen kann, weil diese letztere Physiologie ist, sprechen wir im allgemeinen über ökologische Beziehungen, womit impliziter eben die Beziehungen zwischen Populationen der Arten zu verstehen sind.

Jede solche Einteilung, Klassifikation zeichnet sich durch unscharfe Grenzen und durch Unbeständigkeit (Natura non facit saltus — D a r w i n) aus. So z. B. die Amsel (*Turdus merula*), die die Früchte von der Eberesche (*Sorbus aucuparia*) befrißt, kommt mit dieser Holzart in trophische Beziehung. Gleichzeitig aber verbreitet sie endozoisch die Früchte, bzw. die Samen dieses Baumes, kommt also gleichzeitig auch in eine phorische Beziehung. Wenn auch die zweite Beziehung kausal aus der ersten folgt, kann man nicht mit genügender Verantwortung die Existenz der teleologischen Abhängigkeit abweisen: warum sind eigentlich die Diasporen befressen und dazu angepaßt.[2] Und so die zwei Beziehungen, die wir nach B e k l e m i š e v voneinander als zwei Kategorien getrennt haben, stehen auch untereinander in Beziehung, d. h. sie sind keineswegs unabhängig. Noch bemerkenswerter wird die gegenseitige Abhängigkeit einzelner Beziehungen (Kategorien) auftreten, falls wir noch eine weitere von B e k l e m i š e v benützte Charakteristik einsetzen: die Unmittelbarkeit und Mittelbarkeit der Beziehungen. Im Sinne der Definitionen B e k l e m i š e v's ist eine direkte trophische Beziehung zwischen der Amsel (*Turdus merula*) und der Eberesche (*Sorbus aucuparia*), wenn dieser Vogel die Früchte der Eberesche befrißt und er selbst sie pflückt. Im Gegenteil die Waldwühlmaus (*Clethrionomys glareolus*), die unter den Bäumen von den Drosseln heruntergeworfene Früchte sammelt, kommt mit der Eberesche in indirekte trophische Beziehung. Wie soll man denn klassifizieren das Befressen der Früchte und gleichzeitig die Verfrachtung, wie wir es oben erwähnt haben? Das ist eine direkte trophische und eine unbedingte phorische Beziehung, d. h. die Kategorien schmelzen wieder einmal zusammen.

---

[2] Vgl. F r o l o v I. T., *Über das Problem der Zweckmäßigkeit in der organischen Welt (Determinismus und Teleologie)*, Sowjetwissenschaft — naturwissenschaftliche Beiträge, Jhg. 1958, Nr. 9, 917—933.

B e k l e m i š e v setzt noch weitere Kriterien für die Bewertung der Beziehungen ein: Intensität, Extensität und Dauer der Beziehungen. Damit kann man nur übereinstimmen, weil er die Beziehungen nicht bloß auf qualitativem Grunde analysiert und dann charakterisiert, sondern er bestrebt sich die Beziehungen auch zu messen, zahlmäßig auszudrücken. Solche Beurteilung der Beziehungen ist sehr fruchtbar und nützlich, insbesondere beim Suchen der Kausalitätsabhängigkeiten im Inneren der Biozönosen oder bei ihrer Gestaltung oder Untergang. Die quantitative Seite der Beziehungen hat außerdem einen wesentlichen Einfluß auch auf die adaptive Evolution der Arten, auf die Koadaptationen und auf die Entwicklung der Lebensgemeinschaften der Organismen — d. h. auf die Biozönosen.

So zeigen sich uns auf den ersten Blick einfache, schematische Beziehungen, wie sie von B e k l e m i š e v (für Studienzwecke sehr entsprechend) dargestellt werden, immer mehr als ein Komplex gegenseitig abhängiger Beziehungen mit unscharfen Kategorien, von denen Ch. D a r w i n vor 100 Jahren geschrieben hat: „Gegenseitige Beziehungen der Organismen — die wichtigsten aller Beziehungen." (*Origin of Species,* III. Kapitel.)

SPEZIELLER TEIL

1. Gehölzteile als Nahrung der Vögel

Neben den Tieren haben die Gehölze die größte Wichtigkeit in der Ernährung der Vögel. Das Befressen der Gehölzteile — hauptsächlich der generativen — ist das Ergebnis eines langen Evolutionsprozesses. Während dieses entstanden viele Anpassungen und Koadaptationen der Vögel einerseits und zwischen diesen und den Gehölzen anderseits. Aus solchen Anpassungen kann man günstige morphologische Änderungen (Schnabel), funktionelle (Verdauung, Vermehrung), phönologische (vertikale und horizontale Bewegungen der Vögel) bis mehr oder weniger einseitige Spezialisierung seitens der Vögel anführen, während seitens der Gehölze sind es wieder Änderungen adaptiver Art, oft mit selektivem Wert, wie die Farbe, die Beschaffenheit, der Geschmack und die Lokation der Früchte, ihre Konsistenz, die Phönologie der Keimung, die Phoresie usw. Es kommen nicht selten Koinzidenzen der ökologischen und geographischen Verbreitung einzelner Vögel und Gehölze gegenseitig vor.

Die Gehölzteile bieten den Vögeln drei Hauptnährstoffe: Fette, Kohlenhydrate und Eiweißstoffe, aber außerdem auch Vitamine, Heteroauxine und Spurelemente — darüber sind wir aber spärlich unterrichtet. Bezüglich ihres Nahrungswertes und überhaupt des Biochemismus sind die Gehölzteile ungenügend ausgeforscht und darum kennen wir viele Erscheinungen aus den gegenseitigen Beziehungen der Vögel und Gehölze nicht oder wir können sie nicht richtig erklären.

Die Gehölze haben einen wichtigen Platz nicht nur in der Ernährung der mehr oder weniger pflanzenfressenden Vögel, aber — wenn auch zeitlich oder räumlich begrenzt — auch in der Ernährung der fleischfressenden (d. h. tierische Nahrung verzehrenden) Vögel. Hier kommt man auch zu einer paradoxen Erscheinung: die Gehölze können eine wesentliche Bedeutung im Überleben einiger fleischfressenden Vögel im Mangel der tierischen Nahrung haben, während anderseits die Mehrzahl der pflanzenfressenden, fruchtfressenden Vögel in einem breiten Spielraum solcher Nahrung angepaßt ist und im Mangel einer oder grundsätzlicher Samennahrung eine Ersatznahrung sucht, oder übt vertikale oder horizontale Bewegungen im Inneren oder Äußeren des Areals aus.

Die für die Ernährung der Vögel wichtige Gehölzteile teilen wir in generative und vegetative ein. Zu den ersten gehören die Blütenknospen und Diasporen in breitestem Sinne des Wortes, zu den zweiten die Blätterknospen, die Triebknospen, Blätter, Nadeln, Säfte (phloem), bzw. das Kambium. Einen besonderen Platz nehmen die Gallen ein, während ihre Substanz ist mit, oder ohne das Gallentier befressen. Solche Einteilung der Gehölzteile ist bedeutend relativ und ist zulässig für die Übersicht, Klassifizierung, für die verschiedene funktionelle Bedeutung, Ernährungswert und Phönologie. So z. B. gibt es keine scharfe Grenze zwischen der Blütenknospe, Blume und Diaspore, zwischen der Blätterknospe und dem Blatt. Solche Kontinuität bewirkt den Mangel an objektiven Kriterien über die Verteilung der Gehölzteile in der Nahrung der Vögel, namentlich wenn es um Beobachtung im Freien geht.

a) *Diasporen der Gehölze in der Nahrung der Vögel*

Unter Diasporen im breitesten Sinne des Wortes verstehen wir entwikkelte generative Organe der Gehölze, die die Samen enthalten und diese dann den Embryo. So verstandene Diaspore umfaßt also auch Testa, Endosperm, Perisperm und Perikarp (einschließlich Endo- und Mezokarp). Die Diasporen sind trockene und fleischige, diese letzten sind Kernfrüchte und Beeren. Unter Diasporen verstehen wir hier auch das Zenokarpium, Arillus und unechte Diasporen.

Die Art·des Befressens der Diasporen durch Vögel ist verschieden: entweder befressen die Vögel die ganzen Diasporen, oder nur ihre Teile: Endosperm, Mezokarp, den Samen, und zwar sie picken die ganze Diaspore auf, bzw. sie picken ihre Teile an, sie zerreiben, zerbrechen sie, schälen sie ab, schlagen sie heraus, schälen sie aus usw. Die Art des Befressens der Diaspore durch Vögel beeinflußt einerseits die Quantität und die Qualität der durch die Vögel aus den Diasporen gewonnenen Ernährungsstoffe, anderseits das weitere Schicksal der Diaspore, des Embryos. Der Samen mit dem Embryo in dem Verdauungstrakt kann verdaut, mechanisch beschädigt, vernichtet werden, er kann eher ausgewürgt sein, als er in den Magen gekommen sein könnte, oder er kann den Verdauungstrakt passieren und mit dem Kote ausgescheidet werden.

Verschiedener ist auch der Platz des Befressens der Diasporen durch Vögel. Einige Diasporen werden direkt in situ konsumiert, oder sie werden weggetragen und auf der Mutterpflanze (Gehölze) oder in ihrer Umgebung

17

befressen, bzw. werden die Diasporen als Vorräte auf die Bäume in die Rinde, Nadeln, Flechte, Knoten, Rissen, Höhlen, oder auch auf der Erde in die Waldstreu, in das Moos, Nadeln usw. verschleppt. Einige Diasporen werden am Boden, nach ihrem Abfallen, konsumiert.

Die Vögel befressen die Diasporen in verschiedenster Zeit ihrer morphologischen und physiologischen Reife (Überreife): einige Diasporen werden befressen — und manchmal auch konsumiert — unreif, bei den anderen werden nur die reife Teile konsumiert. Es gibt Diasporen, die nur reif befressen werden, andere wieder nur einige Zeit nach der Reife der Diasporen.

Das Maß des Diasporenbefressens ist bedeutend veränderlich nicht nur spezifisch, aber hauptsächlich zeitlich und räumlich. Es gibt Diasporen, die praktisch immer und überall konsumiert werden, die anderen nur in gewissem Maße (Quantität), andere wieder nur im Mangel anderer Diasporen, weitere nur bei den Invasionen der Vögel, andere endlich bleiben fast unberührt. Dabei treten auch individuelle und regionale (auch geographische) Unterschiede bezüglich der Phönologie und des Biochemismus der Diasporen hervor, Unterschiede in Zeit, anderseits treten hervor die Anpassungen oder Inadaptationen der Lokalbestände der Vögel. Dies alles mit den qualitativen und quantitativen Beziehungen der Diasporen verschiedener Vögel beeinflußt gegenseitig das Maß des Diasporenbefressens der Vögel. Nicht in letzter Reihe auch die Qualität einzelner Diasporen, der Gesundheitszustand, die Größe, Farbe, der Geschmack, das Gewicht — alles im Rahmen der individuellen Variabilität der Diasporen —, wie auch die Lokation: in der Mitte der Krone des Gehölzes, auf den vorspringenden, abhängenden Ästen, am Ende der Zweige usw., beeinflußt das Maß des Diasporenbefressens.

Im weiteren, in Tabellen, geben wir die qualitative Übersicht der Gehölze Europas (soweit ihre Diasporen oder ihre andere Teile durch Vögel befressen werden) alphabetisch geordnet. Bei jedem Gehölze werden die einzelnen Vogelarten angeführt, die die betreffenden Diasporen befressen. Die Vögel sind in der Reihe des Systems nach Wetmore angeführt. Diese Übersicht (Tab. 1) enthält entweder Vogelarten, oder Artengruppen je nach dem, ob die Vögel beim Befressen der Diasporen Arten unterscheiden, bzw. ob die Beobachtungen (eigene oder aus der Literatur genommene) solche Unterschiede machen. Mit dieser Ordnung vermeiden wir eine unrichtige Interpretation, wie auch die Wiederholung in solchen Fällen, wenn dieselbe Vogelarten verschiedene Arten derselben Gehölzordnung befressen. Alle Gehölze, deren Diasporen durch Vögel in Europa — insoweit die Beobachtungen gemacht werden konnten, bzw. insoweit die Literatur über dies mir zugänglich war — befressen werden,

sind in drei Kategorien eingeteilt: I. abgelehnte Gehölze, d. h. solche,
deren Diasporen weniger, als die mathematische Erwartung ist, befressen
sind, II. Gehölze, deren Diasporen durchschnittlich, nach der Erwartung
befressen sind, und III. Gehölze, deren Diasporen bevorzugt, mit Vorliebe,
mehr als die Erwartung sei, befressen sind. Dabei ist als Kriterium solcher Klassifizierung die Quantität einige Gehölze befressender Vogelarten
benützt worden. Im Durchschnitt wurde eine Gehölzart (Artengruppe) durch
11 Vogelarten befressen, und dabei fängt ein statistisch gesicherter Unterschied für eine Gehölzart bei 11 ± 8 Vogelarten an, nach einem χ^2-Test.
So sind die Gehölze in die drei obenerwähnten Kategorien zerfallen, in
welchen die I. Kategorie Gehölze, deren Diasporen durch 1—2 Vogelarten
befressen sind, enthält, die II. Kategorie besteht aus 3—19 Vogelarten
und die III. Kategorie aus 20—63 Vogelarten, bzw. aus 20 und mehreren
Arten. Hier muß aber angeführt werden, daß die Quantität einzelner
Gehölzarten (Gruppen), bzw. ihre Diasporen fressenden Vogelarten durch-
aus nicht beständig, statisch ist und nicht immer der Wirklichkeit entspricht: bei vielen Gehölzarten fehlen die Beobachtungen und nicht alle
Gehölze wurden gleichmäßig beobachtet, wie es auch bei Vogelarten der
Fall ist. Aus diesen Gründen ist auch die Zugehörigkeit der Gehölze zu
den einzelnen Kategorien nicht unveränderlich, besonders in den Extremwerten der Quantität der Vogelarten (d. h. am mindesten und am meisten
Vogelarten auf eine Gehölzart), und man kann zu Umstellungen zwischen
den einzelnen Kategorien kommen. Die Mehrzahl aber — und es handelt
sich darum — fällt nach Wirklichkeit in die einzelnen Kategorien ein.

Die Zahlenverteilung der Gehölze in den einzelnen Kategorien ist
ungefähr normal, d. h. die meisten Gehölze sind im Mittel befressen, es
hat — bzw. dessen Diasporen — eine durchschnittliche Quantität der befressenden Vögel, während abgelehnte, unbeliebte Gehölze und anderseits
sehr bevorzugte, beliebte Gehölze gibt es weniger. Falls wir die Gesamtzahl der Gehölze (der Artengruppen) als $n = 186$ betrachten, befindet
sich in der I. Kategorie 20 %, in der II. 62 % und in der III. 18 % der
Gehölze. Falls wir in Betracht nehmen, was über die ungleiche Beobachtung einzelner Gehölzarten und Vogelarten gesagt wurde, können wir
die Zugehörigkeit einzelner Gehölzarten (Gruppen) zu einzelnen Kategorien kausal untersuchen. Warum sind einzelne Gehölze, ihre Diasporen,
weniger oder mehr von den Vögeln beliebt?

Aus der Gesamtzahl der in der Tabelle 1 angeführten Gehölzarten (nicht
Gruppen!) $n' = 274$ gibt es 88 fremdländische Arten. Wir verstehen damit
die außereuropäischen Arten ihrer Herkunft nach. Beachten wir jetzt, wie
sich die einzelnen Gehölzkategorien an diesen 88 fremdländischen Arten
beteiligen.

Übersicht der Gehölze, deren Diasporen durch Vögel befressen sind
(Die Gehölze alphabetisch, die Vögel systematisch geordnet.)

Holzart	Vogelart
Abies	*Phasianus colchicus*
alba	*Nucifraga caryocatactes*
balsamea	× *Parus major**
cephalonica	× *Parus ater*
cilicica	× *Parus cristatus*
concolor	× *Parus atricapillus*
firma	× *Sitta europaea*
grandis	*Coccothraustes coccothraustes*
nordmanniana	× *Loxia curvirostra*
numidica	
pinsapo	*Parus ater*
sibirica	*Parus atricapillus*
	Pyrrhula pyrrhula
	Loxia curvirostra
Acer	× *Dendrocopos major*
campestre	*Garrulus glandarius*
	× *Parus major*
	× *Parus caeruleus*
	× *Parus ater*
	× *Parus palustris*
	× *Parus atricapillus*
	× *Sitta europaea*
	Sylvia atricapilla
	Bombycilla garrulus
	× *Coccothraustes coccothraustes*
	× *Pyrrhula pyrrhula*
	Loxia curvirostra
	Fringilla coelebs
	Fringilla montifringilla
ginnala	*Bombycilla garrulus*
	× *Coccothraustes coccothraustes*
	× *Pyrrhula pyrrhula*
negundo	× *Parus major*
	Bombycilla garrulus
	Coccothraustes coccothraustes
	× *Pyrrhula pyrrhula*

* Bemerkung: die mit × bezeichneten Arten sind eigene Beobachtungen.

Holzart	Vogelart
platanoides	× Dendrocopos major
	Dendrocopos medius
	× Corvus frugilegus
	× Parus major
	× Parus palustris
	× Sitta europaea
	Bombycilla garrulus
	× Coccothraustes coccothraustes
	Pyrrhula pyrrhula
pseudoplatanus	Tetrastes bonasia
	Phasianus colchicus
	× Dendrocopos major
	Dendrocopos medius
	× Dendrocopos leucotos
	× Garrulus glandarius
	Nucifraga caryocatactes
	× Parus major
	× Parus caeruleus
	× Parus palustris
	× Parus atricapillus
	× Parus ater
	× Sitta europaea
	Bombycilla garrulus
	× Coccothraustes coccothraustes
	Chloris chloris
	× Pyrrhula pyrrhula
	Loxia curvirostra
	Fringilla coelebs
	Fringilla montifringilla
tataricum	× Parus major
	× Parus palustris
	× Sitta europaea
	Bombycilla garrulus
	× Coccothraustes coccothraustes
	× Chloris chloris
	× Pyrrhula pyrrhula
Aesculus hippocastanum	Corvus frugilegus
	× Garrulus glandarius
Ailantus altissima	Bombycilla garrulus
	× Chloris chloris

Holzart	Vogelart
Alnus	
incana	*Anas plathyrhynchos*
glutinosa	*Anas crecca*
viridis	*Tetrastes bonasia*
	Phasianus colchicus
	Pica pica
	Parus palustris
	Parus atricapillus
	Sitta europaea
	Turdus merula
	Coccothraustes coccothraustes
	Carduelis carduelis
	Carduelis spinus
	Carduelis flammea
	Carduelis citrinella
	Serinus canarius
	Pyrrhula pyrrhula
	Loxia curvirostra
	Loxia pytyopsittacus
	Fringilla coelebs
	Fringilla montifringilla
Amelanchier	
ovalis	*Columba palumbus*
canadensis	*Oriolus oriolus*
baccata	*Corvus corone cornix*
	Pica pica
	Garrulus glandarius
	Parus ater
	Turdus pilaris
	Turdus viscivorus
	× *Turdus ericetorum*
	Turdus musicus
	× *Turdus merula*
	Luscinia megarhynchos
	× *Erithacus rubecula*
	Hippolais icterina
	× *Sylvia borin*
	× *Sylvia atricapilla*
	× *Sylvia communis*
	Sturnus vulgaris
	Pyrrhula pyrrhula
	Fringilla coelebs
	Passer domesticus

(Fortsetzung)

Holzart	Vogelart
Arbutus 　*unedo*	*Pica pica* *Garrulus glandarius* *Parus major* *Turdus pilaris* *Turdus viscivorus* *Turdus ericetorum* *Turdus torquatus* *Turdus merula* *Phoenicurus phoenicurus* *Phoenicurus ochruros* *Erithacus rubecula* *Sylvia atricapilla* *Sylvia melanocephala* *Prunella collaris* *Prunella modularis*
andrachne	*Luscinia svecica*
Aronia 　*melanocarpa*	✕ *Turdus ericetorum* ✕ *Turdus merula* ✕ *Sylvia atricapilla*
prunifolia	*Sturnus vulgaris*
Berberis 　*vulgaris*	*Tetrastes bonasia* *Columba palumbus* *Corvus corone cornix* *Corvus frugilegus* *Corvus monedula* *Pica pica* *Garrulus glandarius* *Pyrrhocorax graculus* *Parus major* *Parus caeruleus* *Turdus pilaris* *Turdus ericetorum* *Turdus musicus* *Turdus merula* ✕ *Erithacus rubecula* *Bombycilla garrulus* *Coccothraustes coccothraustes* *Chloris chloris* ✕ *Pyrrhula pyrrhula*

Holzart	Vogelart
thunbergi	*Tetrastes bonasia* *Turdus ericetorum* *Turdus musicus* *Turdus merula* *Sylvia communis* *Prunella modularis* *Petronia petronia*
Betula pendula pubescens papyrifera nigra (nana)	*Lagopus lagopus* *Lagopus mutus* *Lyrurus tetrix* *Tetrastes bonasia* *Phasianus colchicus* *Scolopax rusticola* *Pica pica* *Garrulus glandarius* *Perisoreus infaustus* *Parus major* ✕ *Parus caeruleus* ✕ *Parus palustris* *Parus atricapillus* *Parus ater* *Sitta europaea* *Turdus ericetorum* *Turdus musicus* *Turdus merula* *Tarsiger cyanurus* ✕ *Phylloscopus collybita* *Sylvia borin* *Anthus trivialis* *Bombycilla garrulus* *Coccothraustes coccothraustes* *Chloris chloris* ✕ *Carduelis carduelis* ✕ *Carduelis spinus* *Carduelis flammea* *Serinus canaria* ✕ *Pyrrhula pyrrhula* ✕ *Fringilla coelebs* *Fringilla montifringilla*
Buxus sempervirens	*Parus caeruleus*

(Fortsetzung)

Holzart	Vogelart

Caragana
  arborescens
  frutex
	Pica pica
	Turdus merula
	× *Coccothraustes coccothraustes*

Carpinus
  betulus
  carpinus
  orientalis
	Phasianus colchicus
	× *Dendrocopos major*
	× *Dendrocopos medius*
	× *Garrulus glandarius*
	× *Parus major*
	× *Sitta europaea*
	× *Coccothraustes coccothraustes*
	Chloris chloris
	Pyrrhula pyrrhula
	Loxia curvirostra

Carya ovata	× *Dendrocopos major*
Castanea sativa	*Corvus corone cornix* *Corvus frugilegus* × *Garrulus glandarius* *Pica pica* *Parus major* *Parus caeruleus* *Parus palustris* *Parus ater*

Catalpa
  speciosa
  bignonioides
	Phasianus colchicus
	× *Garrulus glandarius*

Cedrus *atlantica*	× *Dendrocopos major*

Celtis
  australis
  occidentalis
	Phasianus colchicus
	Columba palumbus
	Oriolus oriolus
	Corvus frugilegus
	Pyrrhocorax pyrrhocorax
	× *Sitta europaea*

Holzart	Vogelart
	Turdus pilaris
	Turdus viscivorus
	Turdus ericetorum
	Turdus musicus
	✕ *Turdus merula*
	Bombycilla garrulus
	Sturnus vulgaris
	✕ *Coccothraustes coccothraustes*
	Fringilla coelebs
	✕ *Passer domesticus*
Ceratonia siliqua	*Corvus cornix*
	Corvus frugilegus
	Corvus monedula
Cornus mas	*Tetrao urogallus*
	✕ *Tetrastes bonasia*
	Phasianus colchicus
	Columba palumbus
	Corvus corone cornix
	Corvus frugilegus
	Corvus monedula
	✕ *Garrulus glandarius*
	Pyrrhocorax graculus
	✕ *Sitta europaea*
	Turdus pilaris
	✕ *Turdus ericetorum*
	✕ *Turdus merula*
	Bombycilla garrulus
	✕ *Coccothraustes coccothraustes*
sanguinea alternifolia	✕ *Tetrastes bonasia*
	Phasianus colchicus
	Pica pica
	✕ *Garrulus glandarius*
	✕ *Parus caeruleus*
	✕ *Sitta europaea*
	Turdus pilaris
	✕ *Turdus viscivorus*
	✕ *Turdus ericetorum*
	✕ *Turdus merula*
	✕ *Erithacus rubecula*

(Fortsetzung)

Holzart	Vogelart
	Acrocephalus scirpaceus
	Acrocephalus palustris
	× Sylvia borin
	× Sylvia atricapilla
	Sylvia communis
	× Sylvia curruca
	Muscicapa striata
	Bombycilla garrulus
	Sturnus vulgaris
	× Coccothraustes coccothraustes
	× Chloris chloris
	Carduelis flammea
	× Fringilla montifringilla
svecica	Tetrao urogallus
	Lyrurus tetrix
	Tetrastes bonasia
	Larus marinus
	Turdus pilaris
	Turdus musicus
	Turdus ericetorum
	Perisoreus infaustus
	Pyrrhula pyrrhula
alba	Turdus merula
	Erithacus rubecula
	Phoenicurus phoenicurus
	Sylvia borin
	Sylvia atricapilla
	Sylvia communis
	Muscicapa striata
	Chloris chloris
stolonifera	Phasianus colchicus
	Muscicapa striata
Corylus avellana	× Tetrastes bonasia
	Phasianus colchicus
	× Dendrocopos major
	× Dendrocopos medius
	× Dendrocopos syriacus
	× Garrulus glandarius
	× Nucifraga caryocatactes
	× Parus major
	× Sitta europaea
	Coccothraustes coccothraustes

Holzart	Vogelart
colurna	× *Dendrocopos major* × *Garrulus glandarius* × *Nucifraga caryocatactes*
Cotoneaster tomentosa	× *Tetrastes bonasia* *Corvus cornix* *Pica pica* × *Garrulus glandarius* × *Turdus ericetorum* × *Turdus merula* × *Erithacus rubecula* × *Sylvia atricapilla* *Bombycilla garrulus* *Coccothraustes coccothraustes* *Pyrrhula pyrrhula*

integerrima
    melanocarpa
    horizontalis
	Pica pica
	Turdus ericetorum
	Turdus merula
	Erithacus rubecula
	Bombycilla garrulus
	Coccothraustes coccothraustes
	Fringilla coelebs
	Passer domesticus

frigida	*Turdus merula* *Coccothraustes coccothraustes* *Chloris chloris*

Crataegus
    oxyacantha
    monogyna
	Lyrurus tetrix
	× *Tetrastes bonasia*
	× *Phasianus colchicus*
	Columba palumbus
	Picoides tridactylus
	Corvus corone
	Corvus cornix
	Corvus frugilegus
	Cyanopica cyana
	× *Pica pica*
	× *Garrulus glandarius*
	× *Nucifraga caryocatactes*
	Pyrrhocorax pyrrhocorax

Holzart	Vogelart
	Parus caeruleus
	× Turdus pilaris
	× Turdus viscivorus
	× Turdus ericetorum
	Turdus musicus
	Turdus torquatus
	× Turdus merula
	Monticola solitarius
	× Erithacus rubecula
	× Bombycilla garrulus
	Sturnus vulgaris
	× Coccothraustes coccothraustes
	× Chloris chloris
	Carduelis flammea
	Pyrrhula pyrrhula
	Carpodacus erythrinus
	Fringilla coelebs
	Fringilla montifringilla
	Petronia petronia
intricata	Columba palumbus
	Turdus pilaris
carrierii	Garrulus glandarius
	Turdus merula
	Bombycilla garrulus
sanguinea	Tetrastes bonasia
Cryptomeria japonica	× Parus palustris
	× Parus ater
	× Carduelis spinus
Daphne mezereum	Tetrastes bonasia
	Phasianus colchicus
	Turdus ericetorum
	Turdus merula
	Erithacus rubecula
	Sylvia borin
	× Sylvia atricapilla
	Sylvia curruca
	Coccothraustes coccothraustes
	Chloris chloris

Holzart	Vogelart
laureola	Turdus merula Monticola solitarius Coccothraustes coccothraustes
Deutzia scabra	× Pyrrhula pyrrhula

Eleagnus
    angustifolia
    multiflora
	Oriolus oriolus
	× Garrulus glandarius
	Turdus pilaris
	× Turdus viscivorus
	× Turdus ericetorum
	× Turdus merula
	× Erithacus rubecula
	× Sylvia atricapilla
	Sylvia curruca
	Muscicapa striata
	Bombycilla garrulus
	Sturnus vulgaris
	Coccothraustes coccothraustes
	Fringilla coelebs
	Passer domesticus
	Passer montanus

Empetrum
    nigrum
    hermaphroditum
	Chen caerulescens
	Anas plathyrhynchos
	Anas crecca
	Lagopus lagopus
	Lagopus mutus
	Lagopus scoticus
	Lyrurus tetrix
	Tetrao urogallus
	× Tetrastes bonasia
	Phasianus colchicus
	Grus grus
	Charadrius squatarola
	Charadrius apricarius
	Numenius arquata
	Numenius phaeopus
	Larus argentatus
	Larus hyperboreus
	Larus ridibundus

(Fortsetzung)

Holzart	Vogelart
	Stercorarius parasiticus
	Stercorarius longicaudus
	Syrrhaptes paradoxus
	Cuculus canorus
	Alauda arvensis
	Corvus corax
	Corvus corone
	Corvus cornix
	Corvus frugilegus
	Pica pica
	Garrulus glandarius
	Nucifraga caryocatactes
	Perisoreus infaustus
	Parus major
	Parus palustris
	Turdus pilaris
	✕ Turdus ericetorum
	Turdus torquatus
	Phoenicurus phoenicurus
	✕ Erithacus rubecula
	Muscicapa striata
	Prunella modularis
	Bombycilla garrulus
	Sturnus vulgaris
	Carduelis flammea
	Pyrrhula pyrrhula
	Pinicola enucleator
	Loxia curvirostra
	Fringilla montifringilla
	Emberiza sp.
	Plectrophenax nivalis
Evodia hupehensis	Parus major
	Parus caeruleus
	Parus palustris
Euonymus europaea	Lyrurus tetrix
	✕ Tetrastes bonasia
	✕ Phasianus colchicus
	Corvus corone
	Corvus frugilegus

Holzart	Vogelart
	Corvus monedula
	× Pica pica
	× Garrulus glandarius
	× Parus major
	× Parus caeruleus
	× Parus palustris
	Aegithalos caudatus
	× Sitta europaea
	× Turdus pilaris
	Turdus ericetorum
	Turdus musicus
	× Turdus merula
	× Erithacus rubecula
	Sylvia borin
	Sylvia atricapilla
	× Bombycilla garrulus
	Sturnus vulgaris
	× Coccothraustes coccothraustes
	Passer domesticus
Fagus silvatica (orientalis)	Lyrurus tetrix
	× Tetrao urogallus
	× Tetrastes bonasia
	Phasianus colchicus
	× Columba palumbus
	× Columba oenas
	× Dendrocopos major
	× Dendrocopos leucotos
	Corvus frugilegus
	Corvus monedula
	Pica pica
	× Garrulus glandarius
	× Nucifraga caryocatactes
	× Parus major
	× Parus caeruleus
	× Parus ater
	× Parus palustris
	× Parus atricapillus
	× Sitta europaea
	× Coccothraustes coccothraustes
	× Chloris chloris
	× Carduelis spinus
	Pyrrhula pyrrhula

(Fortsetzung)

Holzart	Vogelart
	✕ *Loxia curvirostra* ✕ *Fringilla coelebs* ✕ *Fringilla montifringilla*
Ficus *carica*	*Coracias garrulus* *Oriolus oriolus* *Corvus corax* *Corvus cornix* *Corvus frugilegus* *Corvus monedula* *Monticola solitarius* *Turdus merula* *Hippolais polyglotta* *Hyppolais olivetorum* *Sylvia hortensis* *Sylvia borin* *Sylvia atricapilla* *Sturnus vulgaris*

Forsythia
    viridissima
    suspensa
	✕ *Pyrrhula pyrrhula*

Fraxinus
    excelsior
    oxycarpa
    ornus
    (americana)
	✕ *Parus major*
	✕ *Parus palustris*
	✕ *Parus caeruleus*
	✕ *Parus atricapillus*
	✕ *Bombycilla garrulus*
	✕ *Coccothraustes coccothraustes*
	✕ *Chloris chloris*
	✕ *Pyrrhula pyrrhula*
	✕ *Fringilla montifringilla*

Gleditsia triacanthos	✕ *Phasianus colchicus* ✕ *Corvus frugilegus* ✕ *Garrulus glandarius* *Bombycilla garrulus*
Hedera helix	*Tetrao urogallus* *Columba palumbus* *Turdus pilaris*

3 Ökologische

Holzart	Vogelart
	Turdus viscivorus
	Turdus musicus
	Turdus ericetorum
	× *Turdus merula*
	× *Phoenicurus ochruros*
	× *Sylvia atricapilla*
	Motacilla alba
	Bombycilla garrulus
	Sturnus vulgaris
	Coccothraustes coccothraustes
	Emberiza calandra
Hippophaë rhamnoides	*Buteo buteo*
	Lyrurus tetrix
	Tetrastes bonasia
	Phasianus colchicus
	Columba palumbus
	Larus canus
	Pica pica
	Pyrrhocorax pyrrhocorax
	Pyrrhocorax graculus
	Turdus pilaris
	Turdus viscivorus
	Turdus ericetorum
	Turdus merula
	Bombycilla garrulus
	× *Sturnus vulgaris*
	Coccothraustes coccothraustes
Chaenomeles japonica	× *Dendrocopos major*
	× *Garrulus glandarius*
	× *Parus major*
	× *Parus palustris*
	× *Parus atricapillus*
	× *Bombycilla garrulus*
Chamaecyparis *lawsoniana* *pisifera* *obtusa* *nootkaensis* *thyoides*	× *Parus major* × *Parus caeruleus* × *Parus ater* × *Parus palustris* × *Parus cristatus* × *Chloris chloris* × *Carduelis carduelis*

Holzart	Vogelart
	× *Carduelis spinus* × *Pyrrhula pyrrhula* × *Fringilla coelebs*
Ilex ·aquifolium	*Phasianus colchicus* *Columba palumbus* *Streptopelia turtur* *Pica pica* *Nucifraga caryocatactes* *Turdus pilaris* *Turdus viscivorus* *Turdus ericetorum* *Turdus musicus* × *Turdus merula* *Bombycilla garrulus* *Coccothraustes coccothraustes*
verticillata	*Turdus viscivorus* *Turdus ericetorum* *Turdus merula* *Coccothraustes coccothraustes* *Pyrrhula pyrrhula*
Juglans regia	× *Dendrocopos major* *Dendrocopos leucotos* × *Dendrocopos syriacus* × *Corvus cornix* × *Corvus frugilegus* × *Corvus monedula* *Pica pica* × *Garrulus glandarius* × *Nucifraga caryocatactes* × *Parus major* *Parus ater* × *Sitta europaea* *Turdus merula* × *Coccothraustes coccothraustes*

nigra
  cinerea
  mandshurica
	× *Dendrocopos major*

Holzart	Vogelart
Juniperus communis	*Lyrurus tetrix*
	Tetrao urogallus
	Tetrastes bonasia
	Phasianus colchicus
	Perdix perdix
	Alectoris graeca
	Cuculus canorus
	Dendrocopos major
	Corvus corax
	Corvus cornix
	Corvus monedula
	Pica pica
	Garrulus glandarius
	✕ *Nucifraga caryocatactes*
	Perisoreus infaustus
	Pyrrhocorax pyrrhocorax
	Pyrrhocorax graculus
	Parus palustris
	Parus atricapillus
	Regulus regulus
	Regulus ignicapillus
	Certhia familiaris
	✕ *Turdus pilaris*
	✕ *Turdus viscivorus*
	✕ *Turdus ericetorum*
	Turdus musicus
	Turdus torquatus
	✕ *Turdus merula*
	Phoenicurus phoenicurus
	✕ *Phoenicurus ochruros*
	✕ *Erithacus rubecula*
	✕ *Sylvia atricapilla*
	✕ *Bombycilla garrulus*
	Coccothraustes coccothraustes
	Chloris chloris
	Carduelis spinus
	Carduelis flammea
	Pyrrhula pyrrhula
	Carpodacus erythrinus
	Pinicola enucleator
	Loxia curvirostra
	Fringilla montifringilla
	Petronia petronia

(Fortsetzung)

Holzart	Vogelart
virginiana	× Turdus ericetorum
	× Turdus merula
	Bombycilla garrulus
	× Chloris chloris
	× Carduelis spinus
	Pyrrhula pyrrhula
	× Fringilla coelebs
	× Fringilla montifringilla
nana	Pyrrhocorax pyrrhocorax
	Turdus pilaris
	Turdus viscivorus
	Turdus merula
	Pyrrhula pyrrhula
	Loxia curvirostra
oxycedrus	Pyrrhocorax pyrrhocorax
	Cyanopica cyana
macrocarpa (chinensis)	Pyrrhocorax pyrrhocorax
Laburnum	
anagyroides	× Phasianus colchicus
alpinum	× Bombycilla garrulus
	Coccothraustes coccothraustes
	× Pyrrhula pyrrhula
Larix	
decidua	× Dendrocopos major
sibirica	× Nucifraga caryocatactes
laricina	× Parus major
leptolepis	× Parus ater
eurolepis	× Parus palustris
	× Parus atricapillus
	× Coccothraustes coccothraustes
	× Chloris chloris
	× Carduelis spinus
	Carduelis flammea
	Serinus canarius
	× Loxia curvirostra
	Loxia pytyopsittacus
	Loxia leucoptera
	× Fringilla coelebs
	Fringilla montifringilla

Holzart	Vogelart
Laurus nobilis	*Coccothraustes coccothraustes*
Ligustrum vulgare	*Lyrurus tetrix* × *Tetrastes bonasia* × *Phasianus colchicus* *Columba palumbus* × *Pica pica* × *Garrulus glandarius* *Parus major* *Aegithalos caudatus* *Sitta europaea* *Turdus pilaris* × *Turdus viscivorus* × *Turdus ericetorum* × *Turdus merula* × *Erithacus rubecula* × *Sylvia atricapilla* × *Bombycilla garrulus* *Sturnus vulgaris* × *Coccothraustes coccothraustes* *Carduelis flammea* × *Pyrrhula pyrrhula* × *Fringilla montifringilla*
Liriodendron tulipifera	*Parus major* *Parus palustris* *Coccothraustes coccothraustes* *Chloris chloris* *Fringilla coelebs*
Lonicera *xylosteum*	*Tetrastes bonasia* *Phasianus colchicus* × *Turdus ericetorum* × *Turdus merula* × *Erithacus rubecula* × *Sylvia borin* × *Sylvia atricapilla* × *Sylvia communis*
caprifolium	*Parus palustris* *Turdus pilaris* *Turdus ericetorum* *Turdus musicus* *Turdus merula* × *Sylvia atricapilla* *Sylvia communis*

(Fortsetzung)

Holzart	Vogelart
nigra	× *Tetrastes bonasia* × *Phasianus colchicus* × *Parus palustris* × *Parus atricapillus* × *Sitta europaea* × *Turdus viscivorus* × *Turdus ericetorum* × *Turdus torquatus* × *Turdus merula* × *Erithacus rubecula* × *Sylvia atricapilla* × *Sylvia curruca* × *Pyrrhula pyrrhula* × *Loxia curvirostra*
tatarica	*Garrulus glandarius* × *Turdus ericetorum* × *Turdus merula* *Erithacus rubecula* *Sylvia atricapilla* × *Sylvia communis* *Sturnus vulgaris*
periclymenum caerulea	*Tetrastes bonasia* *Phasianus colchicus* *Corvus cornix* *Perisoreus infaustus* *Parus palustris* *Turdus pilaris* *Turdus ericetorum* *Turdus musicus* *Turdus merula* *Bombycilla garrulus*
Loranthus europaeus	× *Tetrastes bonasia* × *Garrulus glandarius* × *Turdus pilaris* × *Turdus viscivorus* × *Turdus ericetorum* × *Turdus merula* × *Erithacus rubecula* × *Sylvia atricapilla* × *Bombycilla garrulus*

Holzart	Vogelart

Lycium
  barbarum
  halimifolium
	Phasianus colchicus
	Perdix perdix
	Turdus ericetorum
	Turdus merula
	Phoenicurus ochruros
	× *Erithacus rubecula*
	Phylloscopus trochilus
	Phylloscopus collybita
	Phylloscopus sibilatrix
	Sylvia atricapilla
	Sturnus vulgaris
	× *Passer domesticus*

Mahonia aquifolium	*Phasianus colchicus* *Perdix perdix* *Garrulus glandarius* *Turdus ericetorum* × *Turdus merula* *Erithacus rubecula* *Sturnus vulgaris*
Malus pumila	× *Phasianus colchicus* *Larus canus* *Picus viridis* × *Dendrocopos major* × *Dendrocopos syriacus* *Corvus cornix* *Corvus corone* *Corvus frugilegus* × *Pica pica* × *Garrulus glandarius* *Nucifraga caryocatactes* × *Parus major* *Parus caeruleus* × *Sitta europaea* × *Turdus pilaris* × *Turdus ericetorum* × *Turdus merula* *Coccothraustes coccothraustes* *Loxia curvirostra*
baccata	*Corvus corone* *Turdus merula*

(Fortsetzung)

Holzart	Vogelart
sieboldii	*Bombycilla garrulus* *Sturnus vulgaris* *Coccothraustes coccothraustes* *Chloris chloris* *Fringilla coelebs*
purpurea	*Parus major* *Loxia curvirostra*
floribunda	*Turdus merula*
Mespilus germanica	× *Turdus merula* *Coccothraustes coccothraustes*
Morus alba	× *Phasianus colchicus* × *Columba palumbus* × *Streptopelia turtur* × *Streptopelia decaocto* *Picus viridis* × *Dendrocopos major* *Dendrocopos syriacus* × *Oriolus oriolus* *Corvus cornix* *Corvus frugilegus* *Pica pica* × *Garrulus glandarius* × *Parus major* × *Parus caeruleus* *Parus palustris* *Sitta europaea* × *Turdus ericetorum* × *Turdus merula* *Monticola saxatilis* × *Phoenicurus ochruros* × *Erithacus rubecula* × *Hippolais icterina* × *Sylvia borin* × *Sylvia atricapilla* *Sylvia nisoria* × *Sylvia curruca* *Sylvia conspicillata* *Muscicapa striata* × *Sturnus vulgaris*

Holzart	Vogelart
	Sturnus roseus
	Coccothraustes coccothraustes
	Chloris chloris
	Serinus canaria
	Loxia curvirostra
	✕ *Fringilla coelebs*
	Petronia petronia
	✕ *Passer domesticus*
	✕ *Passer montanus*
	Passer domesticus italiae
nigra	✕ *Dendrocopos major*
rubra	✕ *Oriolus oriolus*
	Fringilla coelebs
	✕ *Passer domesticus*
	Passer domesticus italiae
Myrica gale	*Lagopus scoticus*
Myrtus communis	*Turdus pilaris*
	Turdus ericetorum
	Turdus musicus
	Turdus torquatus
	Turdus merula
	Monticola solitarius
	Sylvia atricapilla
Olea europaea	*Oriolus oriolus*
	Corvus cornix
	Corvus corone
	Corvus frugilegus
	Corvus monedula
	Pica pica
	Cyanopica cyana
	Garrulus glandarius
	Pyrrhocorax pyrrhocorax
	Pyrrhocorax graculus
	Turdus pilaris
	Turdus ericetorum
	Turdus merula
	Sylvia atricapilla
	Sturnus vulgaris
	Coccothraustes coccothraustes

(Fortsetzung)

Holzart	Vogelart
Ostrya carpinifolia	× *Parus major* × *Parus palustris* × *Coccothraustes coccothraustes* × *Chloris chloris*
Paliurus spina-christi	*Coccothraustes coccothraustes*
Parrotia persica	*Turdus musicus*
Parthenocissus quinquefolia *inserta*	*Columba palumbus* *Picus canus* *Corvus cornix* *Corvus frugilegus* *Pica pica* *Parus major* *Turdus pilaris* *Turdus viscivorus* *Turdus ericetorum* × *Turdus merula* × *Phoenicurus ochruros* × *Erithacus rubecula* *Sylvia atricapilla* *Muscicapa striata* *Bombycilla garrulus* *Sturnus vulgaris* *Carduelis flammea* *Passer domesticus* *Emberiza calandra* *Turdus pilaris* *Bombycilla garrulus*
Phellodendron *amurense* *japonicum*	× *Sitta europaea* × *Turdus merula* × *Sylvia atricapilla* *Bombycilla garrulus* × *Coccothraustes coccothraustes* × *Passer domesticus* *Turdus pilaris* *Turdus ericetorum* *Turdus merula*
Phillyrea angustifolia	*Sylvia atricapilla*

Holzart	Vogelart
Photinia pomifera	*Parus palustris* *Fringilla coelebs* *Fringilla montifringilla*

Holzart	Vogelart

Picea
   abies
   orientalis
   schrenkiana
   rubens
   glauca
   omorika
   mariana
   obovata
   engelmannii
   pungens
	Tetrastes bonasia
	 Phasianus colchicus
	 Scolopax rusticola
	 × *Columba palumbus*
	 × *Streptopelia turtur*
	 × *Dendrocopos major*
	 × *Dendrocopos medius*
	 Lullula arborea
	 Oriolus oriolus
	 Pica pica
	 × *Garrulus glandarius*
	 × *Nucifraga caryocatactes*
	 Perisoreus infaustus
	 × *Parus major*
	 × *Parus caeruleus*
	 × *Parus ater*
	 × *Parus palustris*
	 × *Parus atricapillus*
	 × *Parus cristatus*
	 Regulus regulus
	 × *Sitta europaea*
	 Erithacus rubecula
	 Anthus trivialis
	 Bombycilla garrulus
	 × *Coccothraustes coccothraustes*
	 × *Chloris chloris*
	 × *Carduelis spinus*
	 Carduelis flammea
	 Carduelis citrinella
	 Serinus canarius
	 Pyrrhula pyrrhula
	 Pinicola enucleator
	 × *Loxia curvirostra*
	 Loxia pytyopsittacus
	 Loxia leucoptera
	 × *Fringilla coelebs*
	 × *Fringilla montifringilla*
	 Emberiza citrinella
	 Emberiza schoeniclus

Holzart	Vogelart
Pinus	
silvestris	*Tetrao urogallus*
nigra	× *Phasianus colchicus*
ponderosa	*Coturnix coturnix*
jeffreyi	× *Columba palumbus*
banksiana	*Streptopelia turtur*
	× *Dendrocopos major*
	× *Dendrocopos medius*
	Dryocopus martius
	Corvus frugilegus
	Pica pica
	× *Garrulus glandarius*
	× *Nucifraga caryocatactes*
	Perisoreus infaustus
	× *Parus major*
	× *Parus ater*
	× *Parus palustris*
	× *Parus atricapillus*
	× *Sitta europaea*
	Coccothraustes coccothraustes
	× *Chloris chloris*
	× *Carduelis carduelis*
	× *Carduelis spinus*
	Carduelis flammea
	Carduelis citrinella
	Pyrrhula pyrrhula
	× *Loxia curvirostra*
	Loxia pytyopsittacus
	Loxia leucoptera
	× *Fringilla coelebs*
	× *Fringilla montifringilla*
mugo	× *Dendrocopos major*
rigida	× *Parus ater*
	× *Parus palustris*
	Parus atricapillus
	× *Coccothraustes coccothraustes*
	× *Carduelis spinus*
	× *Carduelis flammea*
	× *Loxia curvirostra*
cembra	× *Tetrastes bonasia*
koreaensis	× *Dendrocopos major*
	× *Picoides tridactylus*
	× *Garrulus glandarius*
	× *Nucifraga caryocatactes*

Holzart	Vogelart
	× *Parus major*
	× *Parus ater*
	× *Sitta europaea*
	Loxia curvirostra
strobus	× *Dendrocopos major*
peuce	× *Parus major*
flexilis	× *Parus ater*
	× *Parus palustris*
	× *Coccothraustes coccothraustes*
	× *Carduelis spinus*
	× *Loxia curvirostra*
pinea	*Cyanopica cyana*
Pirus communis	*Gallinula chloropus*
	Tetrastes bonasia
	× *Phasianus colchicus*
	× *Dendrocopos major*
	Dendrocopos medius
	Oriolus oriolus
	Corvus cornix
	Corvus frugilegus
	Corvus monedula
	Garrulus glandarius
	Nucifraga caryocatactes
	Parus major
	× *Parus caeruleus*
	Sitta europaea
	Turdus pilaris
	Turdus ericetorum
	Turdus musicus
	Turdus merula
	Sylvia borin
	Sylvia atricapilla
	× *Bombycilla garrulus*
	Sturnus vulgaris
	Coccothraustes coccothraustes
	Passer domesticus
Platanus	
orientalis	
occidentalis	× *Carduelis carduelis*
acerifolia	× *Carduelis spinus*

(Fortsetzung)

Holzart	Vogelart

Populus
    alba
    nigra
	× *Bombycilla garrulus*
	Coccothraustes coccothraustes
	× *Loxia curvirostra*
	× *Fringilla montifringilla*

Prunus *domestica*	*Cygnus cygnus* *Cygnus olor* *Pernis apivorus* *Tetrao urogallus* *Phasianus colchicus* *Columba palumbus* *Streptopelia turtur* × *Dendrocopos major* × *Dendrocopos medius* × *Dendrocopos syriacus* × *Oriolus oriolus* *Corvus corone* *Corvus cornix* *Corvus frugilegus* *Corvus monedula* *Pica pica* *Cyanopica cyana* × *Garrulus glandarius* *Nucifraga caryocatactes* × *Parus major* × *Parus caeruleus* × *Parus palustris* *Turdus pilaris* *Turdus viscivorus* *Turdus ericetorum* *Turdus musicus* *Turdus torquatus* × *Turdus merula* *Phylloscopus sibilatrix* *Hyppolais icterina* *Sylvia borin* *Sylvia atricapilla* *Sylvia curruca* × *Sturnus vulgaris* *Coccothraustes coccothraustes* *Pyrrhula pyrrhula* × *Fringilla coelebs* *Fringilla montifringilla* × *Passer domesticus*

Holzart	Vogelart
spinosa	Buteo buteo
	Lyrurus tetrix
	× Tetrastes bonasia
	× Phasianus colchicus
	Columba palumbus
	Corvus cornix
	× Pica pica
	× Garrulus glandarius
	Pyrrhocorax graculus
	× Parus major
	× Turdus pilaris
	× Turdus viscivorus
	× Turdus ericetorum
	× Turdus merula
	× Erithacus rubecula
	× Sylvia atricapilla
	× Bombycilla garrulus
	× Coccothraustes coccothraustes
	× Loxia curvirostra
	× Fringilla montifringilla
avium	Tetrao urogallus
	× Tetrastes bonasia
	× Phasianus colchicus
	Numenius arquata
	Larus canus
	Larus ridibundus
	Columba palumbus
	Streptopelia decaocto
	× Dendrocopos major
	Dendrocopos medius
	× Dendrocopos syriacus
	Dryocopus martius
	× Oriolus oriolus
	Corvus corax
	Corvus cornix
	Corvus corone
	Corvus frugilegus
	Corvus monedula
	× Pica pica
	× Garrulus glandarius
	Nucifraga caryocatactes
	Pyrrhocorax pyrrhocorax
	× Parus major
	× Parus caeruleus

Holzart	Vogelart
	× *Sitta europaea*
	Turdus pilaris
	× *Turdus viscivorus*
	× *Turdus ericetorum*
	Turdus musicus
	Turdus torquatus
	× *Turdus merula*
	Monticola saxatilis
	× *Erithacus rubecula*
	× *Sylvia borin*
	× *Sylvia atricapilla*
	Sylvia nisoria
	Sylvia curruca
	Sylvia communis
	Hippolais icterina
	× *Lanius cristatus*
	× *Sturnus vulgaris*
	Sturnus roseus
	× *Coccothraustes coccothraustes*
	Loxia curvirostra
	× *Fringilla coelebs*
	× *Passer domesticus*
	Passer montanus
	Petronia petronia
padus	*Plegadis falcinellus*
	Lyrurus tetrix
	× *Tetrastes bonasia*
	× *Phasianus colchicus*
	× *Dendrocopos major*
	Dendrocopos leucotos
	Oriolus oriolus
	Pica pica
	Garrulus glandarius
	× *Sitta europaea*
	Turdus pilaris
	× *Turdus ericetorum*
	× *Turdus merula*
	Erithacus rubecula
	Phoenicurus phoenicurus
	Luscinia svecica
	Lusciniola melanopogon
	Hippolais icterina
	Sylvia borin
	Sylvia atricapilla
	× *Coccothraustes coccothraustes*

Holzart	Vogelart
mahaleb	× *Chloris chloris*
	Carpodacus erythrinus
	Passer domesticus
	Phasianus colchicus
	× *Oriolus oriolus*
	× *Pica pica*
	Garrulus glandarius
	Turdus pilaris
	× *Turdus ericetorum*
	× *Turdus merula*
	× *Erithacus rubecula*
	× *Sylvia atricapilla*
	Bombycilla garrulus
	× *Coccothraustes cocco hraustes*
cerasus	*Dendrocopos major*
	Oriolus oriolus
	Corvus corone
	Corvus frugilegus
	Cyanopica cyana
	× *Garrulus glandarius*
	Sitta europaea
	Turdus ericetorum
	× *Turdus merula*
	× *Sturnus vulgaris*
	× *Coccothraustes coccothraustes*
fruticosa	*Phasianus colchicus*
	Pica pica
	× *Turdus merula*
	× *Sylvia nisoria*
serotina	× *Garrulus glandarius*
	× *Turdus viscivorus*
	× *Turdus ericetorum*
	× *Turdus merula*
	× *Erithacus rubecula*
	× *Sylvia atricapilla*
	Sylvia communis
	Sturnus vulgaris
	× *Coccothraustes coccothraustes*
	× *Chloris chloris*
laurocerasus	× *Turdus viscivorus*
	Turdus merula
	Fringilla coelebs

Holzart	Vogelart
lusitanica	Sitta europaea Coccothraustes coccothraustes
insititia	Turdus ericetorum Bombycilla garrulus
amygdalus	Dendrocopos major Garrulus glandarius Coccothraustes coccothraustes
armeniaca	✕ Dendrocopos major Dendrocopos syriacus Corvus cornix Corvus frugilegus Corvus monedula Garrulus glandarius
persica	✕ Dendrocopos major
tenella	Garrulus glandarius
Pseudotsuga menziesii	✕ Dendrocopos major ✕ Parus ater ✕ Parus palustris ✕ Parus cristatus ✕ Sitta europaea ✕ Loxia curvirostra ✕ Fringilla coelebs
Ptelea trifoliata	✕ Parus major ✕ Parus palustris Parus atricapillus ✕ Coccothraustes coccothraustes ✕ Chloris chloris ✕ Carduelis spinus ✕ Pyrrhula pyrrhula
Pterocarya fraxinifolia	✕ Dendrocopos major ✕ Coccothraustes coccothraustes ✕ Pyrrhula pyrrhula
Pyracantha coccinea	Turdus viscivorus Turdus musicus Turdus merula Coccothraustes coccothraustes

Holzart	Vogelart

Quercus robur
   petraea
   cerris
   pubescens
   borealis
	Anser anser
	× *Anas plathyrhynchos*
	Tetrastes bonasia
	× *Phasianus colchicus*
	Larus ridibundus
	× *Columba palumbus*
	× *Columba oenas*
	Picus viridis
	× *Dendrocopos major*
	× *Dendrocopos medius*
	Dendrocopos leucotos
	× *Corvus corone*
	× *Corvus frugilegus*
	Corvus monedula
	× *Pica pica*
	× *Garrulus glandarius*
	× *Nucifraga caryocatactes*
	× *Parus major*
	× *Parus caeruleus*
	× *Parus ater*
	× *Parus palustris*
	× *Parus atricapillus*
	× *Sitta europaea*
	Turdus merula
	Sturnus vulgaris
	× *Coccothraustes coccothraustes*
	× *Fringilla coelebs*
	× *Fringilla montifringilla*

ilex *pyrenaica*	*Columba palumbus* *Corvus frugilegus* *Cyanopica cyana* *Garrulus glandarius*
macrolepis *trojana*	*Columba palumbus* *Corvus frugilegus* *Garrulus glandarius*
Rhamnus cathartica	*Phasianus colchicus* × *Parus major* × *Parus palustris* × *Parus atricapillus* × *Sitta europaea* *Turdus pilaris* *Turdus viscivorus* × *Turdus ericetorum*

Holzart	Vogelart
	Turdus musicus
	Turdus torquatus
	× *Turdus merula*
	× *Erithacus rubecula*
	× *Hippolais icterina*
	Sylvia borin
	× *Sylvia atricapilla*
	× *Bombycilla garrulus*
	Coccothraustes coccothraustes
	Carduelis flammea
	Pyrrhula pyrrhula
	Lyrurus tetrix
	× *Phasianus colchicus*
	Charadrius apricarius
	Columba palumbus
	Dendrocopos leucotos
	Oriolus oriolus
	Pica pica
	Nucifraga caryocatactes
	Parus major
frangula	× *Parus palustris*
	Turdus pilaris
	Turdus viscivorus
	× *Turdus ericetorum*
	Turdus musicus
	Turdus torquatus
	× *Turdus merula*
	Phoenicurus phoenicurus
	Phoenicurus ochruros
	Luscinia megarhynchos
	Luscinia svecica
	× *Erithacus rubecula*
	× *Acrocephalus arundinaceus*
	Acrocephalus palustris
	× *Hippolais icterina*
	Sylvia nisoria
	Sylvia borin
	× *Sylvia atricapilla*
	Sylvia communis
	Sylvia curruca
	Muscicapa striata
	Muscicapa hypoleuca
	Bombycilla garrulus
	Sturnus vulgaris
	Coccothraustes coccothraustes

Holzart	Vogelart
saxatilis	*Pyrrhula pyrrhula* *Loxia curvirostra* *Phasianus colchicus*
Rhus typhina	× *Parus major* × *Coccothraustes coccothraustes*
vernix	*Parus major* *Parus caeruleus* *Parus palustris*
Ribes *rubrum*	*Phasianus colchicus* *Perdix perdix* *Gallinula chloropus* *Columba palumbus* × *Oriolus oriolus* × *Pica pica* × *Garrulus glandarius* *Sitta europaea* *Turdus pilaris* × *Turdus ericetorum* *Turdus musicus* × *Turdus torquatus* × *Turdus merula* *Monticola saxatilis* *Phoenicurus phoenicurus* × *Phoenicurus ochruros* *Luscinia megarhynchos* *Luscinia luscinia* × *Erithacus rubecula* *Phylloscopus trochilus* *Phylloscopus sibilatrix* *Hippolais icterina* *Sylvia nisoria* *Sylvia borin* × *Sylvia atricapilla* *Sylvia communis* *Sylvia curruca* × *Muscicapa striata* *Muscicapa hypoleuca* *Muscicapa parva* × *Sturnus vulgaris* *Carduelis flammea* *Pyrrhula pyrrhula* × *Passer domesticus*

(Fortsetzung)

Holzart	Vogelart
alpinum petraeum	Lagopus scoticus Tetrao urogallus × Tetrastes bonasia × Garrulus glandarius Turdus pilaris × Turdus viscivorus Turdus ericetorum × Erithacus rubecula
nigrum	Pica pica Turdus torquatus Turdus merula
uva-crispa	Columba palumbus Pica pica Parus major × Parus caeruleus Parus palustris Turdus pilaris × Turdus ericetorum × Turdus merula Luscinia megarhynchos × Erithacus rubecula × Sylvia atricapilla Coccothraustes coccothraustes Pyrrhula pyrrhula Passer domesticus
Robinia pseudoacacia	× Phasianus colchicus Columba palumbus × Pica pica × Garrulus glandarius Anthus trivialis × Bombycilla garrulus × Coccothraustes coccothraustes × Pyrrhula pyrrhula Loxia curvirostra × Fringilla coelebs Fringilla montifringilla
Rosa canina rubiginosa pendulina	Lyrurus tetrix Tetrastes bonasia × Phasianus colchicus Rallus aquaticus

Holzart	Vogelart
	× *Dendrocopos major*
	Corvus corone
	Corvus cornix
	Corvus frugilegus
	× *Pica pica*
	× *Garrulus glandarius*
	Pyrrhocorax pyrrhocorax
	Pyrrhocorax graculus
	× *Parus major*
	× *Parus coeruleus*
	× *Turdus pilaris*
	× *Turdus viscivorus*
	× *Turdus ericetorum*
	Turdus musicus
	× *Turdus merula*
	× *Erithacus rubecula*
	× *Bombycilla garrulus*
	Sturnus vulgaris
	× *Coccothraustes coccothraustes*
	× *Chloris chloris*
	Carduelis flammea
	× *Pyrrhula pyrrhula*
	Plectrophenax nivalis
Rubus caesius	× *Anas plathyrhynchos*
	Lagopus mutus
	Lagopus scoticus
	Lagopus sveticus
	× *Tetrao urogallus*
	Lyrurus tetrix
	× *Tetrastes bonasia*
	× *Phasianus colchicus*
	× *Perdix perdix*
	Coturnix coturnix
	Columba palumbus
	Pica pica
	× *Garrulus glandarius*
	× *Parus major*
	× *Turdus pilaris*
	× *Turdus viscivorus*
	× *Turdus ericetorum*
	Turdus musicus
	× *Turdus torquatus*
	× *Turdus merula*

Holzart	Vogelart
	Phoenicurus phoenicurus
	× Phoenicurus ochruros
	× Erithacus rubecula
	× Sylvia atricapilla
	Sylvia communis
	Coccothraustes coccothraustes
	× Pyrrhula pyrrhula
	× Fringilla coelebs
idaeus	Lagopus mutus
	× Tetrao urogallus
	Lyrurus tetrix
	× Tetrastes bonasia
	× Phasianus colchicus
	Coturnix coturnix
	Columba palumbus
	Dendrocopos major
	Dendrocopos minor
	Oriolus oriolus
	Corvus cornix
	Pica pica
	× Garrulus glandarius
	× Nucifraga caryocatactes
	× Parus major
	× Parus palustris
	× Parus atricapillus
	Troglodytes troglodytes
	× Turdus pilaris
	× Turdus viscivorus
	× Turdus ericetorum
	Turdus musicus
	× Turdus torquatus
	× Turdus merula
	× Phoenicurus ochruros
	× Erithacus rubecula
	Phylloscopus trochilus
	Sylvia borin
	× Sylvia atricapilla
	× Sylvia communis
	× Sylvia curruca
	Muscicapa striata
	× Prunella modularis
	Bombycilla garrulus
	Sturnus vulgaris
	× Pyrrhula pyrrhula

Holzart	Vogelart
	$\times$ *Loxia curvirostra*
	$\times$ *Fringilla coelebs*
	Passer domesticus
saxatilis	*Lagopus lagopus*
tomentosus	*Lyrrurus tetrix*
	Tetrastes bonasia
	Coturnix coturnix
	Pica pica
	Nucifraga caryocatactes
	Sylvia communis
discolor	*Turdus pilaris*
	Turdus merula
	Erithacus rubecula
	Sylvia melanocephala
	Sylvia communis
chamaemorus	*Anser anser*
	Anas plathyrhynchos
	Lagopus scoticus
	Lagopus mutus
	Tetrao urogallus
	Tetrastes bonasia
	Larus marinus
	Larus ridibundus
	Pica pica
	Perisoreus infaustus
	Turdus pilaris
	Turdus musicus
	Turdus torquatus
	Sylvia atricapilla
	Plectrophenax nivalis
fruticosus	*Lagopus mutus*
et alia	*Lagopus scoticus*
	Tetrao urogallus
	Lyrurus tetrix
	Tetrastes bonasia
	Phasianus colchicus
	Larus marinus
	Stercorarius parasiticus
	Coracias garrulus
	Oriolus oriolus
	Corvus corone cornix

(Fortsetzung)

Holzart	Vogelart
	Corvus frugilegus
	Corvus monedula
	Pica pica
	Garrulus glandarius
	Nucifraga caryocatactes
	Perisoreus infaustus
	Pyrrhocorax graculus
	Turdus pilaris
	Turdus viscivorus
	Turdus ericetorum
	Turdus musicus
	Turdus torquatus
	Turdus merula
	Sylvia borin
	Sylvia atricapilla
	Sylvia communis
	Prunella collaris
	Prunella modularis
	Bombycilla garrulus
	Carduelis flammea
	Pyrrhula pyrrhula

Salix
    alba
    fragilis
    caprea
    cinerea
	Anas plathyrhynchos
	× Bombycilla garrulus
	× Pyrrhula pyrrhula

Sambucus *nigra*	Anas acuta Tetrao urogallus × Tetrastes bonasia × Phasianus colchicus Columba palumbus Streptopelia decaocto Picus canus Dendrocopos major Jynx torquilla Oriolus oriolus Corvus corone Corvus cornix Corvus frugilegus Corvus monedula Pica pica

Holzart	Vogelart
	✕ *Garrulus glandarius*
	Nucifraga caryocatactes
	✕ *Parus major*
	✕ *Parus caeruleus*
	Parus palustris
	Troglodytes troglodytes
	Turdus pilaris
	✕ *Turdus viscivorus*
	✕ *Turdus ericetorum*
	Turdus musicus
	✕ *Turdus torquatus*
	✕ *Turdus merula*
	Monticola saxatilis
	Phoenicurus phoenicurus
	✕ *Phoenicurus ochruros*
	Luscinina megarhynchos
	Lusciniola melanopogon
	✕ *Erithacus rubecula*
	✕ *Phylloscopus collybita*
	Phylloscopus trochilus
	✕ *Phylloscopus sibilatrix*
	Locustella naevia
	Acrocephalus arundinaceus
	Acrocephalus palustris
	Acrocephalus schoenobaenus
	Acrocephalus scirpaceus
	Hippolais icterina
	Sylvia nisoria
	✕ *Sylvia borin*
	✕ *Sylvia atricapilla*
	✕ *Sylvia communis*
	✕ *Sylvia curruca*
	✕ *Muscicapa striata*
	Muscicapa hypoleuca
	Muscicapa albicollis
	Muscicapa parva
	Prunella modularis
	✕ *Bombycilla garrulus*
	Sturnus vulgaris
	Sturnus roseus
	Coccothraustes coccothraustes
	Carduelis flammea
	✕ *Pyrrhula pyrrhula*
	✕ *Fringilla coelebs*
	Fringilla montifringilla

(Fortsetzung)

Holzart	Vogelart
racemosa	× *Passer domesticus* *Passer montanus* × *Tetrao urogallus* *Lyrurus tetrix* × *Tetrastes bonasia* *Phasianus colchicus* *Gallinula chloropus* *Columba palumbus* *Dendrocopos major* *Oriolus oriolus* *Corvus monedula* *Pica pica* × *Garrulus glandarius* *Nucifraga caryocatactes* × *Parus major* × *Parus caeruleus* *Parus ater* × *Parus palustris* *Troglodytes troglodytes* *Turdus pilaris* × *Turdus viscivorus* × *Turdus ericetorum* × *Turdus torquatus* × *Turdus merula* *Monticola saxatilis* × *Phoenicurus phoenicurus* × *Phoenicurus ochruros* *Luscinia luscinia* *Luscinia megarhynchos* *Luscinia svecica* × *Erithacus rubecula* *Phylloscopus collybita* *Phylloscopus trochilus* *Hippolais icterina* *Sylvia nisoria* *Sylvia borin* × *Sylvia atricapilla* *Sylvia communis* × *Sylvia curruca* *Muscicapa striata* *Muscicapa hypoleuca* *Muscicapa albicollis* *Muscicapa parva* *Prunella modularis*

Holzart	Vogelart
ebulus	× *Bombycilla garrulus* × *Pyrrhula pyrrhula* × *Loxia curvirostra* × *Fringilla coelebs* *Passer domesticus* × *Phasianus colchicus* × *Perdix perdix* × *Turdus ericetorum* × *Turdus merula* *Luscinia megarhynchos* × *Erithacus rubecula* × *Phylloscopus sibilatrix* *Sylvia borin* × *Sylvia atricapilla* *Sylvia communis* *Sylvia curruca* × *Sturnus vulgaris* *Fringilla coelebs*
Sequoia gigantea	× *Parus major* × *Parus ater* × *Chloris chloris* × *Carduelis spinus*
Sorbus *aria*	*Tetrao urogallus* *Lyrurus tetrix* *Tetrastes bonasia* *Pyrrhocorax pyrrhocorax* *Pyrrhocorax graculus* *Turdus viscivorus* × *Turdus ericetorum* × *Turdus merula* *Sylvia borin* *Bombycilla garrulus* *Sturnus vulgaris*
aucuparia	*Anas plathyrhynchos* *Somateria mollissima* × *Tetrao urogallus* *Lyrurus tetrix* × *Tetrastes bonasia* × *Phasianus colchicus*

(Fortsetzung)

Holzart	Vogelart
	Perdix perdix
	Scolopax rusticola
	Columba palumbus
	✕ Streptopelia turtur
	Picus viridis
	Picus canus
	✕ Dendrocopos major
	Dendrocopos leucatos
	Dryocopus martius
	Oriolus oriolus
	Corvus cornix
	Corvus corone
	Corvus frugilegus
	Corvus monedula
	✕ Pica pica
	✕ Garrulus glandarius
	✕ Nucifraga caryocatactes
	Perisoreus infaustus
	Pyrrhocorax pyrrhocorax
	✕ Parus major
	✕ Parus caeruleus
	Parus ater
	✕ Parus palustris
	✕ Parus atricapillus
	Parus cristatus
	✕ Sitta europaea
	✕ Turdus pilaris
	✕ Turdus viscivorus
	✕ Turdus ericetorum
	Turdus musicus
	✕ Turdus torquatus
	✕ Turdus merula
	Monticola saxatilis
	Phoenicurus phoenicurus
	Oenanthe oenanthe
	✕ Erithacus rubecula
	Sylvia nisoria
	✕ Sylvia borin
	✕ Sylvia atricapilla
	Muscicapa albicollis
	✕ Bombycilla garrulus
	Sturnus vulgaris
	✕ Coccothraustes coccothraustes
	✕ Chloris chloris
	Carduelis carduelis

Holzart	Vogelart
	Carduelis spinus
	Carduelis flammea
	× *Pyrrhula pyrrhula*
	Pinicola enucleator
	Carpodacus erythrinus
	× *Loxia curvirostra*
	Loxia pytyopsittacus
	Loxia leucoptera
	× *Fringilla coelebs*
	× *Fringilla montifringilla*
	× *Passer domesticus*
	Passer montanus
domestica	*Parus major*
	× *Turdus merula*
	Bombycilla garrulus
intermedia	*Corvus cornix*
	× *Garrulus glandarius*
	Parus major
	Parus caeruleus
	× *Turdus ericetorum*
	× *Turdus merula*
	× *Pyrrhula pyrrhula*
torminalis	× *Tetrastes bonasia*
	× *Phasianus colchicus*
	Oriolus oriolus
	Corvus corone
	× *Garrulus glandarius*
	Turdus pilaris
	× *Turdus viscivorus*
	× *Turdus ericetorum*
	× *Turdus merula*
	× *Bombycilla garrulus*
	Coccothraustes coccothraustes
	Pyrrhula pyrrhula
	Loxia curvirostra
	Pinicola enucleator
vestita	*Parus major*
	Parus caeruleus
	Chloris chloris
	Fringilla coelebs
	Fringilla montifringilla

(Fortsetzung)

Holzart	Vogelart
hybrida (aucuparia, × intermedia)	Corvus cornix Parus major Parus caeruleus Parus palustris
Sorothamnus scoparius	Coccothraustes coccothraustes
Sophora japonica	Columba palumbus Streptopelia decaocto × Garrulus glandarius Turdus merula Sylvia atricapilla . × Bombycilla garrulus Sturnus vulgaris × Passer domesticus
Spiraea media	Monticola saxatilis × Pyrrhula pyrrhula
Staphylea pinnata	Phasianus colchicus × Coccothraustes coccothraustes
Symphoricarpos albus	Phasianus colchicus Perdix perdix Corvus frugilegus Parus major Parus palustris Turdus pilaris Turdus viscivorus × Turdus merula × Erithacus rubecula × Bombycilla garrulus Chloris chloris Pyrrhula pyrrhula Fringilla coelebs
Syringa vulgaris	× Bombycilla garrulus × Coccothraustes coccothraustes × Chloris chloris × Pyrrhula pyrrhula × Loxia curvirostra

Holzart	Vogelart
Taxus baccata	*Tetrao urogallus* × *Tetrastes bonasia* *Phasianus colchicus* *Gallinula chloropus* *Columba palumbus* *Picus viridis* × *Dendrocopos major* × *Garrulus glandarius* × *Parus major* × *Parus ater* × *Sitta europaea* × *Turdus pilaris* × *Turdus viscivorus* × *Turdus ericetorum* *Turdus musicus* × *Turdus merula* × *Erithacus rubecula* × *Sylvia atricapilla* *Motacilla alba* × *Bombycilla garrulus* × *Coccothraustes coccothraustes* × *Chloris chloris* × *Fringilla coelebs* × *Fringilla montifringilla*

Thuja
  orientalis
  (*Biota o.*)
	Parus major
	Parus caeruleus
	Parus ater
	× *Parus palustris*
	Coccothraustes coccothraustes
	Chloris chloris
	Fringilla coelebs

occidentalis	× *Parus palustris* *Bombycilla garrulus* × *Chloris chloris* × *Carduelis spinus* *Loxia curvirostra* *Fringilla coelebs*
plicata	× *Parus major* × *Parus ater*

Holzart	Vogelart
	× *Parus palustris* × *Parus atricapillus* × *Bombycilla garrulus* × *Coccothraustes coccothraustes* × *Chloris chloris* × *Carduelis spinus* × *Carduelis carduelis* × *Pyrrhula pyrrhula* × *Fringilla coelebs*

Tilia
    platyphylla
    cordata
    europaea
    americana
    tomentosa
    heterophylla
	× *Phasianus colchicus*
	× *Dendrocopos major*
	   Corvus cornix
	× *Garrulus glandarius*
	× *Parus major*
	× *Parus atricapillus*
	× *Sitta europaea*
	   Bombycilla garrulus
	× *Coccothraustes coccothraustes*
	× *Chloris chloris*
	× *Loxia curvirostra*
	× *Fringilla coelebs*
	× *Fringilla montifringilla*

Tsuga
    canadensis
    heterophylla
    jeffreyi
    diversifolia
	× *Carduelis carduelis*
	× *Carduelis spinus*
	× *Pyrrhula pyrrhula*

Ulmus
    glabra
	Sitta europaea
	× *Coccothraustes coccothraustes*
	× *Chloris chloris*
	× *Carduelis carduelis*
	   Carduelis spinus
	× *Pyrrhula pyrrhula*
	   Carpodacus erythrinus
	× *Fringilla coelebs*
	   Passer montanus

Holzart	Vogelart
carpinifolia laevis	× Coccothraustes coccothraustes × Chloris chloris × Carduelis carduelis × Fringilla coelebs × Passer montanus
Vaccinium 　myrtillus 　vitis-idaea 　oxycoccus 　uliginosum	Anser arvensis Anas plathyrhynchos Pernis apivorus Lagopus lagopus Lagopus mutus Lagopus scoticus Tetrao urogallus Lyrurus tetrix Tetrastes bonasia Phasianus colchicus Perdix perdix Megalornis grus Rallus aquaticus Charadrius squatarola Charadrius apricarius Numenius phaeopus Scolopax rusticola Capella gallinago Larus argentatus Stercorarius parasiticus Columba livia Columba palumbus Columba oenas Cuculus canorus Dendrocopos major Dryocopus martius Corvus corax Corvus corone Corvus cornix Corvus frugilegus Corvus monedula Pica pica Garrulus glandarius Nucifraga caryocatactes Perisoreus infaustus Pyrrhocorax pyrrhocorax Pyrrhocorax graculus Turdus pilaris

Holzart	Vogelart
	× *Turdus viscivorus*
	× *Turdus ericetorum*
	Turdus musicus
	× *Turdus torquatus*
	× *Turdus merula*
	× *Erithacus rubecula*
	Phylloscopus collybita
	Sylvia atricapilla
	× *Prunella modularis*
	Bombycilla garrulus
	Sturnus vulgaris
	Carduelis flammea
	Pinicola enucleator
	× *Fringilla coelebs*
Viburnum opulus	*Lyrurus tetrix*
	Tetrastes bonasia
	Phasianus colchicus
	Columba palumbus
	Pica pica
	Nucifraga caryocatactes
	Turdus pilaris
	Turdus viscivorus
	Turdus ericetorum
	Turdus merula
	Erithacus rubecula
	Sylvia atricapilla
	Sylvia curruca
	Sylvia communis
	Muscicapa striata
	Bombycilla garrulus
	× *Coccothraustes coccothraustes*
	Chloris chloris
	Carduelis flammea
	× *Pyrrhula pyrrhula*
	Pinicola enucleator
	Fringilla montifringilla
lantana	*Tetrastes bonasia*
	Phasianus colchicus
	Turdus pilaris
	Turdus viscivorum
	Turdus ericetorum
	Turdus musicus

Holzart	Vogelart
	Turdus torquatus
	Turdus merula
	✕ *Erithacus rubecula*
	Sylvia atricapilla
	Bombycilla garrulus
	✕ *Coccothraustes coccothraustes*
	Carduelis flammea
	✕ *Pyrrhula pyrrhula*
	Pinicola enucleator
tinus	*Turdus pilaris*
	Turdus ericetorum
	Turdus musicus
	Turdus torquatus
	Turdus merula
	Monticola solitarius
	Sylvia atricapilla
Viscum album	*Tetrastes bonasia*
	Phasianus colchicus
	Columbus palumbus
	Dryocopus martius
	Corvus corone
	Corvus monedula
	Pica pica
	✕ *Garrulus glandarius*
	✕ *Nucifraga caryocatactes*
	Cyanopica cyana
	Parus major
	Parus caeruleus
	Parus palustris
	✕ *Turdus pilaris*
	✕ *Turdus viscivorus*
	✕ *Turdus ericetorum*
	Turdus musicus
	Turdus torquatus
	✕ *Turdus merula*
	✕ *Erithacus rubecula*
	Sylvia atricapilla
	✕ *Bombycilla garrulus*
	Coccothraustes coccothraustes
	Carduelis flammea
	Loxia curvirostra
	Fringilla coelebs
	Passer montanus
	Emberiza citrinella

(Fortsetzung)

Holzart	Vogelart
Vitis	
vinifera	*Pernis apivorus*
	Tetrastes bonasia
	Perdix perdix
	Phasianus colchicus
	Rallus aquaticus
	Otis tarda
	Columba palumbus
	Streptopelia turtur
	Caprimulgus europaeus
	× *Oriolus oriolus*
	Corvus cornix
	Corvus frugilegus
	Corvus monedula
	Pica pica
	Garrulus glandarius
	Nucifraga caryocatactes
	Cyanopica cyana
	Pyrrhocorax pyrrhocorax
	Parus coeruleus
	Turdus pilaris
	Turdus viscivorus
	× *Turdus ericetorum*
	Turdus musicus
	Turdus torquatus
	× *Turdus merula*
	Monticola solitarius
	Monticola saxatilis
	× *Erithacus rubecula*
	× *Sylvia borin*
	× *Sylvia atricapilla*
	Muscicapa hypoleuca
	Anthus trivialis
	× *Sturnus vulgaris*
	Sturnus roseus
	Coccothraustes coccothraustes
	Chloris chloris
	× *Fringilla coelebs*
	× *Passer domesticus*
	Passer montanus
	Emberiza citrinella
coignetiae	*Garrulus glandarius*
	Turdus viscivorus
	Turdus ericetorum

Holzart	Vogelart
	Turdus merula
	Sturnus vulgaris
Weigelia florida	*Pyrrhula pyrrhula*
Zelkova serrata	× *Sitta europaea*
	× *Chloris chloris*
	× *Fringilla coelebs*
Zizyphus jujuba	*Coturnix coturnix*
	Corvus cornix
	Corvus frugilegus
	Corvus monedula
	Garrulus glandarius
	Coccothraustes coccothraustes

Tabelle 2

Kategorie	Absolute Anzahl der		Anzahl der fremdländischen			
			Gattungen		Arten	
	Gattungen	Arten	der Gehölze			
	der Gehölze		absol.	relat. %	absol.	relat. %
I	32	47	13	41	25	53
II	70	161	19	27	49	30
III	28	66	—	—	14	21
S bzw. M	130	274	32	25	88	32

Wir sehen, daß während in der I. Kategorie 53 % fremdländische Arten sind, in der III. Kategorie sind nur 21 % aus diesen und noch bemerkenswerter zeigen sich diese Unterschiede in den Gehölzgattungen, wo in der III. Kategorie keine einzige fremdländische Gattung ist. Falls wir die Beteiligung der fremdländischen Gattungen in den einzelnen Gehölzkategorien (nach der absoluten Anzahl) einer statistischen Prüfung unterwerfen, bzw. falls wir daraus in einer Kontingenztabelle die Prüfung der statistischen Sicherung der Assoziation der Kategorien mit der Quantität der fremdländischen Gehölze durchführen, stellen wir fest, daß diese Assoziation statistisch sehr gesichert ist und die Wahrscheinlichkeit solcher Assoziation (Abhängigkeit) höher als 99 % ist. Aus der Kontingenztabelle geht es hervor, daß es in der I. Kategorie bedeutend weniger einheimische, mehr aber fremdländische Gehölze gibt, in der II. Kategorie ist diese Verteilung ungefähr nach der Erwartung, in der III. Kategorie gibt es bedeutend mehr einheimische Arten und weniger fremdländische, als die theoretische Erwartung bei der Zufälligkeit, Unabhängigkeit der Assoziation ist.

In dieser Weise sind also die Gehölze der I. Kategorie, bzw. ihre Diasporen hauptsächlich darum abgelehnt, da es um fremdländische Gehölze geht, während die Gehölze der III. Kategorie bevorzugt sind, weil es überwiegend um einheimische oder bereits naturalisierte Gehölze geht. Unter Naturalisation verstehen wir hier die Anpassung (Einnischung) der Gehölze so an die abiotischen, sowie an die biotischen Bedingungen der neuen Umwelt und die Anpassung — quantitativ in verschiedener Weise — der biotischen Faktoren der Umwelt an die neue Art. Ein Maßstab solcher Anpassung ist auch das Befressen (und sein Maß) der Gehölze, ihrer Teile, konkret der Diasporen durch die Vögel. Anderswo (Turček, 1952, 1955) habe ich darauf hingewiesen, daß sich die Vögel an das Befressen der Diasporen (bzw. anderer Gehölzteile) solcher fremdländischen Gehölze anpassen, deren Diasporen unseren einheimischen Arten am meisten ähneln, bzw. daß die Schnelligkeit und das Maß der Anpassung direkt proportionell zu der Ähnlichkeit im obenerwähnten Sinne ist. Dabei kann diese Ähnlichkeit morphologisch (Beschaffenheit, Farbe u. ä.) sein, was gewöhnlich — nicht aber unbedingt — mit der systematischen Affinität verbunden ist. Weiter ist es phönologische Ähnlichkeit (Reifezeit, Abfallenzeit) oder biochemische Ähnlichkeit (Geschmack, Wasser-, Nährstoff-, Ölgehalt, Kalorienwert usw.). Unter den Gehölzen der I. Kategorie gibt es nicht nur verhältnismäßig viele fremdländische Arten, sondern aus diesen wieder sind es viele Arten mit Diasporen, die den heimischen wenig oder überhaupt nicht ähneln und umgekehrt. Unter den Gehölzen der III. Kategorie gibt es nicht nur wenig fremdländische Gehölze, aber diese haben alle Diasporen, die den einheimischen Gehölzen ähneln. Dabei ist die Vertretung der fremdländischen Gehölze mit ähnlichen (nicht ähnlichen) Diasporen in den einzelnen Gehölzkategorien keineswegs zufällig, aber es gibt hier eine steigende Tendenz der Zahl der Gehölze mit ähnlichen Diasporen von der I. zu der III. Kategorie, bzw. eine fallende Tendenz der Zahl der Gehölze mit unähnlichen Diasporen in derselben Richtung. Falls wir diese Zahlen (Vertretung) in eine Kontingenztabelle ordnen und die Assoziation untersuchen, stellen wir nach der Tabelle 3 folgendes fest:

Tabelle 3

Kategorie der Gehölze	Anzahl der fremdländischen Gehölzarten, deren Diasporen sich den einheimischen Arten						S
	ähneln			nicht ähneln			
	Absol. Anzahl		$^0/_0$	Absol. Anzahl		$^0/_0$	
	gefunden	erwartet		gefunden	erwartet		
I	14	16	56	11	9	44	25
II	29	32	59	20	17	41	49
III	14	9	100	—	5	—	14
S	57		65	31		35	88

$$S\chi^2 \doteq 8,6 \qquad P \doteq {}^{0,05}_{0,01}$$

In der Kategorie der abgelehnten Gehölze (I.) sind statistisch festgestellt
wenigere Gehölzarten mit ähnlichen Diasporen, mehrere mit unähnlichen
Diasporen, während in der III. Kategorie, der der bevorzugten Gehölze,
sind statistisch gesichert mehrere Gehölze mit ähnlichen, wenigere mit
unähnlichen Diasporen, als die theoretische Erwartung bei der Unabhängigkeit (Zufälligkeit) ist. Daraus können wir den Beschluß ziehen, daß
die I. Gehölzkategorie, die abgelehnten Gehölze, in der Mehrheit durch
fremdländische Arten mit unähnlichen Diasporen gebildet ist. Außerdem
unter den Gehölzen der I. Kategorie gibt es solche mit trockenen und
geschmacklosen Diasporen (*Ailanthus, Buxus, Catalpa, Rhus* usw.), harten
(*Juglans nigra, Juglans cinerea, Staphylea* usw.), weiter mit Diasporen, die
nur wenige spezialisierten Vogelarten befressen (*Deutzia, Platanus, Spi-
rea*), Gehölze mit enger Verbreitung und zuletzt Gehölze, über welche,
bzw. über deren Diasporenbefressen nur wenig Beobachtungen (*Cedrus,
Tsuga, Paliurus, Parrotia, Aesculus*) zur Verfügung stehen.

Die Gehölze der III. Kategorie dagegen sind Arten mit einer breiten
ökologischen und geographischen Verbreitung. Hier finden wir fast alle
Hauptgehölze der Wälder.

Die Vertretung der Nadel- und Laubhölzer in den einzelnen Gehölzkategorien ist proportionell fast gleich, wie es aus der Tabelle 4 ersicht-
lich ist.

Daraus geht es hervor, daß die Diasporen der Nadelhölzer durch die
Vögel in relativ ähnlichem Maß in allen Gehölzkategorien befressen sind,
bzw. daß die Zahl der Nadelhölzer in der einzelnen Kategorien keinen
wesentlichen Einfluß an die Artenzusammensetzung der Kategorie ausübt.

Die Tabelle 4 ist auf Grund der Gehölzarten (Artengruppen), deren
Diasporen durch einzelne Vogelarten befressen sind, zusammengestellt.

Tabelle 4

Kategorie der Gehölze	Anzahl der Gehölze				
	Nadelhölzer		Laubhölzer		S
	absol.	relat. %	absol.	relat. %	
I	5	13	33	87	38
II	15	13	99	87	114
III	4	12	30	88	34
S	24	13	162	87	186

Solche Klassifizierung ermöglichte eine Einteilung der Gehölze in Kategorien und weitere Beschlüsse. Analogisch ist die nächste 5. Tabelle gebaut, in der als Grundlage die Vogelarten (in alphabetischer Ordnung) dienen und bei jeder Vogelart diejenige Gehölzarten angeführt sind, deren Diasporen der einzelnen Vogelarten als Nahrung dienen. Die Gehölze in dieser Tabelle 5 sind laut eines Systems, nach den Arbeiten Krüssman's (1951, 1955) geordnet.

Insgesamt 186 Gehölzarten (274 Formen umfassende Artengruppen), bzw. ihre Diasporen werden durch 156 europäische Vogelarten befressen. Eine Vogelart befrißt durchschnittlich 17 Diasporenarten (Gehölzarten). Der statistisch gesicherte Unterschied in der Zahl der befressenen Diasporenarten auf Grund des χ^2-Testes, was in diesem Falle ungefähr dem dreifachen Mittelfehler des arithmetischen Mittels entspricht — sind 17 ± 11 Gehölzarten. Dies ermöglichte uns alle Vogelarten wieder in drei Kategorien einzuteilen:

I. Vogelkategorie mit 1 bis 6 Diasporenarten, II. Kategorie mit 7 bis 27 Arten der befressenen Gehölzdiasporen und III. Kategorie mit 28 bis 112 (28 und mehr) Arten.

Die Vögel der I. Kategorie sind somit Arten, die Gehölzdiasporen gelegentlich oder zufällig mit einer anderen Nahrung befressen. Es geht hauptsächlich um fleischfressende (tierische Nahrung) und pflanzenfressende Arten. Es gibt hier 82 Arten.

Die Vögel der II. Kategorie befressen Gehölzdiasporen durchschnittlich, neben einer anderen Nahrung. Es sind 40 Vogelarten.

Die Vögel der III. Kategorie befressen eine große, überdurchschnittliche Zahl der Diasporenarten. Hier finden wir Arten der samen-, bzw. früchtenfressenden, allesfressenden und auch insektenfressenden Vögel, die sich in einer gewissen Periode (Saison) überwiegend mit Gehölzdiasporen ernähren. Es sind 34 Arten.

Wenn wir jetzt die Zahlenverteilung der Vogelarten in diesen drei

Übersicht der Vögel, die verschiedene Diasporen der Gehölze befressen (Die Vogelarten alphabetisch, die Gehölzarten systematisch geordnet.)

Vogelart	Holzart
Acrocephalus	
arundinaceus	*Rhamnus frangula*
	Sambucus nigra
palustris	*Rhamnus frangula*
	Cornus sanguinea
	Sambucus nigra
scirpaceus	*Cornus sanguinea*
	Sambucus nigra
schoenobaenus	*Sambucus nigra*
Aegithalos caudatus	*Euonymus europaea*
	Ligustrum vulgare
Alauda arvensis	*Empetrum nigrum*
Alectoris graeca	*Juniperus communis*
Anas	
acuta	*Sambucus nigra*
crecca	*Alnus incana*
	Alnus glutinosa
	Empetrum nigrum
plathyrhynchos	*Salix alba*
	Salix cinerea
	Alnus incana
	Alnus glutinosa
	Quercus robur
	Quercus petraea
	Quercus cerris
	Rubus caesius
	Rubus chamaemorus
	Sorbus aucuparia
	Empetrum nigrum
	Vaccinium vitis-idaea
	Vaccinium myrtillus
	Vaccinium uliginosum
	Vaccinium oxycoccus

Vogelart	Holzart
Anser	
anser	*Quercus robur*
	Quercus petraea
	Rubus chamaemorus
arvensis	*Vaccinium vitis-idaea*
	Vaccinium myrtillus
	Vaccinium uliginosum
	Vaccinium oxycoccus
Chen caerulescens	*Empetrum nigrum*
Anthus trivialis	*Picea abies*
	Betula pendula
	Robinia pseudoacacia
	Vitis vinifera
Bombycilla garrulus	*Taxus baccata*
	Picea abies
	Juniperus communis
	Juniperus virginiana
	Thuja occidentalis
	Thuja plicata
	Populus alba
	Populus nigra
	Populus tremula
	Salix alba
	Salix cinerea
	Salix fragilis
	Salix caprea
	Betula pendula
	Celtis australis
	Celtis occidentalis
	Viscum album
	Loranthus europaeus
	Berberis vulgaris
	Rubus idaeus
	Rubus fruticosus
	Rosa canina
	Pinus silvestris
	Sorbus aria
	Sorbus aucuparia
	Sorbus domestica
	Sorbus torminalis

Vogelart	Holzart
	Chaenomeles japonica
	Cotoneaster tomentosa
	Cotoneaster integerrima
	Cotoneaster melanocarpa
	Cotoneaster horizontalis
	Crataegus oxyacantha
	Crataegus monogyna
	Crataegus carrierii
	Prunus spinosa
	Prunus mahaleb
	Prunus insititia
	Gleditsia triacanthos
	Sophora japonica
	Laburnum anagyroides
	Robinia pseudoacacia
	Phellodendron amurense
	Ailanthus altissima
	Empetrum nigrum
	Ilex aquifolium
	Euonymus europaea
	Euonymus latifolia
	Euonymus verrucosa
	Acer campestre
	Acer ginnala
	Acer negundo
	Acer platanoides
	Acer pseudoplatanus
	Acer tataricum
	Rhamnus cathartica
	Rhamnus frangula
	Parthenocissus quinquefolia
	Parthenocissus inserta
	Tilia platyphylla
	Tilia cordata
	Hippophaë rhamnoides
	Eleagnus angustifolia
	Hedera helix
	Cornus mas
	Cornus sanguinea
	Vaccinium vitis-idaea
	Vaccinium myrtillus
	Vaccinium uliginosum
	Vaccinium oxycoccus
	Sambucus nigra
	racemosa

(Fortsetzung)

Vogelart	Holzart
	Viburnum opulus
	lantana
	Symphoricarpus albus
	Lonicera periclymenum
	coerulea
	Syringa vulgaris
	Ligustrum vulgare
	Fraxinus excelsior
	oxycarpa
	ornus
Buteo buteo	*Prunus spinosa*
	Hippophaë rhamnoides
Capella gallinago	*Vaccinium vitis-idaea*
	myrtillus
	uliginosum
	oxycoccus
Caprimulgus europaeus	*Vitis vinifera*
Carduelis carduelis	*Tsuga canadensis*
	Tsuga heterophylla
	Tsuga jeffreyi
	Tsuga diversifolia
	Pinus silvestris
	Pinus nigra
	Pinus banksiana
	Chamaecyparis lawsoniana
	Chamaecyparis pisifera
	Thuja plicata
	Betula pendula
	Alnus incana
	Alnus glutinosa
	Ulmus glabra
	Ulmus carpinifolia
	Ulmus laevis
	Platanus orientalis
	Platanus occidentalis
	Sorbus aucuparia
citrinella	*Picea abies*
	Pinus silvestris

Vogelart	Holzart
	Alnus incana
	Alnus glutinosa
flammea	*Picea abies*
	Pinus silvestris
	Pinus nigra
	Pinus ponderosa
	Pinus jeffreyi
	Pinus banksiana
	Pinus mugo
	Larix decidua
	Juniperus communis
	Betula pendula
	Alnus incana
	Alnus glutinosa
	Viscum album
	Ribes rubrum
	Rubus fruticosus
	Rosa canina
	Sorbus aucuparia
	Crataegus oxyacantha
	Crataegus monogyna
	Empetrum nigrum
	Rhamnus cathartica
	Parthenocissus quinquefolia
	Cornus sanquinea
	Vaccinium vitis-idaea
	Vaccinium myrtillus
	Vaccinium uliginosum
	Vaccinium oxycoccus
	Sambucus nigra
	Viburnum opulus
	Viburnum lantana
	Ligustrum vulgare
spinus	*Picea abies*
	Picea orientalis
	Picea glauca
	Tsuga canadensis
	Tsuga heterophylla
	Tsuga jeffreyi
	Tsuga diversifolia
	Pinus silvestris
	Pinus nigra
	Pinus banksiana

Vogelart	Holzart
	Pinus mugo
	Pinus strobus
	Pinus peuce
	Pinus flexilis
	Larix decidua
	Larix sibirica
	Sequoia gigantea
	Juniperus communis
	Juniperus virginiana
	Chamaecyparis lawsoniana
	Chamaecyparis pisifera
	Chamaecyparis nootkaensis
	Cryptomeria japonica
	Thuja occidentalis
	Thuja plicata
	Betula pendula
	Alnus incana
	Alnus glutinosa
	Fagus silvatica
	Ulmus glabra
	Platanus orientalis
	Platanus occidentalis
	Sorbus aucuparia
	Ptelea trifoliata
Carpodacus erythrinus	*Juniperus communis*
	Ulmus glabra
	Sorbus aucuparia
	Crataegus oxyacantha
	Crataegus monogyna
	Prunus padus
Certhia familiaris	*Juniperus communis*
Charadrius apricarius	*Empetrum nigrum*
	Rhamnus frangula
	Vaccinium vitis-idaea
	Vaccinium myrtillus
	Vaccinium uliginosum
	Vaccinium oxycoccus

6 Ökologische

Vogelart	Holzart
squatarola	*Empetrum nigrum* *Vaccinium vitis-idaea* *Vaccinium myrtillus* *Vaccinium uliginosum* *Vaccinium oxycoccus*
Chloris chloris	*Taxus baccata* *Picea abies* *Picea orientalis* *Picea glauca* *Picea omorika* *Picea rubens* *Picea pungens* *Pinus silvestris* *Pinus nigra* *Pinus ponderosa* *Larix decidua* *Larix sibirica* *Sequoia gigantea* *Juniperus communis* *Juniperus virginiana* *Chamaecyparis lawsoniana* *Chamaecyparis pisifera* *Thuja orientalis* *Thuja occidentalis* *Thuja plicata* *Betula pendula* *Carpinus betulus* *Ostrya carpinifolia* *Fagus silvatica* *Ulmus glabra* *Ulmus carpinifolia* *Ulmus laevis* *Zelkova serrata* *Morus alba* *Berberis vulgaris* *Liriodendron tulipifera* *Rosa canina* *Sorbus aucuparis* *Sorbus vestita* *Malus sieboldii* *Cotoneaster frigida* *Crataegus oxyacantha* *Crataegus monogyna* *Prunus padus*

Vogelart	Holzart
	Prunus serotina
	Ptelea trifoliata
	Ailanthus altissima
	Acer pseudoplatanus
	Acer tataricum
	Vitis vinifera
	Tilia platyphylla
	Tilia cordata
	Daphne mezereum
	Cornus sanquinea
	Cornus alba
	Viburnum opulus
	Symphonicarpus albus
	Syringa vulgaris
	Fraxinus excelsior
	Fraxinus oxycarpa
	Fraxinus ornus
Coccothraustes coccothraustes	*Taxus baccata*
	Picea abies
	Abies alba
	Pinus silvestris
	Pinus nigra
	Pinus banksiana
	Pinus mugo
	Pinus strobus
	Pinus peuce
	Larix decidua
	Larix sibirica
	Larix leptolepis
	Larix eurolepis
	Juniperus communis
	Thuja orientalis
	Thuja plicata
	Populus alba
	Populus nigra
	Populus tremula
	Populus euroamericana
	Juglans regia
	Pterocarya fraxinifolia
	Betula pendula
	Alnus incana
	Alnus glutinosa
	Carpinus betulus

Vogelart	Holzart
	Ostrya carpinifolia
	Corylus avellana
	Fagus silvatica
	Quercus robur
	Quercus petraea
	Quercus cerris
	Ulmus glabra
	Ulmus carpinifolia
	Ulmus laevis
	Celtis australis
	Celtis occidentalis
	Morus alba
	Viscum album
	Berberis vulgaris
	Liriodendron tulipifera
	Laurus nobilis
	Ribes uva-crispa
	Rubus caesius
	Rosa canina
	Pirus communis
	Sorbus aucuparia
	Sorbus torminalis
	Malus pumila
	Malus sieboldii
	Cotoneaster tomentosa
	Cotoneaster integerrima
	Cotoneaster melanocarpa
	Cotoneaster horizontalis
	Cotoneaster frigida
	Pyracantha coccinea
	Mespilus germanica
	Crataegus oxyacantha
	Crataegus monogyna
	Prunus domestica
	Prunus spinosa
	Prunus avium
	Prunus padus
	Prunus mahaleb
	Prunus cerasus
	Prunus serotina
	Prunus lusitanica
	Prunus amygdalus
	Sarothamnus scoparius
	Laburnum anagyroides
	Robinia pseudoacacia

Vogelart	Holzart
	Caragana arborescens
	Caragana frutex
	Ptelea trifoliata
	Phellodendron amurense
	Rhus typhina
	Ilex aquifolium
	Ilex verticillata
	Euonymus europaea
	Euonymus verrucosa
	Staphylea pinnata
	Acer campestre
	Acer ginnala
	Acer negundo
	Acer platanoides
	Acer pseudoplatanus
	Acer tataricum
	Rhamnus cathartica
	Rhamnus frangula
	Paliurus spina-christi
	Zizyphus jujuba
	Vitis vinifera
	Tilia platyphylla
	Tilia cordata
	Tilia tomentosa
	Daphne mezereum
	Daphne laureola
	Hippophaë rhamnoides
	Eleagnus angustifolia
	Hedera helix
	Cornus mas
	Cornus sanquinea
	Cornus alternifolia
	Sambucus nigra
	Viburnum opulus
	Viburnum lantana
	Syringa vulgaris
	Ligustrum vulgare
	Fraxinus excelsior
	Fraxinus oxycarpa
	Fraxinus ornus
	Olea europaea
Columba livia	*Vaccinium vitis-idaea*
	Vaccinium myrtillus

Vogelart	Holzart
oenas	*Fagus silvatica*
	Quercus robur
	Quercus petraea
	Quercus cerris
	Vaccinium vitis-idaea
	Vaccinium myrtillus
palumbus	*Taxus baccata*
	Picea abies
	Pinus silvestris
	Fagus silvatica
	Quercus robur
	Quercus petraea
	Quercus cerris
	Quercus ilex
	Quercus pyrenaica
	Quercus macrolepis
	Quercus trojana
	Celtis australis
	Celtis occidentalis
	Morus alba
	Viscum album
	Berberis vulgaris
	Ribes rubrum
	Ribes uva-crispa
	Rubus caesius
	Rubus idaeus
	Sorbus aucuparia
	Amelanchier ovalis
	Amelanchier canadensis
	Amelanchier baccata
	Crataegus oxyacantha
	Crataegus monogyna
	Crataegus intricata
	Prunus domestica
	Prunus spinosa
	Prunus avium
	Sophora japonica
	Robinia pseudoacacia
	Ilex aquifolium
	Rhamnus frangula
	Hippophaë rhamnoides
	Vitis vinifera
	Parthenocissus quinquefolia
	Hedera helix

(Fortsetzung)

Vogelart	Holzart
	Cornus mas Vaccinium vitis-idaea Vaccinium myrtillus Sambucus nigra Sambucus racemosa Viburnum opulus Ligustrum vulgare
Pyrrhocorax graculus	Juniperus communis Berberis vulgaris Rubus fruticosus Rosa canina Sorbus aria Prunus spinosa Hippophaë rhamnoides Cornus mas Vaccinium vitis-idaea Vaccinium myrtillus Vaccinium uliginosum Vaccinium oxycoccus Olea europaea
Pyrrhocorax pyrrhocorax	Juniperus communis Juniperus nana Juniperus oxycedrus Juniperus macrocarpa Rosa canina Sorbus aria Sorbus aucuparia Crataegus oxyacantha Crataegus monogyna Prunus avium Vitis vinifera Hippophaë rhamnoides Vaccinium vitis-idaea Vaccinium myrtillus Vaccinium oxycoccus Vaccinium uliginosum Olea europaea
Coracias garrulus	Ficus carica Rubus fruticosus

Vogelart	Holzart
Corvus corax	*Juniperus communis*
	Ficus carica
	Prunus avium
	Empetrum nigrum
	Vaccinium vitis-idaea
	Vaccinium myrtillus
	Vaccinium uliginosum
Corvus cornix	*Juniperus communis*
	Juglans regia
	Morus alba
	Ficus carica
	Berberis vulgaris
	Rubus idaeus
	Rubus fruticosus
	Rosa canina
	Pirus communis
	Sorbus aucuparia
	Sorbus intermedia
	Sorbus hybrida
	Malus pumila
	Amelanchier ovalis
	Amelanchier canadensis
	Amelanchier baccata
	Cotoneaster tomentosa
	Crataegus oxycantha
	Crataegus monogyna
	Prunus domestica
	Prunus spinosa
	Prunus avium
	Prunus armeniaca
	Ceratonia siliqua
	Empetrium nigrum
	Zizyphus jujuba
	Vitis vinifera
	Parthenocissus quinquefolia
	Tilia platyphylla
	Tilia cordata
	Cornus mas
	Vaccinium vitis-idaea
	Vaccinium myrtillus
	Vaccinium oxycoccus
	Vaccinium uliginosum
	Sambucus nigra

(Fortsetzung)

Vogelart	Holzart
	Lonicera periclymenum
	Lonicera coerulea
	Olea europaea
corone	*Castanea sativa*
	Quercus robur
	Quercus petraea
	Viscum album
	Rosa canina
	Sorbus aucuparia
	Sorbus torminalis
	Malus pumila
	Malus baccata
	Crataegus oxyacantha
	Crataegus monogyna
	Prunus domestica
	Prunus avium
	Prunus cerasus
	Empetrum nigrum
	Euonymus europaea
	Vaccinium vitis-idaea
	Vaccinium myrtillus
	Vaccinium oxycoccus
	Vaccinium uliginosum
	Sambucus nigra
	Olea europaea
frugilegus	*Pinus silvestris*
	Pinus nigra
	Juglans regia
	Fagus silvatica
	Castanea sativa
	Quercus robur
	Quercus petraea
	Quercus cerris
	Quercus ilex
	Quercus pyrenaica
	Quercus trojana
	Celtis australis
	Celtis occidentalis
	Morus alba
	Ficus carica
	Berberis vulgaris
	Rubus fruticosus
	Rosa canina

Vogelart	Holzart
	Pirus communis
	Sorbus aucuparia
	Malus pumila
	Crataegus oxyacantha
	Crataegus monogyna
	Prunus domestica
	Prunus avium
	Prunus cerasus
	Prunus armeniaca
	Ceratonia siliqua
	Gleditsia triacanthos
	Empetrum nigrum
	Euonymus europaea
	Euonymus verrucosa
	Euonymus latifolium
	Acer platanoides
	Aesculus hippocastaneum
	Zizyphus jujuba
	Vitis vinifera
	Parthenocissus quinquefolia
	Cornus mas
	Vaccinium vitis-idaea
	Vaccinium myrtillus
	Symphoricarpus albus
	Sambucus nigra
	Olea europaea
monedula	*Juniperus communis*
	Juglans regia
	Fagus silvatica
	Quercus petraea
	Ficus carica
	Viscum album
	Berberis vulgaris
	Rubus fruticosus
	Pirus communis
	Sorbus aucuparia
	Prunus domestica
	Prunus avium
	Prunus armeniaca
	Ceratonia siliqua
	Euonymus europaea
	Zizyphus jujuba
	Vitis vinifera
	Cornus mas

(Fortsetzung)

Vogelart	Holzart
	Vaccinium vitis-idaea Vaccinium myrtillus Vaccinium oxycoccus Vaccinium uliginosum Sambucus racemosa Olea europaea
Coturnix coturnix	Pinus silvestris Rubus caesius Rubus idaeus Rubus saxatilis Zizyphus jujuba
Cuculus canorus	Juniperus communis Empetrum nigrum Empetrum hermaphroditum Vaccinium vitis-idaea Vaccinium myrtillus Vaccinium oxycoccus Vaccinium uliginosum
Cyanopica cyana	Pinus pinea Juniperus oxycedrus Quercus ilex Quercus pyrenaica Quercus robur Viscum album Crataegus oxyacantha Prunus domestica Prunus cerasus Vitis vinifera Olea europaea
Cyanosylvia svecica	Prunus padus Rhamnus frangula Arbutus andrachne Sambucus racemosa
Cygnus cygnus	Prunus domestica
olor	Prunus domestica

Vogelart	Holzart
Dendrocopos leucotus	Juglans regia
	Fagus silvatica
	Quercus robur
	Quercus petraea
	Sorbus aucuparia
	Prunus padus
	Acer pseudoplatanus
	Rhamnus frangula
major	Taxus baccata
	Picea abies
	Picea orientalis
	Picea glauca
	Picea schrenkiana
	Picea omorika
	Picea rubens
	Pseudotsuga menziesii
	Pinus silvestris
	Pinus nigra
	Pinus ponderosa
	Pinus jeffreyi
	Pinus banksiana
	Pinus mugo
	Pinus rigida
	Pinus cembra
	Pinus koreaensis
	Pinus strobus
	Pinus peuce
	Pinus flexilis
	Larix decidua
	Larix sibirica
	Larix leptolepis
	Larix eurolepis
	Larix laricina
	Cedrus atlantica
	Juniperus communis
	Caria ovata
	Juglans regia
	Juglans nigra
	Juglans cinerea
	Pterocarya fraxinifolia
	Carpinus betulus
	Corylus avellana
	Corylus colurna

Vogelart	Holzart
	Fagus silvatica
	Quercus robur
	Quercus petraea
	Quercus cerris
	Quercus pubescens
	Morus alba
	Morus nigra
	Rubus idaeus
	Rosa canina
	Pirus communis
	Sorbus aucuparia
	Malus pumila
	Chaenomeles japonica
	Prunus domestica
	Prunus avium
	Prunus padus
	Prunus cerasus
	Prunus amygdalus
	Prunus armeniaca
	Prunus persica
	Acer campestre
	Acer platanoides
	Acer pseudoplatanus
	Tilia platyphylla
	Tilia cordata
	Vaccinium vitis-idaea
	Vaccinium myrtillus
	Sambucus nigra
	Sambucus racemosa
medius	*Picea abies*
	Pinus silvestris
	Pinus nigra
	Carpinus betulus
	Corylus avellana
	Quercus robur
	Quercus petraea
	Quercus cerris
	Pirus communis
	Prunus domestica
	Prunus avium
	Acer platanoides
	Acer pseudoplatanus
minor	*Rubus idaeus*

Vogelart	Holzart
syriacus	*Juglans regia* *Corylus avellana* *Morus alba* *Malus pumila* *Prunus domestica* *Prunus avium* *Prunus armeniaca*
Dryocopus martius	*Pinus silvestris* *Pinus nigra* *Viscum album* *Sorbus aucuparia* *Prunus avium* *Vaccinium vitis-idaea* *Vaccinium myrtillus* *Vaccinium oxycoccus* *Vaccinium uliginosum*
Emberiza calandra	*Parthenocissus quinquefolia* *Hedera helix*
citrinella	*Picea abies* *Viscum album* *Empetrum nigrum* *Vitis vinifera*
schoeniclus	*Picea abies*
Erithacus rubecula	*Taxus baccata* *Picea abies* *Juniperus communis* *Morus alba* *Viscum album* *Laranthus europaeus* *Berberis vulgaris* *Mahonia aquifolium* *Ribes rubrum* *Ribes alpinum* *Ribes petraea* *Ribes uva-crispa* *Rubus caesius* *Rubus idaeus* *Rubus discolor*

(Fortsetzung)

Vogelart	Holzart
	Rosa canina
	Sorbus aucuparia
	Amelanchier ovalis
	Amelanchier canadensis
	Amelanchier baccata
	Cotoneaster tomentosa
	Cotoneaster integerrima
	Cotoneaster melanocarpa
	Cotoneaster horizontalis
	Crataegus oxyacantha
	Crateagus monogyna
	Prunus spinosa
	Prunus avium
	Prunus mahaleb
	Prunus serotina
	Empetrum nigrum
	Euonymus europaea
	Euonymus verrucosa
	Euonymus latifolia
	Rhamnus cathartica
	Rhamnus frangula
	Vitis vinifera
	Parthenocissus quinquefolia
	Daphne mezereum
	Eleagnus angustifolia
	Cornus sanguinea
	Cornus alternifolia
	Cornus alba
	Arbutus unedo
	Vaccinium vitis-idaea
	Vaccinium myrtillus
	Vaccinium oxycoccus
	Vaccinium uliginosum
	Lycium barbarum
	Lycium halimifolium
	Sambucus nigra
	Sambucus racemosa
	Sambucus ebulus
	Viburnum opulus
	Viburnum lantana
	Symphoricarpus albus
	Lonicera xylosteum
	Lonicera nigra
	Lonicera tatarica
	Ligustrum vulgare

Vogelart	Holzart
Fringilla coelebs	*Taxus baccata*
	Picea abies
	Picea orientalis
	Picea omorika
	Picea schrenkiana
	Picea obovata
	Picea glauca
	Picea sitchaensis
	Pseudotsuga menziesii
	Pinus silvestris
	Pinus nigra
	Pinus ponderosa
	Pinus jeffreyi
	Pinus banksiana
	Pinus strobus
	Pinus peuce
	Pinus flexilis
	Larix decidua
	Larix sibirica
	Larix leptolepis
	Larix eurolepis
	Larix laricina
	Juniperus virginiana
	Chamaecyparis lawsoniana
	Chamaecyparis pisifera
	Chamaecyparis nootkaensis
	Thuja orientalis
	Thuja occidentalis
	Thuja plicata
	Betula pendula
	Alnus incana
	Alnus glutinosa
	Fagus silvatica
	Quercus robur
	Quercus petraea
	Quercus cerris
	Ulmus glabra
	Ulmus carpinifolia
	Ulmus laevis
	Zelkova serrata
	Celtis australis
	Celtis occidentalis
	Morus alba
	Morus nigra

(Fortsetzung)

Vogelart	Holzart
	Morus rubra
	Viscum album
	Liriodendron tulipifera
	Rubus caesius
	Rubus idaeus
	Photinia pomifera
	Sorbus aucuparia
	Sorbus vestita
	Malus sieboldii
	Amelanchier ovalis
	Amelanchier canadensis
	Amelanchier baccata
	Cotoneaster integerrima
	Cotoneaster melanocarpa
	Cotoneaster horizontalis
	Crataegus oxyacantha
	Crataegus monogyna
	Prunus domestica
	Prunus avium
	Prunus laurocerasus
	Robinia pseudoacacia
	Empetrum nigrum
	Acer campestre
	Acer pseudoplatanus
	Vitis vinifera
	Tilia platyphylla
	Tilia cordata
	Tilia tomentosa
	Tilia europaea
	Eleagnus angustifolia
	Vaccinium vitis-idaea
	Vaccinium myrtillus
	Vaccinium oxycoccus
	Vaccinium uliginosum
	Sambucus nigra
	Sambucus racemosa
	Sambucus ebulus
	Symphoricarpus albus
	Fraxinus excelsior
	Fraxinus oxycarpa
	Fraxinus ornus
montifringilla	*Taxus baccata*
	Picea abies

7 Ökologische

Vogelart	Holzart
	Picea orientalis
	Picea glauca
	Picea omorika
	Pinus silvestris
	Pinus nigra
	Pinus ponderosa
	Larix decidua
	Larix sibirica
	Larix laricina
	Juniperus communis
	Juniperus virginiana
	Populus alba
	Populus nigra
	Populus tremula
	Betula pendula
	Alnus incana
	Alnus glutinosa
	Fagus silvatica
	Quercus robur
	Quercus petraea
	Photinia pomifera
	Sorbus aucuparia
	Sorbus vestita
	Crataegus oxyacantha
	Crataegus monogyna
	Prunus domestica
	Prunus spinosa
	Robinia pseudoacacia
	Acer campestre
	Acer pseudoplatanus
	Tilia platyphylla
	Tilia cordata
	Tilia tomentosa
	Cornus sanguinea
	Cornus alternifolia
	Sambucus nigra
	Viburnum opulus
	Ligustrum vulgare
Gallinula chloropus	*Taxus baccata*
	Ribes rubrum
	Pirus communis
	Sambucus racemosa

Vogelart	Holzart
Garrulus glandarius	*Taxus baccata*
	Picea abies
	Picea orientalis
	Pinus silvestris
	Pinus nigra
	Pinus cembra
	Pinus koreaensis
	Juniperus communis
	Juglans regia
	Betula pendula
	Carpinus betulus
	Corylus avellana
	Corylus colurna
	Fagus silvatica
	Castanea sativa
	Quercus robur
	Quercus petraea
	Quercus cerris
	Quercus pubescens
	Quercus borealis
	Quercus ilex
	Quercus pyrenaica
	Quercus macrolepis
	Quercus trojana
	Morus alba
	Viscum album
	Loranthus eurpaeus
	Berberis vulgaris
	Mahonia aquifolium
	Ribes rubrum
	Ribes alpinum
	Ribes petraea
	Rubus caesius
	Rubus idaeus
	Rubus fruticosus
	Rosa canina
	Pirus communis
	Sorbus aucuparia
	Sorbus intermedia
	Sorbus torminalis
	Malus pumila
	Chaenomeles japonica
	Amelanchier ovalis
	Amelanchier canadensis
	Amelanchier baccata
	Cotoneaster integerrima

7*

Vogelart	Holzart
	Cotoneaster melanocarpa
	Cotoneaster horizontalis
	Crataegus oxyacantha
	Crataegus monogyna
	Crataegus carrierii
	Prunus domestica
	Prunus spinosa
	Prunus avium
	Prunus padus
	Prunus mahaleb
	Prunus cerasus
	Prunus serotina
	Prunus amygdalus
	Prunus armeniaca
	Prunus tenella
	Gleditsia triacanthos
	Sophora japonica
	Robinia pseudoacacia
	Empetrum nigrum
	Euonymus europaea
	Euonymus verrucosa
	Euonymus latifolia
	Acer campestre
	Acer pseudoplatanus
	Aesculus hippocastanum
	Zizyphus jujuba
	Vitis vinifera
	Vitis coignetiae
	Tilia platyphylla
	Tilia cordata
	Tilia tomentosa
	Tilia europaea
	Eleagnus angustifolia
	Cornus mas
	Cornus sanguinea
	Arbutus unedo
	Vaccinium vitis-idaea
	Vaccinium myrtillus
	Vaccinium oxycoccus
	Vaccinium uliginosum
	Catalpa speciosa
	Catalpa bignonioides
	Sambucus nigra
	Sambucus racemosa,
	Lonicera tatarica

(Fortsetzung)

Vogelart	Holzart
	Ligustrum vulgare Olea europaea
Hippolais icterina	Morus alba Ribes rubrum Amelanchier ovalis Amelanchier canadensis Amelanchier baccata Prunus domestica Prunus avium Prunus padus Rhamnus cathartica Rhamnus frangula Sambucus nigra Sambucus racemosa
polyglotta	Ficus carica
olivetorum	Ficus carica
Jynx torquilla	Sambucus nigra
Lagopus lagopus	Betula pendula Rubus saxatilis Rubus tomentosus Empetrum nigrum Vaccinium vitis-idaea Vaccinium myrtillus Vaccinium oxycoccus Vaccinium uliginosum
mutus	Betula pendula Rubus caesias Rubus idaeus Rubus saxatilis Rubus tomentosus Rubus fruticosus Empetrum nigrum Vaccinium vitis-idaea Vaccinium myrtillus Vaccinium oxycoccus Vaccinium uliginosum

Vogelart	Holzart
scoticus	*Myrica gale*
	Ribes alpinum
	Ribes petraea
	Rubus caesius
	Rubus chamaemorus
	Rubus fruticosus
	Empetrum nigrum
	Vaccinium vitis-idaea
	Vaccinium myrtillus
	Vaccinium oxycoccus
	Vaccinium uliginosum
Lanius collurio	*Prunus avium*
Larus	
argentatus	*Empetrum nigrum*
	Vaccinium vitis-idaea
	Vaccinium myrtillus
	Vaccinium oxycoccus
	Vaccinium uliginosum
canus	*Prunus avium*
	Malus pumila
	Hippophaë rhamnoides
hyperboreus	*Empetrum nigrum*
marinus	*Rubus chamaemorus*
	Rubus fruticosus
	Cornus svecica
ridibundus	*Quercus petraea*
	Rubus chamaemorus
	Prunus avium
	Empetrum nigrum
Locustella naevia	*Sambucus nigra*
Loxia	
curvirostra	*Picea abies*
	Picea orientalis
	Picea schrenkiana
	Picea rubens
	Picea glauca

Vogelart	Holzart
	Picea omorika
	Picea mariana
	Picea obovata
	Picea engelmannii
	Picea pungens
	Abies alba
	Abies sibirica
	Abies balsamea
	Abies cephalonica
	Abies cilicica
	Abies concolor
	Abies firma
	Abies grandis
	Abies nordmanniana
	Abies numidica
	Abies pinsapo
	Pseudotsuga menziesii
	Pinus silvestris
	Pinus nigra
	Pinus ponderosa
	Pinus jeffreyi
	Pinus banksiana
	Pinus mugo
	Pinus rigida
	Pinus cembra
	Pinus koreaensis
	Pinus strobus
	Pinus peuce
	Pinus flexilis
	Larix decidua
	Larix sibirica
	Larix laricina
	Larix leptolepis
	Larix eurolepis
	Juniperus communis
	Juniperus nana
	Thuja occidentalis
	Populus alba
	Populus nigra
	Populus tremula
	Alnus incana
	Alnus glutinosa
	Carpinus betulus
	Fagus silvatica
	Morus alba

Vogelart	Holzart
	Viscum album
	Rubus idaeus
	Sorbus aucuparia
	Sorbus torminalis
	Malus pumila
	Malus purpurea
	Prunus spinosa
	Prunus avium
	Robinia pseudoacacia
	Empetrum nigrum
	Acer campestre
	Acer pseudoplatanus
	Rhamnus frangula
	Tilia platyphylla
	Tilia cordata
	Sambucus racemosa
	Lonicera nigra
	Syringa vulgaris
...tera	*Picea abies*
	Picea orientalis
	Pinus silvestris
	Pinus nigra
	Pinus banksiana
	Larix decidua
	Larix sibirica
	Larix leptolepis
	Sorbus aucuparia
...psittacus	*Picea abies*
	Picea orientalis
	Picea schrenkiana
	Picea engelmannii
	Pinus silvestris
	Pinus nigra
	Pinus banksiana
	Larix decidua
	Larix sibirica
	Larix leptolepis
	Larix laricina
	Alnus incana
	Alnus glutinosa
	Sorbus aucuparia
Lullula arborea	*Picea abies*

(Fortsetzung)

Vogelart	Holzart
Luscinia	
luscinia	*Ribes rubrum*
	Sambucus racemosa
megarhynchos	*Ribes rubrum*
	Ribes uva-crispa
	Amelanchier ovalis
	Amelanchier canadensis
	Amelanchier baccata
	Rhamnus frangula
	Sambucus nigra
	Sambucus racemosa
	Sambucus ebulus
Lusciniola melanopogon	*Prunus padus*
	Sambucus nigra
Lyrurus tetrix	*Juniperus communis*
	Betula pendula
	Betula nana
	Fagus silvatica
	Rubus caesius
	Rubus idaeus
	Rubus saxatilis
	Rubus tomentosus
	Rubus fruticosus
	Rosa canina
	Sorbus aria
	Sorbus aucuparia
	Crataegus oxyacantha
	Crataegus monogyna
	Prunus spinosa
	Prunus padus
	Empetrum nigrum
	Euonymus europaea
	Rhamnus frangula
	Hippophaë rhamnoides
	Cornus svecica
	Vaccinium vitis-idaea
	Vaccinium myrtillus
	Vaccinium oxycoccus
	Vaccinium uliginosum
	Sambucus racemosa
	Viburnum opulus
	Ligustrum vulgare

Vogelart	Holzart
Megalornis grus	*Empetrum nigrum* *Vaccinium vitis-idaea* *Vaccinium myrtillus* *Vaccinium oxycoccus* *Vaccinium uliginosum*
Monticola *saxatilis*	*Morus alba* *Ribes rubrum* *Spirea media* *Sorbus aucuparia* *Prunus avium* *Vitis vinifera* *Sambucus nigra* *Sambucus racemosa*
tarius	*Ficus carica* *Crataegus oxycantha* *Crataegus monogyna* *Vitis vinifera* *Daphne laureola* *Myrtus communis* *Viburnum tinus*
la alba	*Taxus baccata* *Hedera helix*
pa *collis*	*Sorbus aucuparia* *Sambucus nigra* *Sambucus racemosa*
oleuca	*Ribes rubrum* *Rhamnus frangula* *Vitis vinifera* *Sambucus nigra* *Sambucus racemosa*
parva	*Ribes rubrum* *Sambucus nigra* *Sambucus racemosa*

(Fortsetzung)

Vogelart	Holzart
striata	*Morus alba*
	Ribes rubrum
	Rubus idaeus
	Empetrum nigrum
	Rhamnus frangula
	Parthenocissus quinquefolia
	Eleagnus angustifolia
	Cornus sanguinea
	Cornus alternifolia
	Cornus alba
	Cornus stolonifera
	Sambucus nigra
	Sambucus racemosa
	Viburnum opulus
Nucifraga caryocatactes	*Picea abies*
	Picea orientalis
	Picea schrenkiana
	Picea engelmannii
	Abies alba
	Abies nordmanniana
	Pinus silvestris
	Pinus nigra
	Pinus cembra
	Pinus koreaensis
	Larix decidua
	Larix sibirica
	Juniperus communis
	Juglans regia
	Corylus avellana
	Corylus colurna
	Fagus silvatica
	Quercus robur
	Quercus petraea
	Quercus cerris
	Viscum album
	Rubus idaeus
	Rubus saxatilis
	Rubus tomentosus
	Rubus fruticosus
	Pirus communis
	Sorbus aucuparia
	Malus pumila
	Crataegus oxyacantha
	Crataegus monogyna

Vogelart	Holzart
	Prunus domestica
	Prunus avium
	Empetrum nigrum
	Ilex aquifolium
	Acer pseudoplatanus
	Rhamnus frangula
	Vitis vinifera
	Vaccinium vitis-idaea
	Vaccinium myrtillus
	Vaccinium oxycoccus
	Vaccinium uliginosum
	Sambucus nigra
	Sambucus racemosa
	Viburnum opulus
nenius arquata	*Prunus avium*
	Empetrum nigrum
phaeopus	*Empetrum nigrum*
	Vaccinium vitis-idaea
	Vaccinium myrtillus
	Vaccinium oxycoccus
	Vaccinium uliginosum
anthe oenanthe	*Sorbus aucuparia*
lus oriolus	*Picea abies*
	Celtis australis
	Celtis occidentalis
	Morus alba
	Morus nigra
	Morus rubra
	Ficus carica
	Ribes rubrum
	Rubus idaeus
	Rubus fruticosus
	Pirus communis
	Sorbus aucuparia
	Sorbus torminalis
	Amelanchier ovalis
	Amelanchier canadensis
	Amelanchier baccata
	Prunus domestica

(Fortsetzung)

Vogelart	Holzart
	Prunus avium
	Prunus padus
	Prunus mahaleb
	Prunus cerasus
	Rhamnus frangula
	Vitis vinifera
	Eleagnus angustifolia
	Sambucus nigra
	Sambucus racemosa
	Olea europaea
Otis tarda	*Vitis vinifera*
Parus ater	*Taxus baccata*
	Picea abies
	Picea orientalis
	Picea schrenkiana
	Picea rubens
	Picea glauca
	Picea omorika
	Picea mariana
	Picea obovata
	Picea engelmannii
	Picea pungens
	Picea sitchaensis
	Abies alba
	Abies balsamea
	Abies cephalonica
	Abies cilicica
	Abies concolor
	Abies firma
	Abies grandis
	Abies nordmanniana
	Abies numidica
	Abies sibirica
	Pseudotsuga menziesii
	Pinus silvestris
	Pinus nigra
	Pinus ponderosa
	Pinus jeffreyi
	Pinus banksiana
	Pinus mugo
	Pinus rigida

Vogelart	Holzart
	Pinus cembra
	Pinus koreaensis
	Pinus strobus
	Pinus peuce
	Pinus flexilis
	Larix decidua
	Larix sibirica
	Larix leptolepis
	Larix laricina
	Larix eurolepis
	Sequoia gigantea
	Cryptomeria japonica
	Chamaecyparis lawsoniana
	Chamaecyparis pisifera
	Chamaecyparis obtusa
	Chamaecyparis nootkaensis
	Thuja orientalis
	Thuja plicata
	Juglans regia
	Betula pendula
	Fagus silvatica
	Quercus robur
	Quercus petraea
	Castanea sativa
	Sorbus aucuparia
	Amelanchier ovalis
	Amelanchier canadensis
	Acer campestre
	Acer pseudoplatanus
	Sambucus racemosa
atricapillus	*Picea abies*
	Picea orientalis
	Abies alba
	Abies nordmanniana
	Abies sibirica
	Pinus silvestris
	Pinus mugo
	Larix decidua
	Larix sibirica
	Juniperus communis
	Thuja plicata
	Betula pendula
	Alnus incana
	Alnus glutinosa

(Fortsetzung)

Vogelart	Holzart
	Fagus silvatica
	Quercus robur
	Quercus petraea
	Rubus idaeus
	Sorbus aucuparia
	Chaenomeles japonica
	Ptelea trifoliata
	Acer campestre
	Acer pseudoplatanus
	Rhamnus cathartica
	Tilia cordata
	Lonicera nigra
	Fraxinus excelsior
	Fraxinus oxycarpa
caeruleus	*Picea abies*
	Chamaecyparis lawsoniana
	Chamaecyparis pisifera
	Thuja occidentalis
	Betula pendula
	Fagus silvatica
	Castanea sativa
	Quercus robur
	Quercus petraea
	Quercus cerris
	Morus alba
	Viscum album
	Berberis vulgaris
	Ribes uva-crispa
	Rosa canina
	Pirus communis
	Sorbus aucuparia
	Sorbus intermedia
	Sorbus vestita
	Sorbus hybrida
	Malus pumila
	Crataegus oxyacantha
	Crataegus monogyna
	Prunus domestica
	Prunus avium
	Evodia hupehensis
	Buxus sempervirens
	Rhus vernix
	Euonymus europaea
	Euonymus verrucosa

Vogelart	Holzart
cristatus	*Acer campestre*
	Acer pseudoplatanus
	Vitis vinifera
	Cornus sanguinea
	Sambucus nigra
	Sambucus racemosa
	Fraxinus excelsior
	Fraxinus oxycarpa
	Fraxinus ornus
	Picea abies
	Picea orientalis
	Abies alba
	Abies firma
	Abies sibirica
	Pseudotsuga menziesii
	Chamaecyparis lawsoniana
	Chamaecyparis pisifera
	Chamaecyparis nootkaensis
	Sorbus aucuparia
major	*Taxus baccata*
	Picea abies
	Picea orientalis
	Picea schrenkiana
	Picea rubens
	Picea glauca
	Picea omorika
	Picea mariana
	Picea obovata
	Picea engelmannii
	Picea pungens
	Picea sitchaensis
	Abies alba
	Abies firma
	Abies cilicica
	Pinus silvestris
	Pinus nigra
	Pinus ponderosa
	Pinus jeffreyi
	Pinus banksiana
	Pinus cembra
	Pinus koreaensis
	Pinus strobus
	Pinus peuce

Vogelart	Holzart
	Pinus flexilis
	Larix decidua
	Larix sibirica
	Larix leptolepis
	Larix laricina
	Sequoia gigantea
	Chamaecyparis lawsoniana
	Chamaecyparis pisifera
	Chamaecyparis obtusa
	Chamaecyparis nootkaensis
	Thuja orientalis
	Thuja plicata
	Juglans regia
	Betula pendula
	Carpinus betulus
	Ostrya carpinifolia
	Corylus avellana
	Fagus silvatica
	Castanea sativa
	Quercus robur
	Quercus petraea
	Quercus cerris
	Morus alba
	Viscum album
	Berberis vulgaris
	Liriodendron tulipifera
	Ribes uva-crispa
	Rubus caesius
	Rubus idaeus
	Rosa canina
	Pirus communis.
	Sorbus aucuparia
	Sorbus domestica
	Sorbus intermedia
	Sorbus vestita
	Sorbus hybrida
	Malus pumila
	Malus purpurea
	Chaenomeles japonica
	Prunus domestica
	Prunus spinosa
	Prunus avium
	Evodia hupehensis
	Ptelea trifoliata
	Empetrum nigrum

Vogelart	Holzart
	Rhus typhina
	Rhus vernix
	Euonymus europaea
	Euonymus verrucosa
	Euonymus latifolia
	Acer campestre
	Acer negundo
	Acer platanoides
	Acer pseudoplatanus
	Acer tataricum
	Rhamnus cathartica
	Rhamnus frangula
	Parthenocissus quinquefolia
	Tilia platyphylla
	Tilia cordata
	Tilia tomentosa
	Arbutus unedo
	Sambucus nigra
	Sambucus racemosa
	Symphoricarpus albus
	Ligustrum vulgare
	Fraxinus excelsior
	Fraxinus oxycarpa
	Fraxinus ornus
palustris	*Picea abies*
	Picea orientalis
	Picea rubens
	Picea glauca
	Picea omorika
	Pseudotsuga menziesii
	Pinus silvestris
	Pinus nigra
	Pinus mugo
	Pinus strobus
	Pinus peuce
	Pinus flexilis
	Larix decidua
	Larix sibirica
	Larix leptolepis
	Cryptomeria japonica
	Juniperus communis
	Chamaecyparis lawsoniana
	Chamaecyparis pisifera

Vogelart	Holzart
	Chamaecyparis obtusa
	Chamaecyparis nootkaensis
	Thuja orientalis
	Thuja occidentalis
	Thuja plicata
	Betula pendula
	Alnus incana
	Alnus glutinosa
	Ostrya carpinifolia
	Fagus silvatica
	Castanea sativa
	Quercus robur
	Quercus petraea
	Quercus cerris
	Morus alba
	Viscum album
	Liriodendron tulipifera
	Ribes uva-crispa
	Rubus idaeus
	Photinia pomifera
	Sorbus aucuparia
	Sorbus hybrida
	Chaenomeles japonica
	Prunus domestica
	Evodia hupehensis
	Ptelea trifoliata
	Empetrum nigrum
	Rhus vernix
	Euonymus europaea
	Acer campestre
	Acer platanoides
	Acer pseudoplatanus
	Acer tataricum
	Rhamnus cathartica
	Rhamnus frangula
	Sambucus nigra
	Sambucus racemosa
	Symphoricarpus albus
	Lonicera nigra
	Lonicera periclymenum
	Lonicera coerulea
	Lonicera caprifolium
	Fraxinus excelsior
	Fraxinus oxycarpa
	Fraxinus ornus

Vogelart	Holzart
Passer *domesticus*	*Celtis australis* *Celtis occidentalis* *Morus alba* *Morus nigra* *Morus rubra* *Ribes rubrum* *Ribes uva-crispa* *Rubus idaeus* *Pirus communis* *Sorbus aucuparia* *Amelanchier ovalis* *Amelanchier canadensis* *Amelanchier baccata* *Cotoneaster integerrima* *Cotoneaster melanocarpa* *Cotoneaster horizontalis* *Prunus domestica* *Prunus avium* *Prunus padus* *Sophora japonica* *Phellodendron amurense* *Euonymus europaea* *Vitis vinifera* *Parthenocissus quinquefolia* *Eleagnus angustifolia* *Lycium barbarum* *Sambucus nigra* *Sambucus racemosa*
Italiae	*Morus alba* *Morus nigra*
montanus	*Ulmus glabra* *Ulmus carpinifolia* *Ulmus laevis* *Morus alba* *Viscum album* *Sorbus aucuparia* *Prunus avium* *Vitis vinifera* *Eleagnus angustifolia* *Sambucus nigra*
Perdix perdix	*Juniperus communis* *Mahonia aquifolium*

(Fortsetzung)

Vogelart	Holzart
	Ribes rubrum Rubus caesius Sorbus aucuparia Vitis vinifera Vaccinium vitis-idaea Vaccinium myrtillus Lycium barbarum Sambucus ebulus Symphoricarpus albus
Perisoreus infaustus	Picea abies Picea orientalis Pinus silvestris Juniperus communis Betula pendula Rubus chamaemorus Rubus fruticosus Sorbus aucuparia Empetrum nigrum Cornus svecica Vaccinium vitis-idaea Vaccinium myrtillus Vaccinium oxyoccus Vaccinium uliginosum Lonicera periclymenum Lonicera coerulea
Pernis apivorus	Prunus domestica Vitis vinifera Vaccinium vitis-idaea Vaccinium myrtillus
Petronia petronia	Juniperus communis Morus alba Berberis thunbergi Crataegus oxyacantha Crataegus monogyna Prunus avium
Phasianus colchicus	Taxus baccata Picea abies Abies alba Pinus silvestris

Vogelart	Holzart
	Pinus nigra
	Juniperus communis
	Betula pendula
	Alnus glutinosa
	Alnus incana
	Carpinus betulus
	Corylus avellana
	Fagus silvatica
	Quercus robur
	Quercus petraea
	Quercus cerris
	Celtis australis
	Celtis occidentalis
	Morus alba
	Viscum album
	Mahonia aquifolium
	Ribes rubrum
	Rubus caesius
	Rubus idaeus
	Rubus fruticosus
	Rosa canina
	Pirus communis
	Sorbus aucuparia
	Sorbus torminalis
	Malus pumila
	Crataegus oxyacantha
	Crataegus monogyna
	Prunus domestica
	Prunus spinosa
	Prunus avium
	Prunus padus
	Prunus mahaleb
	Prunus fruticosa
	Gleditsia triacanthos
	Laburnum anagyroides
	Robinia pseudoacacia
	Empetrum nigrum
	Ilex aquifolium
	Euonymus europaea
	Euonymus verrucosa
	Euonymus latifolia
	Staphylea pinnata
	Acer pseudoplatanus
	Rhamnus cathartica
	Rhamnus frangula

(Fortsetzung)

Vogelart	Holzart
	Rhamnus saxatilis
	Vitis vinifera
	Tilia platyphylla
	Tilia cordata
	Daphne mezereum
	Cornus mas
	Cornus sanguinea
	Cornus alternifolia
	Cornus stolonifera
	Vaccinium vitis-idaea
	Vaccinium myrtillus
	Lycium barbarum
	Catalpa speciosa
	Catalpa bignonioides
	Sambucus nigra
	Sambucus racemosa
	Sambucus ebulus
	Viburnum opulus
	Viburnum lantana
	Symphoricarpus albus
	Lonicera xylosteum
	Lonicera nigra
	Lonicera periclymenum
	Lonicera coerulea
	Ligustrum vulgare
Phoenicurus ochruros	Juniperus communis
	Morus alba
	Ribes rubrum
	Rubus caesius
	Rubus idaeus
	Rhamnus frangula
	Parthenocissus quinquefolia
	Hedera helix
	Arbutus unedo
	Lycium barbarum
	Sambucus nigra
	Sambucus racemosa
phoenicurus	Juniperus communis
	Ribes rubrum
	Sorbus aucuparia
	Prunus padus
	Empetrum nigrum

Vogelart	Holzart
	Rhamnus frangula *Cornus alba* *Arbutus unedo* *Sambucus nigra* *Sambucus racemosa*
Phylloscopus *collybita*	*Betula pendula* *Vaccinium vitis-idaea* *Vaccinium myrtillus* *Vaccinium oxycoccus* *Vaccinium uliginosum* *Lycium barbarum* *Lycium halimifolium* *Sambucus nigra* *Sambucus racemosa*
sibilatrix	*Ribes rubrum* *Prunus domestica* *Lycium barbarum* *Sambucus nigra* *Sambucus ebulus*
trochilus	*Ribes rubrum* *Rubus idaeus* *Lycium barbarum* *Sambucus nigra* *Sambucus racemosa*
Pica pica	*Picea abies* *Pinus silvestris* *Pinus nigra* *Juniperus communis* *Juglans regia* *Betula pendula* *Alnus incana* *Alnus glutinosa* *Fagus silvatica* *Castanea sativa* *Quercus rubra* *Quercus petraea* *Quercus cerris* *Morus alba* *Viscum album*

Vogelart	Holzart
	Berberis vulgaris
	Ribes rubrum
	Ribes nigrum
	Ribes uva-crispa
	Rubus caesius
	Rubus idaeus
	Rubus saxatilis
	Rubus tomentosus
	Rubus chamaemorus
	Rubus fruticosus
	Rosa canina
	Sorbus aucuparia
	Malus pumila
	Amelanchier canadensis
	Amelanchier baccata
	Cotoneaster tomentosa
	Cotoneaster integerrima
	Cotoneaster horizontalis
	Crataegus oxyacantha
	Crataegus monogyna
	Prunus domestica
	Prunus spinosa
	Prunus avium
	Prunus padus
	Prunus mahaleb
	Prunus fruticosa
	Robinia pseudoacacia
	Caragana arborescens
	Caragana frutex
	Empetrum nigrum
	Ilex aquifolium
	Euonymus europaea
	Euonymus verrucosa
	Rhamnus frangula
	Vitis vinifera
	Parthenocissus quinquefolia
	Hippophaë rhamnoides
	Cornus sanguinea
	Arbutus unedo
	Vaccinium vitis-idaea
	Vaccinium myrtillus
	Vaccinium oxycoccus
	Vaccinium uliginosum
	Sambucus nigra
	Sambucus racemosa

Vogelart	Holzart
	Viburnum opulus *Ligustrum vulgare* *Olea europaea*
Picoïdes tridactylus	*Pinus cembra* *Crataegus oxyacantha*
Picus *canus*	*Sorbus aucuparia* *Parthenocissus quinquefolia* *Sambucus nigra*
viridis	*Taxus baccata* *Quercus rubra* *Quercus petraea* *Quercus cerris* *Morus alba* *Sorbus aucuparia* *Malus pumila*
Pinicola enucleator	*Picea abies* *Picea schrenkiana* *Sorbus aucuparia* *Sorbus torminalis* *Empetrum nigrum* *Vaccinium vitis-idaea* *Vaccinium myrtillus* *Vaccinium oxycoccus* *Vaccinium uliginosum* *Viburnum opulus* *Viburnum lantane*
Plectrophenax nivalis	*Rubus chamaemorus* *Rosa canina* *Empetrum nigrum*
Plegadis falcinellus	*Prunus padus*
Prunella *collaris*	*Rubus fruticosus* *Arbutus unedo*
modularis	*Berberis thunbergi* *Rubus idaeus*

(Fortsetzung)

Vogelart	Holzart
	Rubus fruticosus *Empetrum nigrum* *Arbutus unedo* *Vaccinium vitis-idaea* *Vaccinium myrtillus* *Vaccinium oxycoccus* *Vaccinium uliginosum* *Sambucus nigra* *Sambucus racemosa*
Pyrrhula pyrrhula	*Picea abies* *Picea orientalis* *Picea schrenkiana* *Picea omorika* *Picea glauca* *Abies sibirica* *Tsuga canadensis* *Pinus silvestris* *Pinus nigra* *Pinus banksiana* *Juniperus communis* *Juniperus virginiana* *Juniperus nana* *Chamaecyparis lawsoniana* *Chamaecyparis pisifera* *Chamaecyparis obtusa* *Chamaecyparis nootkaensis* *Chamaecyparis thyoides* *Thuja plicata* *Salix fragilis* *Salix cinerea* *Salix caprea* *Pterocarya fraxinifolia* *Betula pendula* *Alnus incana* *Alnus glutinosa* *Carpinus betulus* *Fagus silvatica* *Ulmus glabra* *Berberis vulgaris* *Deutzia scabra* *Ribes rubrum* *Ribes uva-crispa* *Physocarpus opulifolia*

Vogelart	Holzart
	Spirea media
	Rubus caesius
	Rubus idaeus
	Rubus fruticosus
	Rosa canina
	Sorbus aucuparia
	Sorbus intermedia
	Sorbus torminalis
	Amelanchier ovalis
	Amelanchier canadensis
	Amelanchier baccata
	Cotoneaster tomentosa
	Crataegus oxyacantha
	Crataegus monogyna
	Prunus domestica
	Laburnum anagyroides
	Laburnum alpinum
	Robinia pseudoacacia
	Ptelea trifoliata
	Empetrum nigrum
	Empetrum hermaphroditum
	Ilex verticillata
	Acer campestre
	Acer ginnala
	Acer negundo
	Acer platanoides
	Acer pseudoplatanus
	Acer tataricum
	Rhamnus cathartica
	Rhamnus frangula
	Cornus svecica
	Sambucus nigra
	Sambucus racemosa
	Viburnum opulus
	Viburnum lantana
	Symphoricarpus albus
	Lonicera nigra
	Weigelia florida
	Forsythia viridissima
	Forsythia suspensa
	Syringa vulgaris
	Ligustrum vulgare
	Fraxinus excelsior
	Fraxinus oxycarpa
	Fraxinus ornus

(Fortsetzung)

Vogelart	Holzart
	Fraxinus americana *Fraxinus quadrangulata*
Rallus aquaticus	*Rosa canina* *Vitis vinifera* *Vaccinium vitis-idaea* *Vaccinium myrtillus* *Vaccinium oxycoccus* *Vaccinium uliginosum*

Regulus
   ignicapillus
 	
   regulus
	Juniperus communis
	
	Picea abies
	Picea orientalis
	Juniperus communis

Scolopax rusticola	*Picea abies* *Betula pendula* *Sorbus aucuparia* *Vaccinium vitis-idaea* *Vaccinium myrtillus* *Vaccinium oxycoccus* *Vaccinium uliginosum*
Serinus canarius	*Picea abies* *Larix decidua* *Betula pendula* *Alnus incana* *Alnus glutinosa* *Morus alba*
Sitta europaea	*Taxus baccata* *Picea abies* *Picea orientalis* *Picea schrenkiana* *Picea omorika* *Abies alba* *Abies sibirica* *Abies firma* *Pseudotsuga menziesii* *Pinus silvestris*

Vogelart	Holzart
	Pinus nigra
	Pinus ponderosa
	Pinus jeffreyi
	Pinus banksiana
	Pinus cembra
	Pinus koreaensis
	Juglans regia
	Betula pendula
	Alnus glutinosa
	Alnus incana
	Carpinus betulus
	Corylus avellana
	Fagus silvatica
	Quercus robur
	Quercus petraea
	Quercus cerris
	Quercus pubescens
	Ulmus glabra
	Zelkova serrata
	Celtis australis
	Celtis occidentalis
	Morus alba
	Ribes rubrum
	Pirus communis
	Sorbus aucuparia
	Malus pumila
	Prunus avium
	Prunus padus
	Prunus cerasus
	Prunus lusitanica
	Phellodendron amurense
	Euonymus europaea
	Acer campestre
	Acer platanoides
	Acer pseudoplatanus
	Acer tataricum
	Rhamnus cathartica
	Tilia platyphylla
	Tilia cordata
	Tilia tomentosa
	Tilia europaea
	Cornus mas
	Cornus sanguinèa
	Lonicera nigra
	Ligustrum vulgare

(Fortsetzung)

Vogelart	Holzart
Somateria mollissima	*Sorbus aucuparia*
Stercorarius *longicaudus*	*Empetrum nigrum*
parasiticus	*Rubus fruticosus* *Empetrum nigrum* *Vaccinium myrtillus* *Vaccinium oxycoccus* *Vaccinium uliginosum*
Streptopelia *decaocto*	*Morus alba* *Prunus avium* *Sophora japonica* *Sambucus nigra*
turtur	*Picea abies* *Pinus silvestris* *Morus alba* *Sorbus aucuparia* *Prunus domestica* *Ilex aquifolium* *Vitis vinifera*
Sturnus *roseus*	*Morus alba* *Prunus avium* *Vitis vinifera* *Sambucus nigra*
vulgaris	*Quercus robur* *Quercus petraea* *Quercus cerris* *Quercus pubescens* *Celtis australis* *Celtis occidentalis* *Morus alba* *Ficus carica* *Mahonia aquifolium* *Ribes rubrum* *Rubus idaeus* *Rosa canina*

Vogelart	Holzart
	Pirus communis
	Sorbus aria
	Sorbus aucuparia
	Malus baccata
	Amelanchier ovalis
	Amelanchier canadensis
	Aronia prunifolia
	Crataegus oxyacantha
	Prunus domestica
	Prunus avium
	Prunus cerasus
	Prunus serotina
	Sophora japonica
	Empetrum nigrum
	Euonymus europaea
	Rhamnus frangula
	Vitis vinifera
	Vitis coignetiae
	Parthenocissus quinquefolia
	Hippophaë rhamnoides
	Eleagnus angustifolia
	Hedera helix
	Cornus sanguinea
	Vaccinium myrtillus
	Vaccinium oxycoccus
	Lycium barbarum
	Lycium halimifolium
	Sambucus nigra
	Sambucus ebulus
	Lonicera tatarica
	Ligustrum vulgare
	Olea europaea
Sylvia atricapilla	*Taxus baccata*
	Juniperus communis
	Morus alba
	Ficus carica
	Viscum album
	Loranthus europaeus
	Ribes rubrum
	Ribes uva-crispa
	Ribes alpinum
	Ribes nigrum

Vogelart	Holzart
	Rubus caesius
	Rubus idaeus
	Rubus chamaemorus
	Rubus fruticosus
	Pirus communis
	Sorbus aucuparia
	Sorbus intermedia
	Amelanchier ovalis
	Amelanchier canadensis
	Amelanchier baccata
	Aronia melanocarpa
	Cotoneaster tomentosa
	Prunus domestica
	Prunus spinosa
	Prunus avium
	Prunus padus
	Prunus mahaleb
	Prunus serotina
	Prunus cerasus
	Prunus armeniaca
	Sophora japonica
	Phellodendron amurense
	Euonymus europaea
	Acer campestre
	Rhamnus cathartica
	Rhamnus frangula
	Vitis vinifera
	Parthenocissus quinquefolia
	Daphne mezereum
	Eleagnus angustifolia
	Myrtus communis
	Hedera helix
	Cornus mas
	Cornus sanguinea
	Cornus alternifolia
	Cornus alba
	Arbutus unedo
	Vaccinium vitis-idaea
	Vaccinium myrtillus
	Vaccinium oxycoccus
	Vaccinium uliginosum
	Lycium barbarum
	Lycium halimifolium
	Sambucus nigra
	Sambucus racemosa

9 Ökologische

Vogelart	Holzart
	Sambucus ebulus
	Viburnum opulus
	Viburnum lantana
	Viburnum tinus
	Lonicera xylosteum
	Lonicera caprifolium
	Lonicera nigra
	Lonicera tatarica
	Phyllirea angustifolia
	Ligustrum vulgare
	Olea europaea
borin	*Betula pendula*
	Morus alba
	Ficus carica
	Ribes rubrum
	Rubus idaeus
	Rubus fruticosus
	Pirus communis
	Sorbus aria
	Sorbus aucuparia
	Amelanchier ovalis
	Amelanchier canadensis
	Prunus domestica
	Prunus avium
	Prunus padus
	Euonymus europaea
	Euonymus latifolia
	Rhamnus cathartica
	Rhamnus frangula
	Vitis vinifera
	Daphne mezereum
	Cornus sanguinea
	Cornus alternifolia
	Cornus alba
	Sambucus nigra
	Sambucus racemosa
	Sambucus ebulus
	Lonicera xylosteum
communis	*Berberis thunbergi*
	Ribes rubrum
	Rubus caesius
	Rubus idaeus
	Rubus saxatilis

(Fortsetzung)

Vogelart	Holzart
	Rubus tomentosus
	Rubus discolor
	Rubus fruticosus
	Amelanchier canadensis
	Prunus avium
	Prunus serotina
	Rhamnus frangula
	Cornus sanguinea
	Cornus alternifolia
	Cornus alba
	Sambucus nigra
	Sambucus racemosa
	Sambucus ebulus
	Viburnum opulus
	Lonicera xylosteum
	Lonicera caprifolium
	Lonicera tatarica
conspicillata	Morus alba
curruca	Morus alba
	Ribes rubrum
	Rubus idaeus
	Prunus domestica
	Prunus avium
	Rhamnus frangula
	Daphne mezereum
	Eleagnus angustifolia
	Cornus sanguinea
	Cornus alternifolia
	Sambucus nigra
	Sambucus racemosa
	Sambucus ebulus
	Viburnum opulus
	Lonicera nigra
melanocephala	Rubus discolor
	Arbutus unedo
nisoria	Morus alba
	Ribes rubrum
	Sorbus aucuparia
	Prunus avium
	Prunus fruticosa
	Rhamnus frangula

Vogelart	Holzart
	Sambucus nigra
	Sambucus racemosa
hortensis	*Ficus carica*
Syrrhaptes paradoxus	*Empetrum nigrum*
Tarsiger cyanurus	*Betula pendula*
Tetrao urogallus	*Taxus baccata*
	Pinus silvestris
	Juniperus communis
	Fagus silvatica
	Ribes alpinum
	Ribes petraea
	Rubus caesius
	Rubus idaeus
	Rubus chamaemorus
	Rubus fruticosus
	Sorbus aria
	Sorbus aucuparia
	Prunus domestica
	Prunus avium
	Empetrum nigrum
	Empetrum hermaphroditum
	Hedera helix
	Cornus mas
	Cornus svecica
	Vaccinium vitis-idaea
	Vaccinium myrtillus
	Vaccinium oxycoccus
	Vaccinium uliginosum
	Sambucus nigra
	Sambucus racemosa
Tetrastes bonasia	*Taxus baccata*
	Picea abies
	Picea orientalis
	Picea schrenkiana
	Pinus cembra
	Juniperus communis
	Betula pendula
	Alnus incana
	Alnus glutinosa

(Fortsetzung)

Vogelart	Holzart
	Corylus avellana
	Fagus silvatica
	Quercus robur
	Qercus petraea
	Quercus cerris
	Quercus pubescens
	Viscum album
	Loranthus europaeus
	Berberis vulgaris
	Berberis thunbergi
	Ribes alpinum
	Ribes petraea
	Rubus caesius
	Rubus idaeus
	Rubus saxatilis
	Rubus tomentosus
	Rubus chamaemorus
	Rubus fruticosus
	Rosa canina
	Pirus communis
	Sorbus aria
	Sorbus aucuparia
	Sorbus torminalis
	Cotoneaster tomentosa
	Crataegus oxyacantha
	Crataegus sanguinea
	Prunus spinosa
	Prunus avium
	Prunus padus
	Empetrum nigrum
	Euonymus europaea
	Acer pseudoplatanus
	Vitis vinifera
	Daphne mezereum
	Hippophaë rhamnoides
	Cornus mas
	Cornus sanguinea
	Cornus svecica
	Vaccinium vitis-idaea
	Vaccinium myrtillus
	Vaccinium oxycoccus
	Vaccinium uliginosum
	Sambucus nigra
	Sambucus racemosa
	Viburnum opulus

Vogelart	Holzart
	Viburnum lantana *Lonicera xylosteum* *Lonicera nigra* *Lonicera periclymenum* *Lonicera coerulea* *Ligustrum vulgare*
Troglodytes troglodytes	*Rubus idaeus* *Sambucus nigra* *Sambucus racemosa*
Turdus ericetorum	*Taxus baccata* *Juniperus communis* *Juniperus virginiana* *Betula pendula* *Celtis australis* *Celtis occidentalis* *Morus alba* *Viscum album* *Loranthus europaeus* *Berberis vulgaris* *Berberis thunbergi* *Mahonia aquifolium* *Ribes rubrum* *Ribes alpinum* *Ribes petraea* *Ribes uva-crispa* *Rubus caesius* *Rubus idaeus* *Rubus fruticosus* *Rosa canina* *Pirus communis* *Sorbus aria* *Sorbus aucuparia* *Sorbus intermedia* *Sorbus torminalis* *Malus pumila* *Amelanchier ovalis* *Amelanchier canadensis* *Amelanchier baccata* *Aronia melanocarpa* *Cotoneaster tomentosa* *Cotoneaster integerrima*

Vogelart	Holzart
	Cotoneaster melanocarpa
	Cotoneaster horizontalis
	Crataegus oxyacantha
	Crataegus monogyna
	Prunus domestica
	Prunus spinosa
	Prunus avium
	Prunus padus
	Prunus mahaleb
	Prunus cerasus
	Prunus serotina
	Prunus insititia
	Phellodendron japonicum
	Empetrum nigrum
	Ilex aquifolium
	Ilex verticillata
	Euonymus europaea
	Euonymus verrucosa
	Euonymus latifolia
	Rhamnus cathartica
	Rhamnus frangula
	Vitis vinifera
	Vitis coignetiae
	Parthenicissus quinquefolia
	Daphne mezereum
	Hyppophaë rhamnoides
	Eleagnus angustifolia
	Myrtus communis
	Hedera helix
	Cornus mas
	Cornus sanguinea
	Cornus alternifolia
	Cornus svecica
	Arbutus unedo
	Vaccinium vitis-idaea
	Vaccinium myrtillus
	Vaccinium oxycoccus
	Vaccinium uliginosum
	Lycium barbarum
	Sambucus nigra
	Sambucus racemosa
	Sambucus ebulus
	Viburnum opulus
	Viburnum lantana
	Viburnum tinus

Vogelart	Holzart
merula	*Lonicera xylosteum*
	Lonicera caprifolium
	Lonicera nigra
	Lonicera tatarica
	Lonicera periclymenum
	Lonicera coerulea
	Ligustrum vulgare
	Olea europaea
	Taxus baccata
	Juniperus communis
	Juniperus virginiana
	Juniperus nana
	Juglans regia
	Betula pendula
	Alnus incana
	Alnus glutinosa
	Quercus robur
	Quercus petraea
	Celtis australis
	Celtis occidentalis
	Ficus carica
	Morus alba
	Viscum album
	Loranthus europaeus
	Berberis vulgaris
	Berberis thunbergi
	Mahonia aquifolium
	Ribes rubrum
	Ribes nigrum
	Ribes uva-crispa
	Rubus caesius
	Rubus idaeus
	Rubus discolor
	Rubus fruticosus
	Rosa canina
	Pirus communis
	Sorbus aria
	Sorbus aucuparia
	Sorbus domestica
	Sorbus intermedia
	Sorbus torminalis
	Malus pumila
	Malus baccata
	Malus floribunda

(Fortsetzung)

Vogelart	Holzart
	Amelanchier ovalis
	Amelanchier canadensis
	Amelanchier baccata
	Aronia melanocarpa
	Cotoneaster tomentosa
	Cotoneaster integerrima
	Cotoneaster melanocarpa
	Cotoneaster horizontalis
	Cotoneaster frigida
	Pyracantha coccinea
	Mespilus germanica
	Crataegus oxyacantha
	Crataegus monogyna
	Crataegus carrierii
	Prunus domestica
	Prunus spinosa
	Prunus avium
	Prunus padus
	Prunus mahaleb
	Prunus cerasus
	Prunus fruticosa
	Prunus serotina
	Prunus laurocerasus
	Caragana arborescens
	Sophora japonica
	Phellodendron amurense
	Phellodendron japonicum
	Ilex aquifolium
	Ilex verticillata
	Euonymus europaea
	Euonymus verrucosa
	Rhamnus cathartica
	Rhamnus frangula
	Vitis vinifera
	Vitis coignetiae
	Parthenocissus quinquefolia
	Daphne mezereum
	Daphne laureola
	Hippophaë rhamnoides
	Eleagnus angustifolia
	Myrtus communis
	Hedera helix
	Cornus mas
	Cornus sanguinea
	Cornus alternifolia

Vogelart	Holzart
	Cornus alba
	Arbutus unedo
	Vaccinium vitis-idaea
	Vaccinium myrtillus
	Vaccinium oxycoccus
	Lycium barbarum
	Lycium halimifolium
	Sambucus nigra
	Sambucus racemosa
	Sambucus ebulus
	Viburnum opulus
	Viburnum lantana
	Viburnum tinus
	Symphoricarpus albus
	Lonicera xylosteum
	Lonicera caprifolium
	Lonicera nigra
	Lonicera tatarica
	Lonicera periclymenum
	Lonicera coerulea
	Ligustrum vulgare
	Olea europaea
musicus	*Taxus baccata*
	Juniperus communis
	Betula pendula
	Celtis australis
	Celtis occidentalis
	Viscum album
	Berberis vulgaris
	Berberis thunbergi
	Ribes rubrum
	Parrotia persica
	Rubus caesium
	Rubus idaeus
	Rubus chamaemorus
	Rubus fruticosus
	Rosa canina
	Pirus communis
	Sorbus aucuparia
	Amelanchier ovalis
	Amelanchier canadensis
	Pyracantha coccinea
	Crataegus oxyacantha
	Crataegus monogyna

(Fortsetzung)

Vogelart	Holzart
	Prunus domestica
	Prunus avium
	Ilex aquifolium
	Euonymus europaea
	Rhamnus cathartica
	Rhamnus frangula
	Vitis vinifera
	Myrtus communis
	Hedera helix
	Vaccinium vitis-idaea
	Vaccinium myrtillus
	Vaccinium oxycoccus
	Vaccinium uliginosum
	Sambucus nigra
	Viburnum lantana
	Viburnum tinus
	Lonicera caprifolium
	Lonicera periclymenum
	Lonicera coerulea
pilaris	*Taxus baccata*
	Juniperus communis
	Juniperus nana
	Celtis australis
	Celtis occidentalis
	Viscum album
	Loranthus europaeus
	Berberis vulgaris
	Ribes rubrum
	Ribes petraea
	Ribes alpinum
	Ribes uva-crispa
	Rubus caesius
	Rubus idaeus
	Rubus discolor
	Rubus chamaemorus
	Ribes fruticosus
	Rosa canina
	Pirus communis
	Sorbus aucuparia
	Sorbus torminalis
	Malus pumila
	Amelanchier canadensis
	Amelanchier baccata
	Crataegus oxyacantha

Vogelart	Holzart
	Crataegus monogyna
	Crataegus intricata
	Prunus domestica
	Prunus spinosa
	Prunus avium
	Prunus padus
	Prunus mahaleb
	Phellodendron japonicum
	Empetrum nigrum
	Ilex aquifolium
	Euonymus europaea
	Rhamnus cathartica
	Rhamnus frangula
	Vitis vinifera
	Parthenocissus quinquefolia
	Parthenocissus inserta
	Hippophaë rhamnoides
	Eleagnus angustifolia
	Myrtus communis
	Hedera helix
	Cornus mas
	Cornus sanguinea
	Cornus svecica
	Arbutus unedo
	Vaccinium vitis-idaea
	Vaccinium myrtillus
	Vaccinium oxycoccus
	Vaccinium uliginosum
	Sambucus nigra
	Sambucus racemosa
	Viburnum opulus
	Viburnum lantana
	Viburnum tinus
	Symphoricarpus albus
	Lonicera caprifolium
	Lonicera periclymenum
	Lonicera coerulea
	Ligustrum vulgare
	Olea europaea
torquatus	*Juniperus communis*
	Viscum album
	Ribes rubrum
	Ribes nigrum
	Rubus caesius

(Fortsetzung)

Vogelart	Holzart
	Rubus idaeus
	Rubus chamaemorus
	Rubus fruticosus
	Sorbus aucuparia
	Crataegus oxyacantha
	Prunus domestica
	Prunus avium
	Empetrum nigrum
	Rhamnus cathartica
	Rhamnus frangula
	Vitis vinifera
	Myrtus communis
	Arbutus unedo
	Vaccinium vitis-idaea
	Vaccinium myrtillus
	Vaccinium uliginosum
	Sambucus nigra
	Sambucus racemosa
	Viburnum lantana
	Viburnum tinus
	Lonicera nigra
viscivorus	*Taxus baccata*
	Juniperus communis
	Juniperus nana
	Celtis australis
	Celtis occidentalis
	Viscum album
	Loranthus europaeus
	Ribes alpinum
	Ribes petraea
	Rubus caesius
	Rubus idaeus
	Rubus fruticosus
	Rosa canina
	Sorbus aria
	Sorbus aucuparia
	Sorbus torminalis
	Amelanchier ovalis
	Amelanchier canadensis
	Amelanchier baccata
	Pyracantha coccinea
	Crataegus oxyacantha
	Crataegus monogyna
	Prunus domestica

Vogelart	Holzart
	Prunus spinosa
	Prunus avium
	Prunus serotina
	Prunus laurocerasus
	Ilex aquifolium
	Ilex verticillata
	Rhamnus cathartica
	Rhamnus frangula
	Parthenocissus quinquefolia
	Vitis vinifera
	Vitis coignetiae
	Hippophaë rhamnoides
	Eleagnus angustifolia
	Hedera helix
	Cornus sanguinea
	Cornus alternifolia
	Arbutus unedo
	Vaccinium vitis-idaea
	Vaccinium myrtillus
	Vaccinium oxycoccus
	Vaccinium uliginosum
	Sambucus nigra
	Sambucus racemosa
	Viburnum opulus
	Viburnum lantana
	Symphoricarpus albus
	Lonicera nigra
	Ligustrum vulgare

Kategorien beachten, stellen wir fest, daß sie nicht annähernd normal ist (wie es der Fall bei den Gehölzen war), aber sie ist so schief, daß die meisten Vogelarten wenig Diasporenarten und die geringste Zahl der Vögel viele Diasporenarten befressen. In der I. Kategorie ist es 52 %, in der II. 26 % und in der III. 22 % der besprochenen Vogelarten ($n = 156$).

Die gegenseitige Beziehung der Gehölzkategorien und Vogelkategorien, bzw. der Angehörigen dieser Kategorien kann man in einer Tabelle darstellen, die gleichzeitig auch als Kontingenztabelle für die Prüfung der statistischen Sicherung der Beziehungen, d. h. ihrer Assoziation dienen wird.

Tabelle 6

| Kategorie der Gehölze | Anzahl der Diasporen befressenden Vogelarten in den einzelnen Kategorien: | | | | | | | | | S_1 |
| | I | | | II | | | III | | | |
	a	b	c	a	b	c	a	b	c	
I 38 Arten	1	10,5	4	6	8,5	21	21	9	75	28
II 114 Arten	25	36	26	37	29	38	34	31	36	96
III 34 Arten	76	55,5	51	40	45,5	27	34	49	22	150
S 186 Arten	102			83			89			274

Erläuterungen:

a — Anzahl der gefundenen Vogelarten ⎫ in absoluten Werten,
b — Anzahl der erwarteten Vogelarten ⎭

c — % der Arten aus der Summe von a, in der Tabelle als S_a

Nach der Berechnung und Einsetzung der erwarteten Werte berechnen wir die Abweichungen (Deviationen) von der Erwartung und so auch den Gesamtwert $S \chi^2 = 43,8$ für 4 Freiheitsgrade. Daraus ist $P < 0,001$, d. h. die Assoziation ist sehr gesichert und besagt:

Die Vögel der I. Kategorie — gelegentliche Fruchtfresser — befressen bestimmt mehr Gehölze der III. Kategorie (beliebte, bevorzugte) und bestimmt weniger Gehölze der I. Kategorie.

Die Vögel der II. Kategorie befressen die Diasporen aller Gehölze nach der Erwartung.

Die Vögel der III. Kategorie — überwiegend Fruchtfresser — befressen bestimmt mehr auch unbeliebte Gehölze (der I. Kategorie) und bestimmt weniger[3] nur Gehölze der III. Kategorie.

---

[3] Der Ausdruck „bestimmt mehr, bestimmt weniger" bezieht sich auf die erwarteten, zufälligen Werte der „b"-Kolonnen der Tabelle, bei der Voraussetzung der Unabhängigkeit.

Aus dieser Analyse ergibt sich ein allgemein gültiger, wichtiger Beschluß: Gehölze mit unbeliebten Diasporen (auch mit Diasporen der einheimischen Gehölze wenig ähnlichen, neue Gehölze) werden hauptsächlich durch Vögel der III. Kategorie befressen. Dies ist — außer der Erklärung der tropischen Valenz dieser Vögel — wichtig auch für die Möglichkeit der Vorhersage bei der Einführung neuer Gehölzformen: zu diesen passen sich trophisch am besten Arten der fruchtfressenden Vögel der III. Kategorie an.

Der weitere wichtige Beschluß aus der früheren Analyse ist: beliebte Gehölze (III. Gehölzkategorie) bieten die Nahrung, die Früchte einer breiten Skala der Vogelarten, auch den fleischfressenden und allesfressenden Vögeln. In diesem ist auch eine zönologische Bedeutung, d. h. die Bedeutung für die Lebensgemeinschaft dieser Gehölze und ihre praktische Bedeutung in der Ansiedlung der Vögel, bzw. bei der Erhaltung ihrer natürlichen Bestände. Dieser Beschluß aber — wenn auch auf Grund ungenügenden Materials — kann weiter entwickelt werden. Dieselbe Bedeutung besessen diese Gehölze — und die beliebten Gehölze überhaupt — für die Wirbellose (*Evertebrata*). Es genügt hier die Zahl der Phytophagen auf der Eiche, Pappel, Fichte, Kiefer usw. anzuführen. Wir haben aber gesagt, daß es eine allgemein gültige Gesetzmäßigkeit gibt, nach welcher die Zahl der befressenen und befressenden Arten nicht proportionell ist, mit anderen Worten, daß viele Arten wenige Arten befressen und wenige Arten viele Arten befressen. Auf Grund des Materials über die Insektennahrung der Vögel (besonders der Holzschädlinge) im Sinne der obenerwähnten Gesetzmäßigkeit kann man beschließen, daß verhältnismäßig wenig Insektenarten als Nahrung sehr vielen Vogelarten dienen und umgekehrt, verhältnismäßig wenig Vogelarten befressen eine große Anzahl von Insektenarten. Aus diesem kann man Angewandtbeschlüsse ziehen.

Beachten wir jetzt das Körpergewicht der Vögel in den einzelnen Kategorien. Die Vögel bis zu 100 g Körpergewicht — wenn auch dies eine ganz künstliche Grenze ist — können wir für kleine Arten halten. Solche kleine Arten gibt es:

in der I. Vogelkategorie 55 % der Arten,
in der II. Vogelkategorie 57 % der Arten,
in der III. Vogelkategorie 68 % der Arten.

Insgesamt ist aus $n = 156$ Vogelarten 93, d. h. 60 % der Kleinarten, oder 98, d. h. 63 % Angehöriger der Ordnung *Passeres*. Der Anteil dieser Ordnung der Kategorien nach ist der folgende:

Tabelle 7

Kategorie der Vögel	Anzahl der Vogelarten aus						S_a
	Passeres			Non-Passeres			
	a	b	c	a	b	c	
I	41	52	50	41	30	50	82
II	28	25	70	12	15	30	40
III	29	21	85	5	13	15	34
S	98		63	58		37	156

Erläuterungen:

a — absolute Anzahl der gefundenen Vogelarten,

b — Anzahl der Vogelarten nach Erwartung,

c — relative Anzahl der Vogelarten, in %, aus der Summe von S_a.

Wenn wir die Sicherung in dieser Kontingenztabelle mit der Hilfe des χ^2-Testes prüfen, bekommen wir die Gesamtsumme $\chi^2 = 14{,}9$, die einer Wahrscheinlichkeit $P < 0{,}01$ entspricht, d. h. die Assoziation ist statistisch gesichert und besagt:

In der I. Kategorie der Vögel (befressenden wenig Diasporenarten) sind bestimmt weniger *Passeres* (und mehr Non-Passeres), in der III. Kategorie der Vögel sind bestimmt mehr *Passeres* (weniger Non-Passeres), als die theoretische Erwartung bei Unabhängigkeit ist (Nullhypothese). Daraus ergibt sich, daß an dem Diasporenbefressen der Gehölze in bedeutendster Weise kleine Vogelarten und zwar hauptsächlich Angehörige der Ordnung *Passeres* sich beteiligen und diese — wie wir es weiter sehen werden — in höchstem Maße zu der Verbreitung der Gehölze beitragen. Mit Hinsicht auf den arborealen Charakter der Angehörigen der Ordnung *Passeres* ist diese Feststellung selbstverständlich und spricht über die Koadaptation der Vögel und Gehölze während der Evolution.

Über die Qualität der befressenen Diasporen

Die Vögel befressen von 1 bis 112 Diasporenarten. Die meisten Diasporenarten befrißt (bzw. über dies gibt es am meisten Beobachtungen) der Kernbeißer (*Coccothraustes coccothraustes*), der zum Befressen sehr vieler Diasporenarten morphologisch, physiologisch und ökologisch adaptiert ist. Gehölzdiasporen werden insgesamt durch 1 bis 63 Vogelarten befressen. Die am meisten befressenen Diasporen sind die Früchte der Eberesche (*Sorbus aucuparia*). Es ist eine Holzart mit breiter ökologischer und geographischer Verbreitung, die ausschließlich auf die Ornithochorie angewiesen ist. Die Früchte dieser Holzart enthalten 22 % Öle, sie sind also nahrhaft, dabei enthalten sie Zucker, organische Säuren, Gerbstoff, Pektin und besonders viel Vitamine C und B_l. Dabei reifen die Früchte in der Zeit, wo viele sonst fleischfressende Vogelarten Anfang Herbst, bzw. Ende Sommer auf Pflanzennahrung (auch auf Pflanzennahrung) übergehen. So ist es auch in der Wanderung nach der Brutzeit, bei dem Überfliegen und dem Herbstzug der Vögel.

Über den Ernährungswert, Nährstoffgehalt und Kalorienwert der Gehölzdiasporen sind wir verhältnismäßig wenig unterrichtet. Die Mehrzahl der Angaben in dieser Hinsicht ist aus älterer Zeit und die mit neuen Methoden durchgeführten Analysen sind mit den älteren Analysen nicht vergleichbar. Auch die Angaben über den Nährstoffgehalt und Kalorienwert, die wir besitzen, sind verschieden und das auch bezüglich der gleichen Diasporenart. Die Differenzen ergeben sich einerseits aus der verschiedenen Methodik der Analyse und aus dem ungleichartigen benützten Material (Diasporen), hauptsächlich was den Reifegrad, den Wasser- und Trockensubstanzinhalt, die geographische und ökologische (standörtliche) Herkunft der Diasporen, die Zeit (Jahr) des Pflückens usw. anbelangt, wenn wir wissen, wie der Nährstoffgehalt mit dem Reifegrad, nach dem Standort, nach Größe des Ertrages auf der Mutterpflanze usw. sich ändert und schwänkt. Und so alle — auch die neueren — Angaben über den Nährwert und Kalorienwert sind als relativ gültige und von orientativer Natur anzunehmen.

In der weiteren Übersicht geben wir die Kalorienwerte der wichtigsten Walddiasporen (Samen). Die Werte sind meist aus dem Nährstoffgehalt der Diasporen ausgerechnet, wie diese durch N ě m e c (1946) angeführt, bzw. festgestellt worden sind, und nur einige Werte sind aus eigener kalorimetrischer Bestimmung (*Picea abies, Quercus petraea, Fagus silvatica, Carpinus betulus, Tilia platyphylla*). Die Werte beziehen sich auf 1 g der Trockensubstanz der Diasporen in solchem Zustande, wie sie durch die Vögel verzehrt werden, d. h. mit denselben Diasporenteilen. Bei allen Berechnungen sind wir aus diesen Grundwerten ausgegangen: 1 g Fett — 9300 gcal, 1 g Kohlenhydrat — 4100 gcal und 1 g Eiweißstoff — 4100 gcal. Gleichzeitig führen wir in der Tabelle 8 auch die Zahl der einzelne angeführte Diasporen befressenden Vogelarten an.

Wir sehen aus der Tabelle, daß zwischen dem Kalorienwert und der Zahl einen gewissen Samen befressender Vogelarten keine gesicherte Korrelation (Korrelationskoeffizient $r = -0{,}25$, $P > 0{,}10$) ist und daß nicht immer die nährreichsten Diasporenarten gleichzeitig auch die meist befressenen sind, bzw. daß einige sehr nährreiche Diasporen verhältnismäßig

Holzart (Samenart)	Kalorienwert in Kleinkalorien	Anzahl der befressenden Vogelarten
Picea abies	6116	39
Pinus silvestris	4695	28
Pinus nigra	4452	28
Pinus koreaensis	6953	9
Pinus cembra	6780	9
Larix decidua	2600	15
Quercus petraea	4069	27
Fagus silvatica	6697	26
Corylus avellana	6868	10
Carpinus betulus	5590	10
Betula pendula	3828	29
Robinia pseudoacacia	3792	11
Ulmus laevis	4744	5
Acer campestre	5546	15
Fraxinus excelsior	5175	9
Tilia platyphylla	3800	13

wenige Befresserarten haben. Außer dem Kalorienwerte selbst beeinflußt wesentlich den Maß des Diasporenbefressens ihre Zugänglichkeit, Verbreitung, die Reifezeit und die Vorkommenzeit, die Periodizität oder die Kontinuität des Samenertrages und zufällig auch andere Umstände. Nicht an der letzten Stelle befindet sich auch die biochemische Zusammensetzung der Diasporen selbst, außer anderem die Menge der Fette, Kohlenhydrate und Eiweißstoffe, so wie auch ihr gegenseitiges Verhältnis. Während Fette und Kohlenhydrate für die Vögel als Betriebs- und Reservestoffe angesehen werden sollen, Eiweißstoffe sind dagegen überwiegend Baustoffe. Dem Inhalt dieser Hauptnährstoffe nach können wir die oben erwähnten Diasporen in drei Gruppen einteilen:

1. Fettreiche (ölreiche) Diasporen: Fichte *(Picea abies)*, Waldkiefer *(Pinus silvestris)*, Schwarzkiefer *(Pinus nigra)*, Koreanische Kiefer *(Pinus koreaensis)*, Zirbelkiefer *(Pinus cembra)*, Rotbuche *(Fagus silvatica)*, Weißbuche *(Carpinus betulus)*, Hasel *(Corylus avellana)*, Feld-Ahorn *(Acer campestre)*, wobei die reichsten Diasporen sind: Hasel, Zirbelkiefer, Koreanische Kiefer, Rotbuche und Fichte;

2. Kohlenhydratreiche Diasporen: Lärche *(Larix decidua)*, Wintereiche *(Quercus petraea)*, Birke *(Betula pendula)*, Esche *(Fraxinus excelsior)*, wobei die reichsten sind: Eiche, Birke, Esche und Lärche;

3. Eiweißstoffreiche Diasporen: Robinie *(Robinia pseudoacacia)*, Ulme *(Ulmus laevis)*, Waldkiefer *(Pinus silvestris)*, Linde *(Tilia platyphylla)*, wo die reichsten sind: Robinie und Ulme.

Falls uns der Inhalt aller Nährstoffe und überhaupt die Zusammensetzung aller Gehölzdiasporen bekannt wäre, hätten wir gewiß die Erklärung für viele ungelöste Fragen des Diasporenbefressens nicht nur durch Vögel, sondern auch durch andere Tiere, hauptsächlich insoweit es um Kausalitätserklärungen geht. Wir führen einige Beispiele an.

Die Mehrzahl der Samen der Nadelbäume ist fettreich. An solche Nahrung ist der Kreuzschnabel *(Loxia curvirostra)* angepaßt und auf Grund dessen kann man begreifen, warum er sich im Samenmangel der Nadelbäume zu anderen Samen mit hohem Fettgehalt wendet, wie z. B. die Rotbuche *(Fagus silvatica)*, der Ahorn *(Acer sp.)* oder auch die Sonnenblume *(Helianthus annuus)*. Eine Ausnahme unter den Samen der Nadelbäume ist die Lärche, die fettarm, aber kohlenhydratreich und hauptsächlich faserreich ist. Hier kann man wieder erklären auf Grund des bekannten Nährstoffgehalts, warum der Kreuzschnabel *(Loxia curvirostra)* solche enorme Mengen dieses Samens verzehrt, bzw. oft die ganze Ernte vernichtet: diese Samen haben verhältnismäßig niedrigen Kalorienwert und die Mehrheit der Zellulose im Samen ist für den Kreuzschnabel unverwendbar. Aus den Nadelbäumen die fettreichsten sind die Koreanische Kiefer und die Zirbelkiefer (möglicherweise auch die Pinie — *Pinus pinea)*. Die gewöhnliche, stellenweise die einzige Nahrung — wenigstens in bestimmter Zeit — für den Nußhäher *(Nucifraga caryocatactes)* sind die Diasporen (Nüsse) der Zirbelkiefer *(Pinus cembra)*, die 60 % Öl enthalten. Diese Diasporenart ist stellenweise völlig — ja einige Populationen verzehren diese zwei Diasporenarten alternativ — durch die Haselnuß *(Corylus avellana)* ersetzt, die nicht nur morphologisch in gewissem Maße ähnlich ist, aber auch ungefähr den gleichen Ölgehalt (69 %) hat.

Es ist überraschend, daß die Diasporen der Esche *(Fraxinus excelsior)* durch verhältnismäßig wenige Vogelarten befressen sind, trotzdem daß sie 29 % Fett, 46 % Kohlenhydrate und 14 % Eiweißstoff in Trockensubstanz enthalten, während auch das Verhältnis des Eiweißstoffes zu Kohlenhydraten dem optimalen nahe ist, d. h. 1 : 3,3 beträgt. Die Ursache der verhältnismäßigen Unbeliebtheit dieses Samens liegt wahrscheinlich in dem Inhalt der bitteren, ätherischen Öle. Ähnlich geht es um die Diasporen der Robinie *(Robinia pseudoacacia)*, die wieder sehr eiweißstoffreich sind. Aus diesen kann aber nur ein Teil benützt werden und außerdem enthalten die Samen ein giftiges Alkaloid. Die Samen der Ulme mit verhältnismäßig hohem Fettgehalt sind besonders eiweißstoffreich. Somit können wir erklären, daß die Jungen des Grünfinks *(Chloris chloris)* und des Stieglitzes *(Carduelis carduelis)* mit diesen Samen verfüttert werden.

Wenn wir den Inhalt der Hauptnährstoffe der Diasporen — und zwar nicht nur der in der Tabelle 8 angeführten, aber auch der anderen, bei welchen die Inhalte wenigstens einiger Nährstoffe bekannt sind — berücksichtigen, stellen wir fest, daß die Holzdiasporen den Vögeln hauptsächlich als Fett- und Kohlenhydratquelle dienen, während die Eiweißstoffe — mit einigen Ausnahmen — die Vögel hauptsächlich aus der animalischen Nahrung erwerben. Das betrifft in erster Reihe die Zeit des maximalen Nahrungsbedarfes.[4]

Giftige Diasporen und die Vögel

Eine nicht geringe Zahl der Gehölzdiasporen enthält giftige Stoffe. Das sind hauptsächlich Alkaloiden, giftige Eiweißstoffe, gegen welche — allem Anscheine nach — die Vögel widerstandsfähig sind. So kennen wir keine Vergiftungen der Vögel durch die Diasporen der Robinie *(Robin)*, der Buche *(Fagin)*, der Eibe *(Taxin)*, des giftigen Sumaches, mit dessen Diasporen sich in der USA bis 19 Vogelarten (Van Dersal, 1938, während Ridley, 1930, führt 51 diese Diasporen in der USA befressende Vogelarten an) ernähren, ferner des Lebensbaumes *(Thuja)*, des Seidelbastes *(Daphne sp.)* usw. Wenn auch diesbezüglich unsere Kenntnisse begrenzt sind, kann man voraussetzen, daß gegen die Mehrzahl der Gifte in den Diasporen die Vögel widerstandsfähig sind. Eine Ausnahme macht Alkohol und Amygdalin.

Es ist bekannt, daß Hausgeflügel sich nach der Verzehrung solcher Früchte, teilweise vergiftet und betäubt in welchen alkoholische Gärung entstanden ist. So habe ich Gänse und Enten beobachtet, die von Alkohol nach der Verzehrung gefallener Maulbeeren *(Morus alba, Morus nigra)*, die längere Zeit unter dem Baume lagen, betäubt waren. Etwas ähnliches habe ich bei Wildvögeln nicht beobachtet.

Zeitweilige Vergiftungen — auch tödliche — kommen bei Vögeln nach Verzehrung der Gehölzdiasporen der Ordnung *Prunus* vor. Die Diasporen dieser Gehölze — auch einige vegetative Teile — enthalten Amygdalin und betreffende Enzyme, so daß Blausäure entsteht. Vom Gesichtspunkte der Vogelnahrung kommen Samen in Betracht, während durch Knospen verursachte Vergiftungen unbekannt sind.

---

[4] S a r a p o v in dem Werke *Chemizm rastenij i klimat*, Moskau 1954, führt auf Grund der Untersuchungen von ungefähr 1800 höherer Pflanzen an, daß nur ungefähr $1/_3$ dieser Reservestoffe in den Diasporen als Fett speichert, der Rest als Eiweißstoff und Kohlenhydrat.

W a r g a (1926) beschreibt die Vergiftung des Kernbeißers (*Cocco-thraustes coccothraustes*) durch Verzehren der Samen von Traubenkirsche (*Prunus padus*): die Vögel waren wie betäubt und stürzten nach dem Ausfliegen gegen Mauern und Zäune und schlugen sich tot. Es ging um Früchte, die am Boden herabgefallen aufgepickt worden sind.

D y k (1952) erwähnt eine tödliche Vergiftung des Großen Buntspechtes (*Dendrocopos major*) durch das Verzehren der Samen einer Zierkirsche (*Prunus avium*). Der Vogel ist bereits auf dem Baume mit typischen Vergiftungszeichen tot geblieben. Dieser Bericht wurde durch Dissektion nachgewiesen.

M c G r e g o r (1955) gibt eine Beobachtung einer Massenvergiftung einiger Finkenvögel durch Samen des Mandelbaumes (*Prunus amygdalus*) in der USA an. In einem verlassenen Garten befraßen Scharen dieser Vögel herabgefallene Früchte des Mandelbaumes. Aus diesen vergifteten sich ungefähr 3000—5000 *Spinus tristis* und einige *Carpodacus mexicanus*. Im Zusammenhang mit dem Befressen der Samen des Mandelbaumes ist es nennenswert, daß weder R i d l e y (1930) in seinem Standardwerk, noch S c h u s t e r (1930) in seiner eingehenden Übersicht diese Diasporen als Vogelnahrung erwähnen. Es gibt aber Beobachtungen über ihr Befressen durch diese Vogelarten: der Große Buntspecht (*Dendrocopos major —* L a b u s, 1957), der Eichelhäher (*Garrulus glandarius —* J i r s í k, 1955) und der Kernbeißer (*Coccothraustes coccothraustes —* M o u n t f o r t, 1957), wobei die etwaigen Vergiftungen nicht erwähnt werden.[5]

Über das Befressen der giftigen Diasporen durch Vögel bleiben noch viele ungelöste Fragen für die weitere Forschung übrig. Es geht hauptsächlich um die individuelle Variabilität bezüglich der Anwesenheit der Gifte und der Menge (auch Qualität) dieser in den Diasporen der einzelnen Gehölze in verschiedener Zeit und Raum, wie auch um die individuelle Widerstandsfähigkeit der einzelnen Vogelarten oder auch ganzer Artenpopulationen und endlich um den Prozeß der Erwerbung solcher Widerstandsfähigkeit durch häufiges Verzehren von subletalen Dosen der Gifte usw.

Über die Quantität der befressenen Diasporen

Über die Quantität der durch Vögel konsumierten Gehölzdiasporen sind wir verhältnismäßig wenig unterrichtet, gleichfalls wie über die Quantität der konsumierten tierischen Nahrung (Insekten, kleine Säuge-

---

[5] M ö h r i n g (1957) führt an, daß eine Mönchgrasmücke (*Sylvia atricapilla*) in Gefangenschaft 18 Stück von Früchten des Seidelbastes (*Daphne mezereum*) im Gewichte von 9 g täglich ohne Folgen befressen hat.

tiere, Vögel usw.). Dies betrifft hauptsächlich die Menge im Freiland. Einerseits ist es verhältnismäßig schwer die Quantität der Diasporen auf den Gehölzen festzustellen (gewöhnlich haben wir mit Abschätzungen zu tun), die ja während der Reifeperiode erheblichen Änderungen unterliegt, anderseits liegt da die Schwierigkeit, die Quantität der von Vögeln konsumierten Diasporen im Freiland festzustellen, was nur unter besonders günstigen Bedingungen möglich ist.

Die Quantität der konsumierten Diasporen werden wir in weiterem analysieren — insoweit es darüber Angaben und Beobachtungen vorhanden sind — und zwar von zwei Gesichtspunkten aus:

1. die Quantität der durch Vögel (einen Vogel) von den Gehölzen verzehrten Diasporen,

2. die Quantität der durch einzelne Vögel konsumierten Diasporen.

aa) Nadelgehölze

Die Feststellung der Quantität der auf Nadelgehölzen verzehrten Diasporen ist die leichteste, weil sie größtenteils indirekt, durch die Quantität der Zapfen, die gut zählbar sind, bestimmt wird — im Vergleich z. B. mit Samen einiger Laubhölzer — und man kann sie verhältnismäßig genau einer Zahlung unterwerfen. Die Mehrzahl der Angaben jedoch betrifft die relative Quantität (Proportion) des konsumierten Samens aus dem ganzen Ertrag, oder die Quantität der Diasporen auf 1 Holzart, auf die Flächeeinheit u. ä.

Wir führen einige Beispiele an.

Die Samen der Fichte (*Picea abies* — und anderer Arten) haben zwar unter den Vögeln viele Konsumenten, der Hauptkonsument ist aber der Fichtenkreuzschnabel *(Loxia curvirostra)*, (stellenweise auch der Kieferkreuzschnabel — *Loxia pytyopsittacus*, der Weißbindkreuzschnabel — *Loxia leucoptera*) und der Große Buntspecht *(Dendrocopos major)*. Die erste Art entfernt von den Bäumen — reißt ab und wirft herunter — 20 bis 90 % aller Zapfen, bei geringerer Ernte auch 100 %. Wenn wir bedenken, daß auf 1 ha ungefähr 1000 bei geringer Ernte bis ungefähr 130 000 Stück Zapfen bei guter Ernte kommen, ist der Umfang der Tätigkeit der Kreuzschnäbel offensichtlich. N o v i k o v (1956) beobachtete, daß durch einen Fichtenkreuzschnabel von einer Fichte jede Minute 3 Zapfen heruntergeworfen sind, und in dem Fichtenbestand fand er bereits im Herbst 5000 heruntergeworfene Zapfen auf 1 ha. Dabei waren von 1000 durchgesuchten Zapfen nur 15 % sehr beschädigt, während 52 % Zapfen nur wenig beschädigt, kaum mit einigen ausgehackten Samen waren.[6] Ähnlich schreibt J u n t i n e n (1952) und ich fand bei guter

Ernte der Fichte auf Pol'ana eine Beschädigung von etwa 60 % aller Zapfen auf der Fläche her von ungefähr 500 ha, wobei unter einzelnen Bäumen bis zu 700 Zapfen heruntergeworfen waren. Regelmäßig kann man ein selektives Befressen der Zapfen, bzw. der Fichtensamen durch diese Vögel beobachten, und zwar so, daß überherrschende Bäume, Randbäume u. ä. gewählt werden. Dabei ist es interessant, daß auf über 50 % dieser „ausgewählten" Bäume die Samen durch Fichtenkreuzschnäbel und auch durch Eichhörnchen befressen worden sind (festgestellt nach Zapfenresten unterhalb etwa 200 Bäume), während die übrigen waren alternativ entweder bloß durch Fichtenkreuzschnäbel (23 %), oder nur durch Eichhörnchen (26 %) besucht. Es scheint, als ob die Fichtenkreuzschnäbel, bzw. ihre Tätigkeit auf den auserwählten Bäumen Wegweiser für die Eichhörnchen wäre. Worauf ist die Ursache dieser Selektion zurückzuführen, ist nicht bekannt, man muß aber voraussetzen, daß es die Qualität, bzw. der Reifegrad der Samen im Rahmen der individuellen Variabilität der Fichte ist.

Auf einer Fläche der Orientalischen Fichte *(Picea orientalis)* in dem forstlichen Arboretum in Kysihýbel im Jahre 1948 betrug der Ertrag insgesamt 4475 Zapfen. Davon verzehrte von September bis März bloß der Große Buntspecht 1809 Zapfen, also etwa 40 %. N o v i k o v (1956) fand an der Spechtschmiede des Großen Buntspechtes durchschnittlich 395 Zapfen.

Mit Rücksicht auf die große Menge der produzierten Fichtensamen hat eine solche Konsumtion, wie es von dem Fichtenkreuzschnabel vorgenommen wurde — hauptsächlich in der Invasionszeit — kaum eine wirtschaftliche Bedeutung, desto größer dagegen ist ihre Bedeutung in zönologischer Hinsicht (N o v i k o v, 1956, F o r m o z o v, 1948, T u r č e k, 1952).

Die Samen der Waldkiefer *(Pinus silvestris)* sind beinahe in gleichem Maße durch die gleichen zwei Vogelarten (nebst anderen) befressen. Der Samenertrag dieser Holzart ist aber weit kleiner und beträgt höchstens ungefähr 15 kg auf 1 ha. Die Samen der Kiefer werden durch den Fichtenkreuzschnabel in Zapfen in situ konsumiert, aber die Zapfen einiger Arten werden auch abgeworfen (Weymouthskiefer — *Pinus strobus*, Latsche — *Pinus montana* u. a.). Der Große Buntspecht (in kleinerem Maße auch andere Spechtarten) befrißt den Samen von den Zapfen, die er zunächst abreißt und befestigt sie dann in Rindenrisse, in eine vorhan-

---

[6] F o r m o z o v (1948) gibt die Quantität der von dem Fichtenkreuzschnabel ausgehackten Samen aus einem Zapfen mit 6 bis 17 % an, was gleichzeitig über eine geringe Ausnützung der Zapfen spricht.

dene Astachsel, oder zimmert sich zu diesem Zwecke eine besondere Höhle. Nur den Samen aus schweren Zapfen befrißt er in situ so, daß er sich an dem Zapfen festhält (*Pinus koreaensis, Pinus lambertiana, Pinus coulteri*). Die Menge der Diasporen (Samen), die durch die Spechte, besonders aber durch den Großen Buntspecht konsumiert wird, ist erheblich und betrifft oft die ganze Ernte. So fand P y n n ö n e n (1943) bereits Ende Juli an der Spechtschmiede dieses Spechtes 300 Zapfen, was die Konsumtion einiger Tage darstellte. H a r t l e y (1948) gibt die tägliche Konsumtion dieses Spechtes auf 15—74 Zapfen an, wobei von August bis Oktober ein einziger Specht 3021 Stück Zapfen der Waldkiefer konsumierte. F r a n z (1943) stellte die tägliche Konsumtion dieses Spechtes während eines kurzen lappländischen Tages (Tagesdauer ungefähr 5 Stunden) auf etwa 4 g reinen Samens fest, was ungefähr 1000 Stück (N o v i - k o v, 1956) oder etwa 35 ganze Zapfen beträgt. Ich fand in einem kleinen Kieferwald bei Banská Štiavnica an der Spechtschmiede des Spechtes 1400 Stück Zapfen dieser Kiefer, was beinahe der ganzen Ernte des Wäldchens, die von September bis März vernichtet wurde, entsprach. Im Arboretum Mlyňany (S l á d e k, 1958) konsumierte der Große Buntspecht während eines Winters 1093 Zapfen der Schwarzkiefer (*Pinus nigra*) aus der ganzen Ernte von 2700 Stück (vgl. F r i t s c h - M e i j e - r i n g, 1951).

Der Samen der Zirbelkiefer (*Pinus cembra*) ist auch durch Spechte befressen, hauptsächlich aber durch den Tannenhäher (*Nucifraga caryocatactes*), im ganzen Areal der Verbreitung der Zirbelkiefer. Über die Quantität der Ernte der Zirbelkiefer aus Europa haben wir keine Angaben, hauptsächlich deshalb, da die Zirbe hier keine geschlossene, zusammenhängende Bestände bildet, aber sie lebt in der Kampfzone zwischen der oberen Grenze der geschlossenen Bestände und des Krummholzgürtels oder der subalpinen Wiesen (Subalpinerzone). Zur Orientierung führen wir aber an, daß 1 ha des Bestandes im Durchschnitt 500 kg „Nüßchen" der Sibirischen Zirbe (*Pinus cembra sibirica* — D o p p e l m a i r et al., 1951) ergibt. Die Proportion der durch die Tannenhäher konsumierten Zirbelkieferernte in den Karpaten — nach unseren Schätzungen und den Schätzungen der Forstmänner — beträgt von 50 bis 100 %, aus welchen aber einen bedeutenden Teil die durch diesen Vogel versteckten, „eingepflanzten" und verschleppten Samen bilden, wie wir darauf ausführlicherweise in dem Aufsatze über die Verbreitung der Gehölze hinweisen werden.

Das Befressen des ganzen Samenertrages der Lärche (*Larix decidua*) durch Kreuzschnabel (*Loxia sp.*) kommt nicht selten vor (Š n a j p e r k, 1951) und solche Fälle haben auch wir an mehreren Stellen beobachtet. Dies hängt auch, wie wir es erwähnt haben, mit dem verhältnismäßig

geringen Nährwert dieser Samen zusammen. Gleichfalls habe ich die
ganze Vernichtung der Ernte der Samen der Lebensbäume *(Thuja pli-
cata)* durch Grünfinke *(Chloris chloris)* und die Arten von Schein-
zypresse *(Chamaecyparis)* durch Erlenzeisige *(Carduelis spinus)* beobachtet.

ab) Laubgehölze

Aus der Zahl der Laubgehölze werden wir einige Beispiele des Diasporenbefressens durch Vögel anführen. Wenn es auch Angaben — freilich
zerstreute — darüber in der Literatur verhältnismäßig genug gibt, doch
fehlen hauptsächlich systematische langjährige Beobachtungen auf denselben Bäumen, auf der Fläche, oder wenigstens über eine Saison hindurch. Wir meinen hier damit ähnliche Werke wie diejenigen über nearktische Gehölze von C y p e r t und W e b s t e r (1948) oder T e v i s
(1953).

Die verhältnismäßig meisten Beobachtungen über die Zahl der Samen
und über die Tätigkeit der Vögel bei dem Befressen dieser haben wir
über die Eichen: *Quercus petraea, Quercus robur, Quercus cerris.* Bei
Eichen wechseln gute Samenjahre mit geringen (ähnlich wie bei der
Fichte). Die guten Samenjahre der Eiche geben auf 1 ha bis ungefähr
2000 kg Eicheln (D o p p e l m a i r et al., 1951, J u r k e v i č, 1951). Der
Hauptkonsument der Eicheln ist der Eichelhäher *(Garrulus glandarius)* in
der ganzen Zone der Verbreitung der Eiche. Diese Vögel befressen die
Eicheln bereits von August an, doch einen wesentlichen Teil dieser
schleppen sie weg und verstecken sie als Wintervorräte. Ein Teil dieser
versteckten Eicheln wird nicht wiedergefunden und dieser kommt zur
Keimung, ein Teil ist durch Nagetiere vernichtet, nur der Rest ist die
effektive Konsumtion der Eichelhäher. Anderseits stellt für den Baum
oder Eichenbestand nur derjenige Teil einen Verlust dar, der durch
die Tiere konsumiert wurde, nicht aber der, der nach Verstecken zur
Keimung kommt. So haben wir nicht einmal approximative Angaben
über den effektiven Verlust der Diasporen. S c h u s t e r (1930) beobachtete ein Monat lang die Verfrachtung der Eicheln durch ungefähr
65 Individuen von Eichelhäher aus einem 37 ha großem Walde. Er
stellte fest, daß im ganzen die Eichelhäher während dieser Zeit bis
300 000 Eicheln verschleppten. C h e t t l e b u r g h (1952) beobachtete
Ähnliches und schätzte, daß 35 Eichelhäher nur in den letzten 10 Tagen
Oktobers aus dem Walde bis 200 000 Eicheln verfrachtet haben. In
beiden Fällen verschleppten und „verpflanzten" (versteckten) die Eichelhäher die Eicheln in einer Entfernung von 1—4 km. Falls wir in diesen
Beispielen eine mittelgroße Ernte voraussetzen, die Eichelhäher ver-

154

schleppten — und teilweise konsumierten — nicht einmal 10 % der Ernte.

Die Buche *(Fagus silvatica)* bringt in guten Samenjahren einen noch größeren Samenertrag. D o p p e l m a i r et al. gibt bis 10 000 kg auf 1 ha an, wir haben in den alten gemischten Buchenwäldern an Poľana ebenfals in guten Samenjahren 2000 kg am Boden gefallener Samen festgestellt, was ungefähr 4 Millionen Stück Bucheckern auf 1 ha entspricht. Wenn wir berechnen, daß ein Teil der Ernte noch auf den Bäumen vernichtet wurde, war die Ernte wahrscheinlich noch größer. Massenkonsument dieses Samens aus den Vögeln (neben dem Eichelhäher — *Garrulus glandarius*, Tannenhäher — *Nucifraga caryocatactes*, Spechtmeise — *Sitta europaea*, den Meisen — *Parus sp.*, Tauben — *Columba* usw.) ist der Bergfink *(Fringilla montifringilla)*, der in den Samenjahren in Mitteleuropa invasionsweise erscheint. An Poľana verzehrten ungefähr 600 dieser Vögel täglich mindestens 2 kg Bucheckern, zwei Invasionsmonate lang ungefähr 120 kg Bucheckern, was kaum 5—10 % der ganzen Ernte auf 1 ha darstellte.

Š i p e r o v i č (1954) gibt an, daß in den Nußwäldern Kirgisiens die Vögel von 2 bis 5, höchstens 7 % der ganzen Ernte der Walnüße *(Juglans regia)* konsumieren. Auch bei uns wird die Tätigkeit der Vögel in der Konsumtion dieser Diasporen in diesen Grenzen oder unter deren schwanken (vgl. H a s e, 1952, 1955, G r u l i c h und F o l k, 1956).[7]

Die Konsumtion der ganzen Samen-(Diasporen-)Ernte durch Vögel beobachtete ich in der Slowakei an dem Feld-Ahorne *(Acer campestre)* durch den Kernbeißer *(Coccothraustes coccothraustes)* bereits von August an, an der Esche *(Fraxinus excelsior)* und anderen Arten durch den Gimpel *(Pyrrhula pyrrhula* — diese Vögel fressen besonders häufig stationär längere Zeit hindurch) und an der Spätkirsche *(Prunus serotina)* durch den Kernbeißer *(Coccothraustes coccothraustes)* noch unreife Samen aus Kernfrüchten bis Mitte September. Was die samenfressenden Vogelarten betrifft, aus der Ernte der erwähnten Holzarten blieb — und häufig bleibt übrig — für die weitere Reproduktion nichts, desto mehr, daß es sich um anemochorische (Ahorn, Esche), bzw. ornithochorische Holzarten (Spätkirsche, befressen hauptsächlich durch Drossel- und Grasmückenarten) handelt.

Systematische Beobachtung über den Verlauf der Samenkonsumtion machte ich auf einer einzelstehenden Ulme *(Ulmus glabra)*, da die Bedingungen der Beobachtung und zahlenmäßiger Erfassung besonders günstig waren. Ende Mai bei guter Ernte der Samen sind auf eine 320 m^2

---

[7] G i b b (1954) gibt an, daß die Kohlmeisen *(Parus major)* bei Oxford im Winter 5 % der Ernte der Haselnüssen *(Corylus avellana)* verzehrten.

Fläche — auf welche die Samen bei verhältnismäßiger Windstille herunterfielen — 457 000 Samen heruntergefallen. Auf diesem Baume ernährten sich systematisch — und holten den Jungen im Neste Samen — beiläufig 20 Grünfinken *(Chloris chloris)* und 6 Stieglitze *(Carduelis carduelis)*. So angeführte Zahl der Vögel verzehrte aus der ganzen Ernte etwa 40 % (vgl. S c h u s t e r, 1932).

Die Diasporen des Schwarzen Holunders *(Sambucus nigra)* pflegen in Mitteleuropa ungefähr bis Ende Oktober durch Vögel konsumiert werden. Die Hauptkonsumenten sind die Drosselartigen *(Turdus)*, Gartenrotschwanz *(Phoenicurus)*, Grasmücken *(Sylvia)* und der Star *(Sturnus vulgaris)*, die diese Samen vor dem Abzug verzehren, was einerseits für die Ernährung dieser Vögel, anderseits für die Verfrachtung dieser Gehölzsamen wichtig ist. Der Haussperling *(Passer domesticus)*, der diese Früchte auch eifrig befrißt, verzehrt nur das Fruchtfleisch, während die Samen abgeworfen werden. In Beziehung mit dieser und mit anderen Holzarten, die den Vögeln eine wertvolle Nahrung vor dem Herbstzuge bieten, muß man jene kollektive Anpassungseigenschaft dieser Vögel erwähnen — wenigstens aus der Ordnung *Passeres* —, daß bis Spätherbst (September bis November) hauptsächlich jene Arten der Zugvögel zurückbleiben, die sich mit Gehölzdiasporen, namentlich mit Beeren und Früchten ernähren können. Man muß hier erwähnen die Singdrossel *(Turdus ericetorum)*, die Amsel *(Turdus merula)*, die Mönchgrasmücke *(Sylvia atricapilla)*, den Waldlaubsänger *(Phylloscopus collybita)*, das Rotkehlchen *(Erithacus rubecula)*, die Heckenbraunelle *(Prunella modularis)* usw.

Die Eberesche *(Sorbus aucuparia)* ist am meisten befressene Holzart, deren Beeren pflegen bereits bis Anfang Winter konsumiert werden (F o r m o z o v, 1948 und eigene Beobachtungen des Autors). Nur in Bergen bleibt ein Teil der Ernte auf den Bäumen, der im Winter durch das Auerhuhn *(Tetrao urogallus)*, den Gimpel *(Pyrrhula pyrrhula)*, die Misteldrossel *(Turdus viscivorus)* u. a. verzehrt wird. Aber diese gebliebenen Beeren — ähnlich, wie es wir an Spätkirsche *(Prunus serotina)*, Kanadischer Felsenbirne *(Amelanchier canadensis)*, an Weißen Maulbeeren *(Morus alba)* und anderen beobachteten — sind gewöhnlich auf den Endtrieben, bzw. an der Peripherie der Kronen, wo sie für die größeren und schwereren Vögel kaum zugänglich sind. Wir haben trotzdem beobachtet z. B. daß die Amsel *(Turdus merula)* die Vogelbeeren auch von solchen schwer zugänglichen kleinen Trieben so befraß, daß sie die Beeren im Schwirrfluge in der Luft pickte. Ähnliches beobachtete ich bei dem Hausrotschwanz *(Phoenicurus ochruros)* auf Schwarz-Holunderbeeren *(Sambucus nigra)*. Ein Teil aus diesen gebliebenen Beeren — wir setzen voraus, daß es qualitativ ausgezeichnete Beeren wegen großen Genießens des

Lichtes und der Nährstoffe sind — kommt dann in Betracht für die Reproduktion der Holzart außer dem Teil der Samen, die, falls sich es um ornithochorische Holzart handelt, durch Vögel verfrachtet werden. Beim Befressen der Eberesche durch die Vögel kann man eine gewisse Zonation in dem Sinne beobachten, daß z. B. die Amsel *(Turdus merula),* die Singdrossel *(Turdus ericetorum)* und die Mönchgrasmücke *(Sylvia atricapilla)* die Diasporen in dem Wipfel der Krone und auf dünnen Ästen befressen, während z. B. der Gimpel *(Pyrrhula pyrrhula),* der Kernbeißer *(Coccothraustes coccothraustes),* der Haussperling *(Passer domesticus)* die Beeren im Inneren der Krone und auf stärkeren Ästen befressen. Es ist bemerkenswert dabei, daß die erste Gruppe der Vögel ganze Beeren befrißt, also das Fruchtfleisch und auch den Samen, während die zweite Gruppe nur die Samen, und das Fruchtfleisch, sowie die Schale wirft sie ab. Kausal kann man diese räumliche Teilung damit erklären, daß auf dem Wipfel und an der Peripherie der Krone reifere und früher gereifte Beeren sind als in der Mitte der Krone und für die ersten Vögel dies wichtig, während für die zweiten kaum von Bedeutung ist. Die Folge dessen aber (das Effekt) ist, daß für die Verbreitung durch Vögel endozoisch reife (reifere) Diasporen zur Verfügung stehen. Diese Voraussetzung müßte experimental nachgewiesen werden.

Ungeheure Menge von Diasporen produzieren die Halbsträucher, wie Preiselbeere *(Vaccinium)* und Krähenbeere *(Empetrum).* So nach N o v i k o v (1956) und D o p p e l m a i r et al. (1951) produzieren die Wälder vom Taiga-Typ (Fichtenwälder) in Nordeuropa auf 1 ha in guten Samenjahren etwa 1000 kg Heidelbeeren *(Vaccinium myrtillus)* und ungefähr 700 kg von Krähenbeeren *(Empetrum nigrum).* Über die große Bedeutung dieser Beeren in der Ernährung der Vögel schreiben N o v i k o v (1956), L i n d e m a n n (1950), R i d l e y (1930) u. a. Jedoch die durch die Vögel aus diesen Beeren verzehrte Proportion ist nicht bekannt.

Zum Massenbefressen, bzw. zur Konsumtion der ganzen Ernte vieler Holzarten, hauptsächlich aber deren mit Beerenfrüchten und Kernfrüchten, kommt bei Invasionen hauptsächlich vom Norden her, wie z. B. vom Seidenschwanz *(Bombycilla garrulus),* Wacholderdrossel *(Turdus pilaris),* Gimpel *(Pyrrhula pyrrhula),* Bergfink *(Fringilla montifringilla),* Sibirischen Tannenhäher *(Nucifraga caryocatactes macrorhyncha)* usw. Dies kann einerseits die Herabsetzung oder die Entziehung der Nahrungsquellen der sedentären Population (einheimischen) und die Verschärfung der inter- oder intraspezifischen Konkurrenz verursachen, anderseits aber — falls es um ornithochorische Holzarten geht — kommt es zu stoßartiger Massenverbreitung der Diasporen, also zur zeitlichen und räumlichen Diskontinuität der Verbreitung.

Die Früchte der kultivierten Obstarten sind ebenso häufig durch Vögel
konsumiert, was bereits eine direkte wirtschaftliche Bedeutung hat
(B u s h, 1955, G e b h a r d t, 1955, L ö h r l, 1957, M a n s f e l d, 1938,
1957, M i c z i ń s k i, 1938, S y r o e č k o v s k i j, 1953, T a y l o r - R i d -
p a t h, 1956, N i e t h a m m e r - P r z y g o d d a, 1954 u. a.) und ist gar —
oder nur in geringem Maße — durch die Verbreitung dieser Holzarten
kompensiert, da es sich überwiegend um Kultursorten handelt.

ac) Menge der durch Vögel konsumierten Diasporen

Direkte Beobachtungen der durch Vögel befressenen Diasporen kommen verhältnismäßig selten vor. Es ergibt sich aus der Beweglichkeit der
Vögel in der Natur. Die Diasporen einer bestimmten Holzart befressen
die Vögel gewöhnlich in kleineren Dosen allmählich den ganzen Tag hindurch, bzw. beim Verzehren der Nahrung an verschiedenen Orten. Deshalb ergeben sich die meisten Angaben über die Menge der befressenen
Gehölzdiasporen aus Magenanalysen der Vögel, wenn auch hier große
Analysenserien fehlen und anderseits einige Diasporen — ihre Qualität
und Quantität — durch die Verdauung beeinflußt sind, andere wieder in
einem so zerstückelten Zustande sind, daß die Rekonstruktion der Anzahl
der Stücke oft unmöglich ist. Bei der volumetrischen oder gravimetri-
schen Wertung des Gehaltes der Verdauungsorgane entsteht ein bedeutender Moment der Ungenauigkeit durch den verschiedenen Wassergehalt
in den Diasporen usw. Die Vorteile und Nachteile der einzelnen Analy-
senmethoden zeigte H a r t l e y (1948) u. a., jedoch bis jetzt mangelt es
an einer Standardmethode für Analysen, bzw. auf ihrer Auswertung. Und
so muß man die aus den Analysen erworbene Angaben mehr oder weniger
als Orientierungsangaben betrachten, desto mehr, daß es sich einmal um
minimale, andersmal um mittlere oder maximale Anzahl durch einen bestimmten Vogel befressener Diasporen handeln kann. Was besagt uns die
Analyse, wenn wir z. B. im Magen des Eichelhähers zerbrochene Eicheln
oder im Kropfe des Fasans 5 Eicheln finden? Nur Angaben über große
Serien könnten zum Ziele führen, diejenigen über die Mehrheit der Vögel
stehen aber nicht zur Verfügung.
Beobachtungen über Vögel in Gefangenschaft, die Ernährungsversuche
an solchen Vögeln können manchmal sehr nützlich sein und ergeben —
falls sie exakt und mit Hinsicht auf die Ökologie der Art vorgenommen
werden — Angaben über die potentielle, bzw. mittlere Menge der konsumierten Gehölzdiasporen. Hier muß man aber — wie bei jeder Übertragung der Ergebnisse, der Erkenntnisse aus der laboratorischen Zucht in
die Natur — bei der Verallgemeinerung, Deduktion sehr vorsichtig ange-

hen und die Ergebnisse solcher Experimente — außer anderem Zubehör — sollen einer statistischen Analyse unterworfen werden.

Trotz allem Mangel der Beobachtungsmethoden der Menge der konsumierten Gehölzdiasporen und trotz dem verhältnismäßig kleinen Material, das darüber bis jetzt zur Verfügung steht, haben alle (zwar sehr zerstreute) Angaben über diesen Gegenstand einen Wert.

Besonders wertvoll sind durch systematische Beobachtungen in der Natur erworbene Angaben. So Teplov (1956) stellte fest, daß die Wildenten (*Anas plathyrhynchos*) die ins Wasser gefallenen Eicheln befraßen und suchten sie auch in den Uferwäldern aus. Für ein Mahl befraßen die Enten von 14 bis 20 Eicheln, was von 7,5 bis 10,2 % ihres Körpergewichtes betrug. Ende Oktober ernähren sich bis 91 % aller Enten mit Eicheln. Über das Befressen der Eicheln und über das Tauchen nach diesen schreibt auch Lunau (1953).

Gibb (1951) stellte bei der Invasion des Seidenschwanzes (*Bombycilla garrulus*) fest, daß 1 Vogel täglich von 600 bis 1000 Beeren von Zwergmispel (*Cotoneaster horizontalis*) gefressen hat.

Havre (1951) stellte fest, daß die Ringeltaube (*Columba palumbus*) bis 20 große Eicheln auf einmal verzehren kann, nimmt aber vom Boden her (gefallene Eicheln) gewöhnlich nur 5—6 Stück Eicheln der Stiel-Eiche (*Quercus robur*) auf.

Der Große Buntspecht (*Dendrocopos major*) befrißt nach der Beobachtung von Franz (1934) täglich im Winter bis 800 Samen der Waldkiefer (*Pinus silvestris*) und Doppelmair et al. (1951) ergeben die tägliche Menge auf 50 Zapfen, was etwa 1000 Stück Samen entspricht. Im Magen eines erschossenen Exemplars fand ich über 90 Stück Samen von Fichte (*Picea excelsa*). Pynnönen (1943) fand im Magen eines im Winter erlegten Exemplars 50 Samen der Waldkiefer (*Pinus silvestris*) und 9 Preiselbeeren (*Vaccinium vitis-idaea*), in einem anderen 17 Heidelbeeren (*Vaccinium myrtillus*).

Der Eichelhäher (*Garrulus glandarius*) befrißt, wie wir es erwähnt haben, am meisten die Samen der Eiche (*Quercus sp.*), stellenweise auch der Rotbuche (*Fagus silvatica*). Da die Samen im Magen dieses Vogels in zermalmtem Zustand sind (der Eichelhäher zerschlägt sie), kann man daraus einen Beschluß auf die Zahl der befressenen Samen nicht machen. Er verfrachtet aber — und möglicherweise vor dem Verzehren unterbringt — diese Samen im Kehlsack ähnlich wie der Eichelhäher (*Nucifraga caryocatactes*). Ich stellte fest, daß beim Schuß — und man kann es auf Fälle der Affekte überhaupt beziehen — der Eichelhäher den Kropfinhalt auswürgte. Ich habe bei einem Vogel 9 Stück großer Eicheln der Wintereiche (*Quercus petraea*) gefunden (vgl. Mazing, 1957), die man gut erkennen konnte, da sie feucht waren.[8] Im Kehlsack des erschossenen Tannenhähers fand ich höchstens 11 Samen der Rotbuche. Die Mittelmenge der konsumierten Eicheln erwähnen wir bei den Ernährungsexperimenten.

S c h ö n b e c k (1956) gibt die Zahl der Nüßchen der Zirbelkiefer *(Pinus cembra)* in dem Kehlsack (vgl. P o r t e n k o, 1948) von 30 bis 70 Stück im Mittel, höchstens mit 91 Stück an. R e i m e r s (1957) stellte fest, daß dieser Vogel den Jungen für ein Mahl 9 bis 16 Nüßchen der Sibirischen Zirbe *(Pinus cembra sibirica)* brachte, und ich fand im Kehlsack eines erschossenen Exemplars 6 Haselnüsse *(Corylus avellana)*. Z i m i n a (1954) ergibt die tägliche Konsumtion dieses Vogels im Freien auf 400—500 Samen von *Picea schrenkiana.*

Verhältnismäßig viele Analysen haben wir über die Nahrung des Jagdfasans *(Phasianus colchicus)*, aber nur ein Teil der Angaben ist interpretationswert. R i d l e y (1930) erwähnt 32 Haselnüsse und 4 Bucheckern der Rotbuche aus einem einzigen Kropf eines erschossenen Vogels. F a r s k ý (1948) in eingehenden Analysen aus den einzelnen Kröpfen und Magen gibt folgende Mengen der Gehölzsamen an: 26 Robinien *(Robinia pseudoacacia)*, 14 Eicheln *(Quercus sp.)*, 19 Kernchen des Hartriegels *(Cornus sanguinea)*.

M ö h r i n g (1957) gibt an, daß das Auerhuhn *(Tetrao urogallus)* im Freien 117 Moosbeeren *(Vaccinium oxycoccus)* im Gewichte von 20 g gefressen hat, während das Birkhuhn *(Lyrurus tetrix)* wieder die Beeren des Gemeinen Wacholders *(Juniperus communis)* im Gewichte von 35 g täglich, was etwa 150 Stück entspricht. Derselbe Autor gibt an, daß man im Kropfe der Ringeltaube *(Columba palumbus)* 136 Samen vom Weißdorn *(Crataegus oxyacantha)* fand, in einem anderen 171 Beeren der Stechpalme *(Ilex aquifolium)*, in einem weiteren wieder 168 Beeren des Gemeinen Schneeballs *(Viburnum opulus)*. Bei derselben Vogelart N i e t h a m m e r und P r z y g o d d a (1954) stellten im Magen 10, bzw. 6 Früchte der Kirsche *(Prunus avium)* fest und R i d p a t h (1956) in den Kröpfen von zwei Vögeln 308 unreife Kerne der Zwetschken *(Prunus domestica)*, sowie 53 Kerne der Kirsche *(Prunus avium)*.

F o r m o z o v (1948) fand im Kropfe des Haselhuhns *(Tetrastes bonasia)* 44 Fichtensamen *(Picea abies)* und K o n e v (1956) den Kropf vollgestopft mit Nüßchen der Zirbelkiefer *(Pinus cembra)*, also minimal 15 Stück.

Nach R i d l e y (1930) befraß die Misteldrossel *(Turdus viscivorus)* die Früchte der Gemeinen Eibe *(Taxus baccata)* (Arilli zusammen mit den Samen) und die harten Samen würgte sie auf das Moos aus. In solcher

---

[8] L e v i n a (1957) führt einen ähnlichen Fall an, bei dem durch einen Tanneñhäher nach dem Schuß ungefähr 100 Samen der Sibirischen Zwergkiefer *(Pinus pumila)* ausgewürgt wurden.

Speiballe waren 23 Stück Samen der Gemeinen Eibe. Derselbe Autor gibt an, daß bei einem Mahl die Amsel (*Turdus merula*) von 16 bis 30 Beeren des Feuerdorns (*Pyracantha coccinea*) befraß.

Wichtige Angaben — besonders über die potentielle Menge der konsumierten Diasporen — ergeben einige Fütterungsversuche an in Gefangenschaft gehaltenen Vögeln.

R i d l e y (1930) gibt an, daß der Seidenschwanz (*Bombycilla garrulus*) in 5 Stunden 900 Beeren des Wacholders (*Juniperus scopulorum*) befraß. M ö h r i n g (1957) führte Experimente mit der Mönchgrasmücke (*Sylvia atricapilla*) durch, in den 1 Vogel in 1 Tage 30 Beeren von Alpen-Johannisbeeren (*Ribes alpinum*) befraß, ein andersmal wieder 18 Beeren des Gemeinen Seidelbastes (*Daphne mezereum*), nebst anderer tierischen Nahrung. M ö h r i n g (1957, a) schreibt über Versuche mit dem Birkhuhn (*Lyrurus tetrix*), in den 1 Vogel täglich — über längere Zeit — bis 110 Beeren der Eberesche (*Sorbus aucuparia*) und 150 Nüßchen der Zirbelkiefer (*Pinus cembra*) befraß. Nach demselben Autor verzehrte ein Jagdfasan (*Phasianus colchicus*) täglich 300—500 g Beeren des Kurzlappigen Weißdornes (*Crataegus intricata*) und die Drosseln (*Turdus div. sp.*) verzehrten täglich 30 bis 60 g verschiedener Beeren.

Wir führten Fütterungsversuche an einigen Vogelarten an dem Forstwirtschaftlichen Institut in Banská Štiavnica durch. Ich führe einige Ergebnisse an.

Geschwindigkeit der Passage der Diasporen durch den Verdauungstrakt der Vögel

Reife Beeren des Schwarzen Holunders (*Sambucus nigra*):

die Kohlmeise (*Parus major*) — befraß nur das Fruchtfleisch, nicht die Samen — in 41 Minuten,

der Kernbeißer (*Coccothraustes coccothraustes*) — nur das Fruchtfleisch — in 43 Minuten,

die Zaungrasmücke (*Sylvia curruca*) — 25 und 27 Minuten,

der Hausrotschwanz (*Phoenicuros ochruros*) — 23 Minuten,

der Eichelhäher (*Garrulus glandarius*) — 107 Minuten, wobei nach zwei Stunden 13 Minuten nach dem Befressen der Beeren dieser Vogel die Samen in Speiballen auswürgte.

Fichtensamen, mit Eosin gefärbt:

die Kohlmeise (*Parus major*) — nach 55 Minuten,

die Tannenmeise (*Parus ater*) — nach 30 Minuten.

Alle diese Versuche an Vögeln sind in der Früh, ohne vorherige Fütterung durchgeführt worden.

Die Geschwindigkeit der Passage ist von Bedeutung hauptsächlich in der Verschleppung der Diasporen durch Vögel und über diese wird ausführlich dort behandelt werden.

Menge der konsumierten Gehölzdiasporen

Ein Eichelhäher *(Garrulus glandarius)* war 10 Tage lang mit Eicheln der Wintereiche *(Quercus petraea* + Wasser) gefüttert. Die Eicheln hatten einen Wassergehalt von 62 %. Die mittlere tägliche Konsumtion betrug 17 Eicheln im Gewicht von 35 g, was 24 % des Körpergewichtes des Versuchsvogels entsprach. Der Kalorienwert der Eichel: 4090 gcal der Trockensubstanz. Auf 1 g des Körpergewichtes verbrauchte der Eichelhäher 386 gcal, auf 1 cm² der Körperoberfläche 200 gcal täglich.

Ein Fichtenkreuzschnabel *(Loxia curvirostra)* bekam 10 Tage lang Samen der Waldkiefer *(Pinus silvestris)*, von 8 % Wassergehalt. Die mittlere tägliche Konsumtion war 1085 (4,72 g frische) Samen, was ungefähr 54 Zapfen entspricht. Die Konsumtion betrug 13,5 % des Eigengewichtes des Versuchsvogels. Der Kalorienwert der Samen: 4628 gcal der Trockensubstanz. Auf 1 g des Körpergewichtes verbrauchte dieser Vogel 573 gcal, auf 1 cm² der Körperoberfläche 190 gcal täglich.

Eine Tannenmeise *(Parus ater)* bekam Fichtensamen *(Picea abies)* von 4,5 % Wassergehalt. Im Mittel konsumierte dieser Vogel täglich 324 Samen im (frischen) Gewichte von 1,16 g, was ungefähr 3 Zapfen entspricht. Die Konsumtion betrug 19 % des Körpergewichtes des Versuchsvogels. Der Kalorienwert des Samens: 6116 gcal der Trockensubstanz. Auf 1 g des Körpergewichtes verbrauchte dieser Vogel 1102 gcal, auf 1 cm² der Körperoberfläche 231 gcal täglich (vgl. G i b b, 1957).

Ein Kernbeißer *(Coccothraustes coccothraustes)* wurde mit Samen der Weißbuche *(Carpinus betulus)* gefüttert, von 5,5 % Wassergehalt. In 10 Tagen konsumierte er im Mittel täglich 258 Samen im (frischen) Gewichte von 3,4 g, was 7 % des Körpergewichtes des Versuchsvogels entsprach. Der Samen hatte ein Kalorienwert 5590 gcal der Trockensubstanz. Auf 1 g des Körpergewichtes konsumierte dieser Vogel 372 gcal, auf 1 cm² der Körperoberfläche 134 gcal täglich.

Ein Kernbeißer befraß 10 Tage lang im Mittel täglich 495 Samen (aus Kernen, die er selbst zerbrach) der Traubenkirsche *(Prunus padus)*, eines bedeutend schwankenden Wassergehaltes: mit fortschreitender Reife der Samen ist deren Wassergehalt gesunken, im Mittel machte es 53 %, so daß die Konsumtion der Trockensubstanz der Samen täglich 5,5 g, d. h. 12 % des Körpergewichtes des Vogels betrug. Derselbe Vogel konsumierte 10 Tage lang im Mittel täglich 374 Samen der Spätkirsche *(Prunus se-*

rotina) mit einem Wassergehalt von 60 bis 20 % und die Konsumtion in Trockensubstanz betrug 11 % des Körpergewichtes des Versuchsvogels.

Mit diesem Vogel führten wir auch Versuche über Nahrungswahl von Samennahrung durch. 10 Tage lang verabreichten wir ihm verschiedene Anzahl von Diasporenarten, immer ad libitum (+Wasser), in verschiedener Kombination der Samen. In der ersten Experimentenserie gaben wir ihm 23 Diasporenarten (die Arten sieh unten), insgesamt 10 415 Samen, aus denen der Vogel 4999 Stück verzehrte, was täglich im Mittel 499, im großen 500 Samen entspricht. Die Ergebnisse sind in der Tabelle 9 dargestellt.

Tabelle 9

Samenart	Tägliche mittlere Konsumtion (aus 10 Tagen) beim Vorlegen von (Stück) Samen				
	23 gemischte Arten	14 Laub-Arten	7 Nadel-Arten	6 bevorzugte Arten	13 abgelehnte Arten
p *Pinus strobus*	78	—	74	79	—
p *Pinus nigra*	91	—	162	91	—
p *Pinus mugo*	74	—	83	63	—
z *Pinus silvestris*	22	—	84	—	164
z *Picea abies*	35	—	63	—	162
z *Larix decidua*	37	—	118	—	161
z *Tilia cordata*	8	—	—	—	12
z *Tilia platyphylla*	6	—	—	—	15
z *Robinia pseudoacacia*	2	—	—	—	8
p *Prunus avium*	24	44	—	39	—
p *Carpinus betulus*	64	16	—	39	—
z *Viburnum lantana*	1	0	—	—	19
z *Viburnum opulus*	5	0	—	—	3
Ligustrum vulgare	8	0	—	—	—
p *Acer platanoides*	5	8	—	45	—
Acer pseudoplatanus	5	0	—	—	—
Betula pendula	16	82	—	—	—
z *Rosa canina*	5	23	—	—	38
z *Rhus typhina*	4	0	—	—	5
z *Caragana arborescens*	6	0	—	—	4
Staphylea pinnata	1	0	—	—	—
z *Cornus mas*	1	0	—	—	0
z *Abies alba*	1	0	9	—	14
Im Mittel auf 1 Samenart:	21	12	85	59	46 St.

Bemerkung: p — bevorzugte, präferierte Samen,

z — abgelehnte Samen.

Da die Versuche in Gefangenschaft und nur mit einem Vogel gemacht wurden und es wäre weiter erforderlich die Experimentenserien zu wiederholen, lassen sich bereits aus diesen Versuchen mit Vorsicht folgende Beschlüsse ziehen:

1. Der Kernbeißer (*Coccothraustes coccothraustes* — und als wir es empirisch kennen, auch viele andere Vogelarten) befrißt die Gehölzdiasporen selektiverweise: einige Diasporen — in unserer Tabelle 9 mit „z" bezeichnet — lehnt er ab, einige befrißt er im Mittel der theoretischen Erwartung nach. Dabei Bevorzugung und Ablehnung werden in unserem Material durch die statistische Prüfung der „ungleichen Erwartung" festgestellt.

2. In den Versuchen änderte sich die Reihenfolge und der Grad der Bevorzugung (als das Prozent der befressenen Diasporen aus der gesamten Zahl der vorgelegten Samen einer bestimmten Art ausgedrückt) bei den bevorzugten Diasporen nicht. Diese Diasporen wurden in gleichem Maße, ohne Rücksicht auf die Menge und die Kombination der Samenarten, befressen. Daraus hätte sich ergeben — falls eine Verallgemeinerung erlaubt ist —, daß die Diasporen dieser Holzarten in der Natur in gleichem Maße, ohne Rücksicht auf die verfügbare Menge und Arten anderer Diasporen, befressen sind.

3. Bei den abgelehnten Diasporenarten änderte sich die Reihenfolge jeder Kombination der Samenarten so, daß einige Arten — meistens Nadelhölzer — mehr befressen wurden, andere Arten — meistens abgelehnte Diasporenarten der Laubhölzer — noch mehr abgelehnt worden sind als beim gleichzeitigen Vorlegen aller Diasporenarten und Kategorien.

4. Je mehr Diasporenarten zum Befressen zur Verfügung sind (z. B. in Parkanlagen, Mischwäldern, veränderlicher Landschaft usw.), dann scheint das Befressen einzelner Diasporen auf mehr als 50 % — was bereits einen beträchtlichen Druck auf die einzelne Diasporenart bedeutet — auf desto mehr Arten zerlegt zu sein. So ist die absolute Konsumtion der Diasporen einer Art kleiner.

5. Wenn weniger Diasporenarten zum Befressen zur Verfügung stehen (schwache Samenjahre einiger oder vieler Diasporenarten, Monokulturen, einförmige Landschaft), dann wird das Befressen einzelner Diasporenarten auf mehr als 50 % auf einige .wenige Arten konzentriert. So ist die absolute Konsumtion der Diasporen einer Art größer.

Diese Beschlüsse, wenigstens die unter 4. und 5. erwähnten, werden in bedeutendem Maße durch Beobachtungen aus der Natur bestätigt.

Der Grad des Befressens bei verschiedener Kombination der Diasporenarten, wie es unter 4. und 5. angeführt ist, verteilte sich in Versuchen folgendermaßen:

Bei Anbietung:	Befressen wurde mehr als 50 % aus:
23 gemischte Diasporenarten	
6 bevorzugte Arten	8 Arten
13 abgelehnte Arten	5 Arten
7 nur Nadelholzarten	5 Arten
14 nur Laubholzarten	2 Arten
	2 Arten

Die Selektion seitens der Vögel bezieht sich nicht nur auf die Holzart selbst, sondern auch auf einige Eigenschaften der Diasporen: Lokation der Diasporen in der Gehölzkrone, Färbung, Härte der Diasporen, was in Korrelation mit dem Reifegrad ist, Gesundheitszustand der Diasporen und endlich individuelle Variabilität aller Eigenschaften der Diasporen einer bestimmten Art. So können wir beobachten, daß die Amsel (*Turdus merula*) und der Hausrotschwanz (*Phoenicurus ochruros*) zuerst die Beeren auf der Peripherie eines bestimmten Strauches des Schwarzen Holunders (*Sambucus nigra*) befressen. Der Star (*Sturnus vulgaris*), die Amsel (*Turdus merula*) und der Pirol (*Oriolus oriolus*) werfen sich in Anlagen besonders auf einige Sorten der Süßkirsche (*Prunus avium*), ja innen der Sorte auf einige Bäume. Einige Diasporen, damit sie befressen werden können, müssen zuerst einer niedrigen Temperatur unterworfen werden. So ist es über Beeren des Gemeinen Weißdorns (*Crataegus oxyacantha*) bekannt, das sie durch die Amseln bereits nach den ersten Herbstfrösten eifrig befressen werden (W a r g a, 1922). Wir beobachteten, daß die Eicheln der Wintereiche (*Quercus petraea*), der Stiel-Eiche (*Quercus robur*) und der Zerr-Eiche (*Quercus cerris*) durch die Eichelhäher (*Garrulus glandarius*) ungleichmäßig in derselben Zeit befressen sind. Bevorzugt werden Ende August — Anfang September (in Mitteleuropa) die Samen mit weicher, abschäliger Fruchthülle, da in dieser Zeit der Eichelhäher viele Eicheln schält und bloß die Testa mit dem Embryo befrißt. Gleichfalls in dieser Zeit wählt der Eichelhäher diejenige Eicheln selektiv aus, die durch die Raupen des Wicklers *Laspeyresia splendana* und durch die Larven des Rüsselkäfers (*Balaninus glandium*) befallen sind und in erster Reihe diese befressen werden. Ähnlich wählt die Spechtmeise (*Sitta europaea*) selektiv die durch Gallenmücken befallene Eicheln, hauptsächlich durch *Andricus* (*Callirhytis*) *glandium* und durch Angehörige der Ordnung *Cynips*, sie hackt sie in die Rindenrisse ein und befrißt hauptsächlich die Larven, neben der Substanz des Samens. Auf einem Stamme fand ich bis 84 Stück so eingehackte Eicheln. Ähnlich selektiv befrißt der Große Buntspecht (*Dendrocopos major*) die Eicheln, befallen durch die Larven von *Cynips quercus-calicis*, *Cynips hungaricus*, *Cynips kollari* usw. Wir kommen so zu der Frage des „scheinbaren Befressens" der Diasporen durch Vögel.

Oben erwähnten wir, daß in bestimmter Zeit — Ende Sommer — die

Eichelhäher aus den Eicheln die Larven der Insekten aushacken, wobei
man an der Hülle solcher Eicheln genau die Spuren des Schnabels dieses
Vogels dort sehen kann, wo die Insektenlarven ausgeschält wurden. Häufig sind solche befallene Eicheln durch den Eichelhäher vollkommen abgeschält und bloß die Larven sind entfernt, denn die Eichelhäher lassen
die Eicheln herunterfallen. Zu dieser Arbeit an den Eicheln und überhaupt
zu ihrem Pflücken sind die Eichelhäher besonders morphologisch angepaßt
(L e v i n a, 1957), hauptsächlich was ihren Schnabel und ihre Zähen anbetrifft. Wir haben ebenfalls angeführt, daß der Große Buntspecht *(Dendrocopos major)*, weniger der Kleine Buntspecht *(Dendrocopos minor)* und
andere Arten dieser Ordnung, wie auch die Spechtmeise *(Sitta europaea)*
aus den Eicheln die Galleninsekten, bzw. ihre Larven befressen. Aus den
Samen des Berg-Ahorns *(Acer pseudoplatanus)* befraßen an Poľana im
Herbst die Tannenmeisen *(Parus ater)*, die Blaumeisen *(Parus caeruleus)*
und Sumpfmeisen *(Parus palustris)* Raupen des Wicklers *Pammene regiana* und in anderem Falle die Blaumeise befraß, pickte aus den Samen
der Gemeinen Esche *(Fraxinus excelsior)* die Raupen des Wicklers
Tortrix conwayana. Die Zapfen der Fichte *(Picea sp.)* und der Lärche
(Larix sp.) pflegen häufig ähnlich wie die Zapfen der Tanne *(Abies sp.)*
durch die Meisen angepickt zu sein, hauptsächlich durch die Kohlmeise
(Parus major) und die Blaumeise *(Parus caeruleus)*, aber auch durch
Spechte *(Dendrocopos sp.)* und Spechtmeisen *(Sitta europaea)*, und zwar
nicht wegen des Samens, aber sie entnehmen aus diesen die Larven und
Raupen der Insekten, die die Samen und Zapfen bewohnen. Es sind hauptsächlich die Schädlinge dieser Samen, wie der Zünsler *Dioryctria abietella*,
der Wickler *Laspeyresia strobilella*, die Fliege *Kaltenbachia strobi* (bei
diesem fand ich in einem Zapfen der Fichte — *Picea abies* — 362 Larven!),
Hymenopteren *Megastigmus spermophorus* (in der Douglastanne), *Megastigmus seitneri* usw.

Aus diesen wenigen Beispielen geht es klar hervor, daß die Vögel nicht
immer die Substanz einer bestimmten Diaspore verzehren, wenn wir sie
beim „Befressen" beobachten. Dieser Umstand soll bei Deduktionen aus
den Beobachtungen miteinbegriffen (L e v i n a, 1957) werden.

b) Knospen, Blätter, Nadeln und Triebe als Nahrung der Vögel

Die Knospen der Gehölze, entweder schon Blütenknospen, Blattknospen
oder Endknospen, bilden eine bedeutende Nahrung der Vögel. Die Zahl
der Knospenfresser ist bedeutend geringer als z. B. der Diasporenfresser.
Wir finden zwischen diesen Vogelarten keine Fleischfresser, besonders
Insektenfresser und die Mehrheit der Knospenfresser sind vorwiegend

Pflanzenfresser, es sind also verhältnismäßig größere Vogelarten. Durch Vögel sind die Knospen verschiedener Gehölze, verschiedener Herkunft und Verbreitung befressen, anderseits die vorwiegende Mehrheit der Vögel — Knospenfresser, sind borealer, eurosibirischer Herkunft und Verbreitung. Für einige Vogelarten stellen Knospen eine Standardnahrung (wenigstens jahrzeitlich) dar, für andere wieder ist es eine Ersatz-, alternative und gelegentliche Nahrung. Zu Knospenfressern berechnen wir auch jene Vögel, die Kätzchen (Hasel, Birke, Erle) befressen. Sonst, als Knospen im breitem Sinne des Wortes, verstehen wir da Blüten — und vegetative Knospen bis zu ihrem Aufblühen, bzw. Öffnen, damit wir diese — bis es möglich ist — von den Blättern, Nadeln oder Trieben unterscheiden können.

Der Nährwert der Knospen wurde verhältnismäßig wenig untersucht (L a u c k h a r t, 1957) und meistens kennen wir bloß ihre qualitative Zusammensetzung. Knospen enthalten alle drei Hauptnährstoffe (Fette, Eiweißstoffe, Kohlenhydrate), ihr Nährwert ist aber geringer als der Samen und der Diasporen. Außerdem enthalten die Knospen Auxine und Vitamine. Wahrscheinlich der Anwesenheit eben dieser Gruppen organischer Stoffe kann man die Beliebtheit der Knospen durch Vögel, besonders Ende Winter, zuschreiben, wenn ja die Bedürfnis dieser Stoffe die größte ist. Auch Baumkätzchen enthalten Nährstoffe. Nach A r c h a r o v und G o r š k o v (1941) enthalten Birkenkätzchen 15 % Fette und 10 % Kohlenhydrate. Man kann voraussetzen, daß bezüglich der Bevorzugung, ja selektiven Befressens der Blütenknospen durch einige Vögel, diese Knospen, was ihren Nährwert betrifft, wertvoller als die Blattknospen sind. Die Bevorzugung dieser Knospen vor den vegetativen Knospen erwähnen mehrere Autoren (F r y e r, 1939, N o v i k o v, 1956, M a n s f e l d, 1957). Es wird eine wichtige und dankbare Aufgabe der künftigen Forschung sein, die chemische (biochemische) Zusammensetzung der Gehölzknospen und die rhythmischen (tägliche — nächtliche), zyklischen oder Saisonänderungen in der Zusammensetzung der Knospen zu bestimmen. Nur auf Grund dieser Ergebnisse werden wir kausal erklären können z. B. solche Fragen, warum einige Vögel auch bei genügender Menge, auch der bevorzugten Diasporen, von Zeit zu Zeit auf Knospen sich begeben, oder in welchem Zusammenhang steht das Verzehren der Knospen z. B. durch Hühnervögel der Taiga, bzw. der Tundra zur Widerstandsfähigkeit dieser Vögel der niedrigen Temperaturen gegenüber, zu ihrer Vermehrung usw.

Auf Grund der (eher bescheidenen) Angaben der Literatur und eigener Beobachtungen führen wir in einer Liste die Holzarten (und Artengruppen) und dabei die Vogelarten an, die Knospen und Kätzchen (Tabelle 10)

T a b e l l e 10

Übersicht der Holzarten und deren Knospen verzehrenden Vogelarten

Holzart	Vogelart
Taxus baccata	× *Coccothraustes coccothraustes**
Picea abies *orientalis* *sp.*	× *Tetrao urogallus* *Lyrurus tetrix* × *Carduelis spinus* × *Pyrrhula pyrrhula* *Pinicola enucleator* *Carpodacus erythrinus* × *Loxia curvirostra*
Abies alba *sibirica* *sp.*	× *Tetrao urogallus* × *Garrulus glandarius* × *Loxia curvirostra* × *Fringilla coelebs*
Pseudotsuga menziesii	*Lyrurus tetrix*
Pinus silvestris *nigra* *mugo* *cembra* *sp.*	× *Tetrao urogallus* *Lyrurus tetrix* *Bombycilla garrulus* × *Coccothraustes coccothraustes* × *Carduelis spinus* *Pinicola enucleator* *Carpodacus erythrinus* × *Loxia curvirostra* *Loxia leucoptera* *Loxia pytyopsittacus*
Larix decidua *sibirica* *leptolepis* *sp.*	× *Tetrao urogallus* *Lyrurus tetrix* × *Coccothraustes coccothraustes* × *Carduelis spinus* × *Chloris chloris* × *Pyrrhula pyrrhula* *Pinicola enucleator* *Carpodacus erythrinus* × *Loxia curvirostra* × *Fringilla coelebs*

Holzart	Vogelart

Thuja occidentalis
    orientalis
    plicata
	Bombycilla garrulus
	× *Chloris chloris*

Juniperus communis	*Tetrao urogallus*

Populus alba
    nigra
    tremula
    canescens
    euroamericana
	Lyrurus tetrix
	Lagopus lagopus
	× *Tetrastes bonasia*
	Dendrocopos major
	× *Bombycilla garrulus*
	× *Coccothraustes coccothraustes*
	× *Chloris chloris*
	× *Pyrrhula pyrrhula*
	Loxia curvirostra
	× *Fringilla montifringilla*

Salix alba
    fragilis
    caprea
    viminalis
    herbacea
    sp.
	Lagopus lagopus
	Lyrurus tetrix
	Tetrastes bonasia
	× *Bombycilla garrulus*
	× *Coccothraustes coccothraustes*
	Pinicola enucleator
	× *Pyrrhula pyrrhula*

Betula pendula *sp.*	*Lagopus lagopus* *Lyrurus tetrix* *Tetrao urogallus* × *Tetrastes bonasia* *Pinicola enucleator* × *Pyrrhula pyrrhula*

Alnus incana
    glutinosa
    viridis
	Lagopus lagopus
	Lyrurus tetrix
	Tetrastes bonasia
	Turdus pilaris
	× *Coccothraustes coccothraustes*
	Carduelis cannabina
	Loxia curvirostra

Carpinus betulus	× *Coccothraustes coccothraustes* × *Chloris chloris*

Holzart	Vogelart
Corylus avellana *colurna*	*Lyrurus tetrix* × *Tetrastes bonasia* × *Coccothraustes coccothraustes* *Passer domesticus*
Fagus silvatica	× *Tetrao urogallus* × *Tetrastes bonasia* × *Columba palumbus* × *Garrulus glandarius* × *Coccothraustes coccothraustes* *Fringilla coelebs* × *Pyrrhula pyrrhula*
Quercus robur *petraea* *cerris* *sp.*	*Columba palumbus* × *Garrulus glandarius* *Parus major* × *Parus caeruleus* *Parus ater* *Parus palustris* *Bombycilla garrulus* × *Coccothraustes coccothraustes* *Chloris chloris* × *Pyrrhula pyrrhula*
Ulmus glabra *carpinifolia* *laevis*	*Bombycilla garrulus* × *Coccothraustes coccothraustes* × *Chloris chloris* × *Pyrrhula pyrrhula*
Berberis sp.	*Passer domesticus*
Ribes rubrum *petraeum* *uva-crispa*	*Carduelis citrinella* × *Pyrrhula pyrrhula* × *Fringilla coelebs* × *Passer domesticus* *Passer montanus*
Pirus communis	*Lyrurus tetrix* × *Bombycilla garrulus* × *Pyrrhula pyrrhula* × *Fringilla coelebs* × *Passer domesticus* × *Passer montanus*

(Fortsetzung)

Holzart	Vogelart
Malus pumila	× Carduelis carduelis × Pyrrhula pyrrhula Fringilla coelebs × Passer domesticus Passer montanus
Cydonia vulgaris	Passer domesticus
Chaenomeles japonica	× Coccothraustes coccothraustes × Pyrrhula pyrrhula
Amelanchier canadensis	Pyrrhula pyrrhula
Crataegus oxyacantha monogyna	× Coccothraustes coccothraustes × Chloris chloris × Pyrrhula pyrrhula
Sorbus aucuparia	Lagopus lagopus Tetrastes bonasia
Prunus domestica	× Coccothraustes coccothraustes × Chloris chloris Carduelis carduelis × Pyrrhula pyrrhula × Fringilla coelebs × Fringilla montifringilla × Passer domesticus Passer montanus
spinosa	× Coccothraustes coccothraustes × Chloris chloris × Pyrrhula pyrrhula
avium	Parus caeruleus × Coccothraustes coccothraustes × Chloris chloris × Pyrrhula pyrrhula × Passer domesticus
amygdalus	Columba palumbus Pyrrhula pyrrhula
Wistaria sp.	Chloris chloris

Holzart	Vogelart
Euonymus alata europaea	× Pyrrhula pyrrhula × Fringilla coelebs
Acer campestre pseudoplatanus platanoides	Columba palumbus × Coccothraustes coccothraustes × Pyrrhula pyrrhula Loxia curvirostra
Tilia platyphylla cordata	Tetrastes bonasia Bombycilla garrulus × Coccothraustes coccothraustes × Passer domesticus
Lonicera sp.	Pyrrhula pyrrhula
Weigelia florida	Pyrrhula pyrrhula
Forsythia viridissima	× Pyrrhula pyrrhula Passer domesticus
Syringa vulgaris	× Pyrrhula pyrrhula Passer domesticus

* Bemerkung: Die mit × bezeichneten Arten sind eigene Beobachtungen.

befressen. Insgesamt handelt es sich um 38 Holzarten (Gruppen), deren Knospen durch 30 Vogelarten in Europa befressen sind.

Eine Holzart hat im Mittel 4 Vogelarten, die deren Knospen befressen, wobei das Maximum 10 Vogelarten für 1 Holzart macht. Die Knospen der meisten Holzarten werden nur durch 1 Vogelart befressen. Aus den angeführten Holzarten wurden durch Vögel am meisten Knospen der Fichten und Lärchen von Nadelhölzern, der Pappeln und Eichen von Laubhölzern befressen.

Eine Vogelart befrißt im Mittel Knospen von 4 Holzarten, das Maximum macht 24 Holzarten. Die meisten Vogelarten befraßen nur 1 Knospenart, d. h. die meisten Arten sind gelegentliche Knospenfresser.

Aus den angeführten Vögeln werden die meisten Knospenarten durch Gimpel (Pyrrhula pyrrhula), Kernbeißer (Coccothraustes coccothraustes), Grünfinke (Chloris chloris) und Haussperlinge (Passer domesticus), also durch Finkenarten (*Fringillidae*) befressen. Es sind wieder arboreale Vogelarten, ähnlich wie die Diasporenfresser. Aus den Waldhühnern sind die meisten Holzarten, bzw. ihre Knospen durch Birkhühner (*Lyrurus tetrix*) befressen. Vogelarten, die mehr als 4 Knospenarten, also mehr als die Mittelzahl ist, befressen, halten wir für dominante, obligatorische, die andere Vogelarten für fakultative, gelegentliche Knospenfresser. Die dominanten knospenfressenden Vögel in absteigender Reihenfolge sind (in Klammern ist die Anzahl der befressenen Knospenarten): Gimpel (*Pyrrhula pyrrhula* — 24), Kernbeißer (*Coccothraustes coccothraustes* — 18), Grünfink (*Chloris chloris* — 11), Haussperling (*Passer domesticus* — 11), Birkhuhn (*Lyrurus tetrix* — 10), Buchfink (*Fringilla coelebs* — 8), Seidenschwanz (*Bombycilla garrulus* — 8), Haselhuhn (*Tetrastes bonasia* — 7), Auerhuhn (*Tetrao urogallus* — 7), Hackengimpel (*Pinicola enucleator* — 5), Schneehuhn (*Lagopus lagopus* — 5).

Wir haben keine Angaben über das Befressen der Gehölzknospen durch das Alpenschneehuhn (*Lagopus mutus*) und das Moorschneehuhn (*Lagopus scoticus*), die gewiß Knospen befressen. Auch Angaben über das Knospenfressen des Fasans (*Phasianus*) gibt es wenig, wenn auch sicher ist, daß dieser Vogel Holzknospen befrißt.

Unsere Liste (Tabelle 10) ist kaum vollkommen. In der Literatur sind Angaben auch über andere Vogelarten, aber meistens mit Anmerkung „befrißt Knospen verschiedener Holzarten" ausgedrückt, was wir in diesem Absatze nicht benützen konnten. Wie mir aber bekannt ist, ist diese Liste der Knospenarten und der sie befressenden Vogelarten die vollkommenste in der bisherigen Literatur. Auch trotz der Unvollständigkeit der Angaben tritt hier deutlich die bereits bei dem Befressen der Diasporen durch Vögel ausgesprochene Gesetzmäßigkeit hervor: die meisten Knospenarten sind durch nur wenige Vogelarten befressen und umgekehrt, die meisten Vogelarten befressen nur einige wenige Knospenarten.

Finken (*Fringillidae*) verzehren keine ganze Knospen, aber sie picken nur das Innere und die Anlage aus, während die Deckblätter werfen sie weg. Auf diesen ist nämlich bei der Mehrheit der Holzarten eine Wachsschicht vorhanden und das Wachs ist — vielleicht außer der Honigkuckuckart (*Indicator*) — für alle Vögel unverdaubar. So werfen Gimpel (*Pyrrhula pyrrhulla*), Buchfinke (*Fringilla coelebs*), Bergfinke (*Fringilla montifringilla*), Haussperlinge (*Passer domesticus*), Grünfinke (*Chloris chloris*) Deckblätter der Pflaume (*Prunus domestica*), Süßkirsche (*Prunus avium*), Berg-Ahorn (*Acer pseudoplatanus*), Lärche (*Larix decidua*) ab. Andere Arten, wie z. B. der Fichtenkreuzschnabel (*Loxia curvirostra*), picken das Innere der Knospen der Fichte, Tanne und Lärche aus, dabei bleiben aber die Knospen selbst auf dem Triebe.

Einige Vogelarten befressen ganze Knospen (wenigstens bei einigen Holzarten), wie z. B. der Seidenschwanz *(Bombycilla garrulus)*, das Auerhuhn *(Tetrao urogallus)*, das Birkhuhn *(Lyrurus tetrix)*, das Haselhuhn *(Tetrastes bonasia)*, das Schneehuhn *(Lagopus lagopus)* und die Ringeltaube *(Columba palumbus)*.

Nicht alle Knospen sind durch alle knospenfressende Vögel gleichmäßig befressen. Allgemein kann man sagen, daß von den Vögeln Blütenknospen (manchmal bereits ausgebildete Blüten, aus denen sie nur die Fruchtanlage auspicken, d. h. die künftige Frucht, und die Fruchtblätter herunterwerfen: der Sperling — *Passer*, der Gimpel — *Pyrrhula*, der Bergfink — *Fringilla montifringilla*, der Buchfink — *Fringilla coelebs* usw.) vor den Blattknospen und Endknospen bevorzugt sind. Neben unseren eigenen Beobachtungen schreiben darüber L i n d r o t h - L i n d g r e n, 1950, F r y e r, 1939, B u s h, 1955, N o v i k o v, 1956, T a y l o r - R i d p a t h, 1956, M a n s f e l d, 1957. Dagegen A n o n y m u s, 1956, und auch eigene Beobachtungen beweisen, daß das Auerhuhn *(Tetrao urogallus)* — wenigstens bei Arten der Gattung Kiefer *(Pinus)* — Endknospen, Vegetativknospen bevorzugt, was auch mit Erfahrungen der Forstmänner übereinstimmt.

Die Hauptzeit des Befressens der Knospen durch Vögel ist Spätherbst, Winter, überwiegend aber Ende Winter und Anfang Frühling. In Mitteleuropa begeben sich Finkenarten *(Fringillidae)* an Knospen hauptsächlich von Jänner bis April. Es ist die Zeit der Aktivierung der Knospen. Was die Tageszeit anbelangt, sind viele Beweise darüber, daß Vögel — wieder hauptsächlich Finken *(Fringillidae)* — die Knospen früh am Morgen (F r y e r, 1939) befressen. Wir beobachteten, daß der Schnee unter den Pflaumen *(Prunus domestica)*, der am Abend noch rein war, in der Früh, bereits bei Morgengrauen, mit heruntergeworfenen Knospenresten besät war. Dagegen beobachteten wir das Befressen der Knospen der Stachelbeeren *(Ribes uva-crispa)* durch den Gimpel *(Pyrrhula pyrrhula)* und an dem Gemeinen Flieder *(Syringa vulgaris)* auch am Tage. In dieser Hinsicht sind gleichfalls genaue und langfristige Beobachtungen notwendig.

Falls aber eine zeitliche Selektion im Befressen der Knospen, und zwar sowohl eine jahreszeitliche, als auch eine tageszeitliche besteht, kann man diese bloß mit Nahrungsbedürfnissen der Vögel kaum erklären, sondern eher mit biochemischen Änderungen, die in den Knospen zyklisch oder rhythmisch verlaufen. So kann man auch das zeitlich eng begrenzte Befressen der Knospen z. B. durch die Meisenartigen *(Parus)* erklären, was B e t t s, 1955, an der Eiche beobachtete, oder es sind eigene Beobachtungen mit dem Befressen der Knospen der Kanadischen Pappelarten *(Populus euroamericana)* durch den Großen Buntspecht — *Dendrocopos major* (gleichfalls das Lecken dieser Knospen im Frühling, speziell der Balsam-pappel).

Eine besondere Erwähnung verdient das selektive Befressen der Knospen nur an einigen Bäumen, Individuen und auch gleichartigen Beständen oder Kulturen (Anlagen, Alleen; darüber schreiben Taylor—Ridpath, 1956, Lindroth—Lindgren, 1950, Novikov, 1956, Turček, 1957, Mežennyj, 1957). Falls das Befressen der Knospen durch Vögel zufällig oder gleichmäßig wäre, wären durch das Befressen alle Bäume gleichmäßig betroffen. Dies ist aber nicht der Fall und — wie es aus Angaben der Literatur und aus eigenen Beobachtungen hervorgeht — in Mehrzahl, wenigstens wenn es sich um Finkenarten (Fringillidae) oder Waldhühner (Tetraonidae) handelt — werden die Knospen an einigen Bäumen konzentriert befressen, sogar wiederholt mehrere Jahre hindurch (Lindroth—Lindgren, 1950, Novikov, 1956, Turček, 1957) an den gleichen Bäumen, Sträuchern. So z. B. das Auerhuhn (Tetrao urogallus) befrißt die Knospen derselben Waldkiefer (Pinus silvestris) jahrelang hindurch, ähnlich der Gemeinen Fichte (Picea abies — an Poľana, eigene Beobachtungen) oder der Gimpel (Pyrrhula pyrrhula) und der Bergfink (Fringilla montifringilla) die Knospen an denselben Pflaumen (Prunus domestica), wobei — mit Rücksicht auf die Lebensdauer dieser Vögel — es im jeden Winter gewiß um andere Individuen geht, um anderen Teil der Population. Es erinnert uns an das selektive Befressen der Samen, wie wir es im Zusammenhang mit der Gemeinen Fichte (Picea abies) und dem Fichtenkreuzschnabel (Loxia curvirostra) erwähnt haben. Es ist dabei bemerkenswert, daß die Bäume, Sträucher, die so bevorzugt (wir könnten ja sagen: betroffen) werden, durch irgendeine Eigenschaft, wenigstens auf ersten Blick, von den übrigen sich unterscheiden. So schreiben Lindroth—Lindgren, daß das Auerhuhn (Tetrao urogallus) für das Befressen der Knospen der Waldkiefer Randbäume, einzelnstehende, eingemischte, besonders überherrschende, oder umgekehrt, im Wachstum zurückgebliebene Bäume wählt. Wir beobachteten, daß eine Gruppe von Pflaumen (Prunus domestica), die jeden Winter durch Gimpel (Pyrrhula pyrrhula), Haussperlinge (Passer domesticus), Buchfinken (Fringilla coelebs), Bergfinken (Fringilla montifringilla), bzw. durch andere Vögel besucht und in bedeutendem Maße von Knospen beraubt wurde, daß diese Gruppe durch schmarotzende Pilze (Monilia cinerea — Sclerotinia) schwer befallen wurde. Ob dieser Befall als Ursache oder als Folge des systematischen Befressens der Knospen den Vögeln zuzuschreiben ist, kann nicht behauptet werden. Man kann aber voraussetzen, daß es eine biochemische Eigenschaft der Knospen einiger Individuen ist, die optisch vernehmbar ist und in einer Korrelation mit dem

selektiven Befressen steht, ähnlich, wie es bei einigen Diasporen — und
wie wir ersehen auch Säften — der Holzarten der Fall ist. Dies ist aber
nur eine Hypothese, die einer Bestätigung bedürfte. F r y e r (1939),
der das Befressen der Knospen hauptsächlich der Obstbäume beobachtete, fand keine bedeutende Bevorzugung einiger Kultursorten
dieser Gehölze. Bei dem selektiven Befressen der Knospen kann man —
mit Hinsicht auf die Eigenschaften der befallenen Individuen der Holzarten — die Voraussetzung einer ökologischen, selbstverständlich kausal
begründeten Regelung annehmen.

Was die biologischen Folgen des Befressens der Knospen sowohl auf das
Individuum, als auch auf die Holzart, und endlich was die Folgen auf die
Gemeinschaft (Biozönose) anbelangt, sind wir an Hypothesen angewiesen.
Die offensichtliche Folge des Befressens der Blütenknospen ist die Herabsetzung der potentiellen oder der Anfangsanzahl der künftigen Diasporen. Dies tun die Holzarten häufig spontan, oder unter dem Einfluß
äußerer Umstände, wie es Pilzkrankheiten, Insektenschädlinge und Witt-
terungseinflüsse sind. Aus eigenen Beobachtungen kenne ich keinen Fall
gänzlicher Vernichtung der Blütenknospen und in der Literatur fanden
wir ein Anzeichen darüber nur bei T a y l o r — R i d p a t h, 1956, an der
Stachelbeere *(Ribes uva-crispa)* durch den Gimpel *(Pyrrhula pyrrhula).*
Eine weitere Folge des Befressens der vorwiegend vegetativen Knospen
besteht aus der Herabsetzung des Auxinenstandes in der Holzart, auf
Grund lauter quantitativen Betrachtung. Ein Übermaß der Auxine verursacht — falls eine bestimmte Grenze überschritten ist — die Herabsetzung hauptsächlich des Höhen- und Stärkezuwachses der betroffenen
Holzart (C z a r n o w s k i, 1950). Und so mit der Beseitigung eines Teils
der Knospen — in denen sich die Auxine aktivieren und wahrscheinlich
sich auch bilden — kann, potentiell, der normale, den Umständen des
Standortes entsprechende Zuwachs der Holzart erhalten werden. Die
Beseitigung eines Teils der Blatt- und Endknospen manifestiert sich auch
in der Verkleinerung der Assimilationsfläche, die wieder in Korrelation
mit der Wurzelmasse und mit der Lage der Holzart im Raume steht. Dies
sind aber Deduktionen spekulativen Charakters. Wieder eine sichtbare
Folge des Befressens der Endknospen ist die Zerlegung, die Verdichtung
der Baumkrone der Holzart (N o v i k o v, 1956, eigene Beobachtungen)
und die Änderung der Architektonik der Baumkrone (L i n d r o t h —
L i n d g r e n, 1950, M e ž e n n y j, 1957, eigene Beobachtungen). Von bio-
zönologischem Gesichtspunkte aus kann das selektive Befressen der
Knospen — im Sinne der bereits erwähnten ökologischen Autoregulation —
die allmähliche Herabsetzung der Reproduktionsmöglichkeit und der
weiteren Verbreitung einiger Arten, ökologischen Typen der Holzarten

innerhalb der Gemeinschaft und (oder) das allmähliche Ausschalten
entweder aus der Gemeinschaft, oder von nicht standortmäßigen (?) Formen, Ökotypen u. a. als Folge haben (vgl. mit dem Saftgenuß von Gehölzarten).

So wie bei Gehölzdiasporen als auch bei Knospen kommt es durch die
Vögel zum „scheinbaren Befressen". Die Knospen enthalten häufig bis zu
der Entwicklung der Früchte oder der Blätter Gliedertiere, die sich von
der Knospe ernähren, oder in der sie ein gewisses Stadium ihrer
individuellen Entwicklung durchmachen. So führt T u r č e k, 1951, und
P f ü t z e n r e i t e r, 1957, an, daß Lärchenknospen (*Larix decidua*) im
Winter durch Gimpel (*Pyrrhula pyrrhula*) massenhaft ausgepickt wurden,
diese Knospen waren aber durch die Gallenmücke (*Dasyneura laricis*) befallen. F r y e r, 1939, beschreibt das Auspicken der Knospen der Ulme
(*Ulmus glabra*) durch die Blaumeise (*Parus caeruleus*), befallen durch die
gallenbildende *Contarinia sp.*

Ich beobachtete Tannenmeisen (*Parus ater*), die die Knospen der
Weißtanne (*Abies alba*) auspickten, in denen Raupen von Tannenknospen-
wickler (*Epiblema nigricana*) siedelten. Die Knospen der Pappeln, hauptsächlich aber der Silber-Pappel (*Populus alba*) und der Grau-Pappel (*Populus canescens*), sowie die Kätzchen dieser Holzarten, wurden massenweise früh im Frühling ausgepickt, und zwar durch Stieglitze (*Carduelis
carduelis*), Grünfinke (*Chloris chloris*), Feldsperlinge (*Passer montanus*),
Kohlmeisen (*Parus major*), Blaumeisen (*Parus caeruleus*), Sumpfmeisen
(*Parus palustris*), die aber keine Substanz der Knospen und Kätzchen, sondern Larven kleiner Rüsselkäfer (*Curculionidae*, z. B. *Do-
rytomus sp.*), die in diesen massenweise vorgekommen sind (T u r č e k,
1957), befressen. Ähnlich beobachteten wir eine Blaumeise (*Parus caeruleus*), die Ende Winter und früh im Frühling aus Birkenkätzchen (*Betula
pendula*) Wicklerraupen von *Argyresthia goerdartella* und von *Epiblema
pencleriana* auspickte; ein Haussperling (*Passer domesticus*) pickte wieder
aus Blüten eines Apfelbaumes Rüsselkäfer (*Otiorrhynchus aurosparsus*
und *Anthonomus pomorum*) aus.

Wir beobachteten an Poľana, daß Buchfinke (*Fringilla coelebs*) und
Meisen (*Parus div. sp.*) aus noch wachsenden Blütenknospen, bzw. aus
wachsenden Fruchtkörpern der Rotbuche (*Fagus silvatica*) Raupen des
Frostspanners (*Cheimatobia boreata*) auspickten. Ähnlich nahm der Kleine
Buntspecht (*Dendrocopos minor*) aus den Knospen der Esche (*Fraxinus
excelsior*) Raupen von *Prays curtisellus* aus und F r y e r, 1939, gibt
das Aufpicken der Aphiden *Periphyllus testudinatus* von den Knospen
des Berg-Ahorns (*Acer pseudoplatanus*) durch Meisen (*Parus*) an.

Endlich das Abpicken der Knospen, bzw. Blüten und Blütenknospen kann im Rahmen der Liebesspiele (display) — wie wir es bei dem australischen *Amblyornis inornatus* kennen — bei jenen Vogelarten vorgehen, die nicht besonders stimmenbegabt sind. F r y e r, 1939, erwähnt in diesem Zusammenhang den Buchfink *(Fringilla coelebs)* und die Blüten der Pflaume *(Prunus)* und des Apfelbaumes *(Malus)*.

Ausgeblühte Kätzchen verschiedener Weidenarten *(Salix)* sind durch Vögel sehr besucht. Die Substanz selbst der Kätzchen ist aber nicht befressen und die Kohlmeise *(Parus major)*, die Blaumeise *(Parus caeruleus)*, der Waldlaubsänger *(Phylloscopus collybita)*, der Weidenlaubsänger *(P. trochilus)*, der Blattlaubsänger *(P. sibilatrix)* usw. sammeln von den Kätzchen die Insekten, die hier besonders häufig vorkommen. Solche Kätzchen haben eine beträchtliche Bedeutung in der Nahrung der Vögel im Frühling, hauptsächlich aber bei durchziehenden Arten (T u r č e k, 1957).

Also nicht jedes Anpicken, Auspicken der Knospen oder Blüten ist mit ihrem Befressen verbunden. Manchmal, besonders falls es um insektenfressende Vogelarten (nicht aber ausschließlich diese) geht, handelt es sich um Befressen kleiner Wirbellosen *(Evertebrata)* in Knospen, Blüten und Kätzchen. Die Beobachtungen über das Befressen der Knospen sollen deshalb um so gründlicher und nach Möglichkeit mit Magenanalysen der Vögel verbunden sein. Dieses „scheinbare Befressen" — wie wir es genannt haben — hat jedoch seine Bedeutung auch darin, daß die Knospen der Vögel auch eine Ersatznahrung nebst eigener Substanz bieten.

Quantität der durch Vögel befressenen Knospen (Kätzchen)

Wir haben nur wenig quantitative Angaben — sowohl relative, als auch absolute — über das Befressen der Knospen durch Vögel zur Verfügung. Es sind Beobachtungen in der Natur, Magenanalysen der Vögel und Ernährungsversuche.

T a y l o r und R i d p a t h (1956) führen an, daß im Magen von 10 Vögeln (wahrscheinlich geht es um Gimpel — *Pyrrhula pyrrhula*) 110 Stachelbeerknospen *(Ribes uva-crispa)* neben 76 Knospenfragmenten und unbestimmten Knospen anderer Holzarten gefunden wurden. N o v i k o v (1956) fand im Kropfe eines Haselhuhns *(Tetrastes bonasia)* 832 Knospen von Grauerle *(Alnus incana)*, der Birke *(Betula pendula)*, der Eberesche *(Sorbus aucuparia)* und Weide *(Salix sp.)*.[9] B u s h (1955) gibt an, daß in einem Winter die Kernbeißer *(Coccothraustes coccothraustes)*, Meisen *(Pa-*

---

[9] M a n s f e l d (1957) erwähnt im Kropfe eines Haselhuhns *(Tetrastes bonasia)* 223 Birkenknospen *(Betula pendula)*.

rus sp.) und Rabenvögel (*Corvus sp.*, die Art war nicht genannt) über 90 %
aller Blütenknospen verschiedener Obstbäume, hauptsächlich aber der
Birne (*Pyrus communis*) in den Gärten von Kent vernichteten. E r k a m o
(1948) untersuchte das Maß des Befressens der Knospen des Flieders
(*Syringa vulgaris*) und schreibt, daß ein Gimpel (*Pyrrhula pyrrhula*) im
März von 412 ursprünglichen Knospen an 7 Versuchsästen 143, d. h. 35 %
der ganzen Anzahl befraß. M a n s f e l d (1957) schreibt über 40 Knospen
im Kropfe eines Birkhuhns (*Lyrurus tetrix*) und über 1500 Knospen der
Koniferen der Kiefer (*Pinus*) und der Fichte (*Picea*) im Kropfe eines
Auerhuhns (*Tetrao urogallus*). N i e t h a m m e r und P r z y g o d d a
(1954) führen an, daß in einigen Kröpfen der erlegten Ringeltauben
(*Columba palumbus*) ausschließlich Blütenknospen der Rotbuche (*Fagus
silvatica*) und des Ahorns (*Acer sp.*) gefunden worden. Ich erlegte im
März eine Ringeltaube (*Columba palumbus*), die im Kropfe 200 Knospen
der Rotbuche (*Fagus silvatica*) hatte und dabei Reste, Bruchteile von
dieser, deren Anzahl nicht bestimmt werden konnte. An Polana im
April — Mai fand ich die Losung von Auerhühnern (*Tetrao urogallus*), die
fast ausschließlich von Deckschuppen der Buchenknospen bestand. Auf
den bereits erwähnten, durch Moniliose befallenen und von Vögeln systematisch besuchten Pflaumen (*Prunus domestica*) pflegen die Knospen —
hauptsächlich Blütenknospen — Ende Winter von 50—90 % befressen
werden, jedoch diese Bäume bringen noch Ernte.

Ende Winter, Anfang Frühling, also in der Zeit, als die Knospen der
Gehölze in der Natur am meisten befressen werden, führte ich Fütte-
rungsversuche mit dem Befressen verschiedener Knospen mit einem
Kernbeißer (*Coccothraustes coccothraustes*), teilweise mit einem Grünfink
(*Chloris chloris*) durch. Außer den Knospen bekamen die Vögel nur
Wasser. Man betrachtete die Zahl der verzehrten Knospen während einer
Zeiteinheit (Tag) und die Selektion der Knospen einerseits nach Holzart,
andererseits nach funktioneller Qualität der Knospen. Die Ergebnisse führen
wir in der Tabelle 11 an.

T a b e l l e 11

Holzart	Anzahl der					
	Seitenknospen			Endknospen		
	vorgelegt	gefressen		vorgelegt	gefressen	
		Stück	%		Stück	%
Prunus avium	477	336	70	62	21	34
Quercus petraea	622	150	24	50	29	58
Carpinus betulus	103	14	13	15	10	63

Die Wahrscheinlichkeit des zufälligen, nicht selektiven Befressens der Knospen ist bei allen Holzarten und Knospen $P < 0,01$. Die χ^2-Werte für einzelne Holzarten sind:

$$Prunus\ avium = 11,1$$
$$Quercus\ petraea = 19$$
$$Carpinus\ betulus = 10.$$

Daraus ergibt sich: die Seitenknospen (hauptsächlich Blütenknospen) der Süßkirsche *(Prunus avium)* wurden statistisch gesichert mehr wie die Endknospen verzehrt. Die Endknospen der Wintereiche *(Quercus petraea)* wurden gesichert mehr als die Seitenknospen verzehrt. Ähnlich ist es mit der Weißbuche *(Carpinus betulus)*.

Die tägliche Konsumtion der Knospen machte in diesem Versuch von der Süßkirsche *(Prunus avium)* 224, 133 und 19 Stück, von der Wintereiche *(Quercus petraea)* 103, 76, 73, von der Weißbuche *(Carpinus betulus)* 24 und von dem Berg-Ahorn *(Acer pseudoplatanus)* 16 Stück aus. Es ist erwähnungswert, daß diese Versuche Mitte März mit fast ruhenden Knospen durchgeführt wurden. Ende April, als die Knospen aktiv waren und angeschwämmt geworden sind, betrug die tägliche Konsumtion durch denselben Vogel von Knospen der Süßkirsche *(Prunus avium)* nur 19 Stück und von Knospen der Wintereiche *(Quercus petraea)* nur 73 Stück (aus diesen wieder 34 Endknospen), dabei war das Gewicht der verzehrten Knospen im März und April ungefähr gleich, d. h. 7 bis 9 g frischer Substanz täglich. Daraus kann man ausführen, daß je später die Vögel die Knospen verzehren, desto kleinere Anzahl deren vernichtet wird, und umgekehrt. Der Versuchsvogel bei reiner Knospennahrung hat fast 10 % seines Körpergewichtes verloren, was darauf zeigt, daß er sich in der Natur kaum aus lauter Knospennahrung ernährt und deshalb sind unsere Versuchsergebnisse über die Anzahl der täglich verzehrten Knospen als maximal, bzw. potentiell zu betrachten.

Bei einem eintäglichen Versuche verzehrte ein Grünfink 48 Seitenknospen der Süßkirsche *(Prunus avium)* aus den 57 und 1 Knospe der Weißbuche *(Carpinus betulus)* aus 22 Stück angebotener Menge.

Im Zusammenhang mit der Selektion der Knospen soll es noch erwähnt werden, daß sehr häufig männliche Knospen (z. B. an der Weißtanne — *Abies alba)* durch die Vögel bevorzugt werden, darüber sind aber kein genügendes Material und Beweise vorhanden.

Während Blätter der Laubholzarten — die sich bereits nicht in Knospen entwickelten — als Nahrung der Vögel nur ausnahmsweise und meistens zufälligerweise mit anderer Nahrung genommen als Bestandteil der Holzart vorkommen, bilden die Nadeln der Koniferen eine verhältnismäßig häufige Nahrung der Vögel.

Einige Vögel — hauptsächlich Sperlinge (*Passeres*) und Spechte (*Pici*) — befressen die Nadeln und zwar hauptsächlich die soeben ausgeschossenen, also die frischen nur gelegentlich. Die Nadeln bilden also keinen wesentlichen und bedeutenden Teil ihrer Nahrung. Es sind weiter: Unglückshäher (*Cractes infaustus*), Bergfinke (*Fringilla montifringilla*), Singdrosseln (*Turdus ericetorum*), Weindrosseln (*Turdus musicus*), Fichtenkreuzschnäbel (*Loxia curvirostra*), Kieferkreuzschnäbel (*Loxia pytyopsittacus*) (N o v i k o v, 1956), die die Nadeln der Fichte (*Picea abies*) und der Fichtenarten (*Picea sp.*) befressen. Ferner befressen Wacholderdrosseln (*Turdus pilaris*, N o v i k o v, 1956, N e i f e l d t, 1958) und der Große Buntspecht (*Dendrocopos major*, N o v i k o v, 1956, P y n n ö n e n, 1943) die Nadeln der Fichte in den Frühlingsmonaten. Ich beobachtete einen Eichelhäher (*Garrulus glandarius*), der im Frühling junge, soeben ausgeschossene Triebe der Weißtanne (*Abies alba*) befraß.

Nur wenig Vogelarten verzehren die Nadeln systematisch oder das ganze Jahr hindurch. Hier muß man in erster Reihe das Auerhuhn (*Tetrao urogallus*) anführen, das für solche Nahrungsart auch morphophysiologisch, namentlich für das Spalten der Zellulose in dem Blinddarm (caeca) angepaßt ist. Dieser Vogel befrißt die Nadeln der Fichte (*Picea abies*), der Waldkiefer (*Pinus silvestris*), der Latsche (*Pinus mugo*), der Zirbelkiefer (*Pinus cembra*), der Weißtanne (*Abies alba*), der Lärche (*Larix decidua*), des Gemeinen Wacholders (*Juniperus communis*) (N o v i k o v, 1956, L i n d r o t h — L i n d g r e n, 1950, A n o n y m u s, 1956, u. a., sowie auch eigene Beobachtungen). Nach N o v i k o v (1956) beträgt die tägliche Konsumtion des Auerhuhns (*Tetrao urogallus*) etwa 200 g Nadeln der Waldkiefer (*Pinus silvestris*). Die Nadeln der Fichte und der Kiefer werden auch durch das Birkhuhn (*Lyrurus tetrix*) befressen (N o v i k o v, 1956). Ähnlich wie die Knospen werden auch Nadeln von diesen Waldhühnern, hauptsächlich aber durch das Auerhuhn (*Tetrao urogallus*), selektivweise nur von einigen Bäumen, gewöhnlich von einzelstehenden, Randbäumen, unterdrückten, verkrümmten, oder wieder überherrschenden Individuen befressen. Dabei wiederholt sich so das Befressen vom Jahre zu Jahre und es kann zur Vernichtung (zönologisch ausgedrückt: zur Ausschaltung aus der Gemeinschaft) des Individuums — Baumes führen (N o v i k o v, 1956).

Ähnlich wird das Befressen der Nadeln der Waldkiefer (*Pinus silvestris*) vom L i n d r o t h und L i n d g r e n, 1950, gewertet und es wird erwähnt, daß aus solchen Bäumen in einem Winter das Auerhuhn 5 bis 10 % der Nadeln, und zwar vom Wipfel bis zur Mitte der Baumkrone befrißt. Ähnlich schreibt M e ž e n n y j (1957) im Zusammenhang mit *Tetrao parvirostris* und der Sibirischen Lärche (*Larix sibirica*).

Die Triebe, und zwar hauptsächlich die bereits nicht verholzten Triebe der weichen Laubhölzer befressen alle Waldhühner, jedoch der Hauptkonsument dieser ist das Schneehuhn (*Lagopus lagopus*). N o v i k o v (1956) gibt an, daß dieser Vogel für ein Mahl bis 20 laufende Meter dünner Birken- und Weidentriebe frißt, und zugleich bemerkt, daß solches Befressen eine Verdichtung der Krone der betroffenen Bäume als Folge hat. Der Nährwert der dünnen Triebe der Laubhölzer ist nach N o v i k o v, 1956, annähernd gleich als eines guten Wiesenheus, höher im Winter und geringer im Sommer.

Im Frühling sind die jungen Blätter der Birke durch den Hackengimpel (*Pinicola enucleator*) und den Gimpel (*Pyrrhula pyrrhula*) befressen, während die jungen Blätter der Zitterpappel (*Populus tremula*) sind durch das Auerhuhn (*Tetrao urogallus*) abgepickt und befressen (N o v i k o v, 1956). In diese Gruppe der Vogelnahrung gehören auch die Keimblätter und Hypokotyle einiger Sämlinge der Gehölze. Über dies wird im Absatz über die Beschädigung der Holzarten durch Vögel behandelt.

c) Säfte der Gehölze als Nahrung der Vögel

Über die Konsumtion des Gehölzsaftes durch Vögel haben wir Beobachtungen nur aus neuerer Zeit, aus dem 19. und 20. Jahrhundert, während das Befressen der Gehölzdiasporen war bereits im Altertum bekannt.

Im nearktischen Gebiet war es bereits Ende des vergangenen Jahrhunderts bekannt, daß einige Arten der Spechte (*Pici*) die Rinde der Bäume bemeiseln und ihre Säfte auflecken. Daraus ergeben sich auch die Benennungen einiger Spechte in der englischen Volkssprache, als „sapsucker". In Europa ähnliche Tätigkeit — das Bemeiseln der Rinde, die sog. Ringelung — der Spechte war gleichfalls bereits im vergangenen Jahrhunderte (Altum) bekannt und die betroffenen Bäume bezeichnet man in der deutschen Forstliteratur als „Wanzenbäume", woraus man ausführen kann, daß die Spechte ähnlich wie die Wanzen und andere Rhynchoten vorgehen. Kausal wurde aber diese Tätigkeit einiger Spechte bis vor kurzem nicht erklärt und man suchte eher nach Erläuterungen teleologischen Charakters: ein Anlocken der Insekten an die Säfte der Bäume, ein Schleifen des Schnabels usw. In den dreißiger Jahren dieses Jahrhunderts ging — hauptsächlich in der forstlichen Literatur — eine umfangreiche Polemik über die Art und Ursache der sog. Ringelung der Bäume durch Spechten durch (vgl. T u r č e k, 1959) und bereits in dieser Polemik erschienen und endlich überwiegten Meinungen über die Konsumtion der

Säfte und Kambiums durch Spechte. Die Forstmänner interessierten sich aber mehr um die wirtschaftliche Seite dieser Tätigkeit der Spechte als um die biologische. Erst S t r e s e m a n n (*Aves*, in K ü k e n t h a l s *Handbuch der Zoologie*, 1927—1934) bestätigte mit seiner Autorität die Konsumtion der Säfte durch die Spechte und später brachte O s m o l o v-s k a j a (1946) eine Reihe direkter Beobachtungen und umfangreiches Material über diese Tätigkeit der Spechte. Für Mitteleuropa faßte T u r-č e k, 1954, neuere Angaben zusammen. Bereits noch vor kurzem aber (J. H u x l e y, *Evolution, The modern synthesis*, London, 1948) herrschte die Meinung, wonach die Konsumtion der Gehölzsäfte eine Eigenschaft bloß der nearktischen Spechte wäre. Dieser aber widerspricht eine Menge von Beobachtungen, die wir in weiterem analysieren werden.

Eine qualitative Übersicht der Holzarten, deren Säfte durch Vögel konsumiert werden, sowie über die Vogelarten, gibt die *Tabelle 12*. Diese Angaben faßte ich aus mir zugänglichen Angaben der Literatur in Europa zusammen (F r a n z, 1937, G y ö r f i, 1948, H i n t i k k a, 1942, L i e n-h a r t, 1935, M a n s f e l d, 1957, O s m o l o v s k a j a, 1946, S c h i f f e r l i und Z i e g e l e r, 1955, P a r i s, 1935, T u r č e k, 1954, hier weitere Literatur) und ergänzte mit eigenen Beobachtungen. In dem letzten Falle geht es einerseits um Bestätigung der Angaben anderer Autoren und ihrer älteren Beobachtungen, anderseits um Holzarten, die bisher in der Literatur nicht angeführt worden sind, wie: die Gemeine Eibe (*Taxus baccata*), der Mammutbaum (*Sequoia gigantea*), der Virginische Wacholder (*Juniperus virginiana*), Weiden (*Salix div. sp.*), die Weißbuche (*Carpinus betulus*), Ulmen (*Ulmus carpinifolia* und *laevis*), der Feld-Ahorn (*Acer campestre*), der Eschen-Ahorn (*Acer negundo*), der Mandschurische Ahorn (*Acer ginnala*), die Gemeine Esche (*Fraxinus excelsior*), *Fraxinus oxycarpa*, die Eschenblättrige Flügelnuß (*Pterocarya fraxinifolia*).

Die Anzahl der durch Spechte in Europa geringelten Holzarten beträgt — nach der Tabelle 12 — 44 Arten, was man aber betreffend einige unsichere Angaben, wie das Anführen bloß der Ordnungsbenennung der Holzart u. ä., man für vollkommen richtig und überhaupt nicht für definitiv halten kann. Wir sehen immer wieder neue und neue Anpassungen der Vögel — trophischen und topischen Charakters — zu neuen Holzarten. In diesem Zusammenhang genügt es die Ringelung einer ganzen Reihe exotischer, in Europa erst in neuerer Zeit eingeführter Holzarten anzuführen, oder die Anpassung fast der ganzen europäischen Population des Baumläufers (*Certhia familiaris*), die in Massen in Löchern der dicken Rinde des Mammutbaumes (*Sequoia gigantea*) dort, wo diese Holzart vorkommt, übernachten (vgl. M a c k e n z i e, 1957).

' Aus 44 geringelten Holzarten gehören 29. d. h. 66 % Laub- und 15,

Übersicht der Holzarten und deren Säfte verzehrenden Vogelarten

Holzart	Vogelart
Taxus baccata	× *Dendrocopos major**
Picea abies	× *Dendrocopos major* × *Dryocopos martius* *Picoides tridactylus*
Abies alba 　*sibirica*	× *Dendrocopos major* × *Dendrocopos leucotus* × *Picoides tridactylus*
Pinus silvestris 　*nigra* 　*strobus* 　*mugo* 　*cembra*	· × *Dendrocopos major* × *Dendrocopos major* × *Picoides tridactylus* *Dryocopus martius*
Larix decidua 　*sibirica*	*Dendrocopos major* × *Picus viridis* *Picoides tridactylus*
Sequoia gigantea	× *Dendrocopos major*
Cryptomeria japonica	× *Dendrocopos major*
Juniperus virginiana	× *Dendrocopos major*
Chamaecyparis lawsoniana	× *Dendrocopos major*
Populus tremula 　*alba* 　*euroamericana*	× *Dendrocopós major* *Dendrocopos leucotus* *Dryocopus martius* × *Dendrocopos major*
Salix fragilis 　*viminalis* 　*alba*	× *Dendrocopos major*

Holzart	Vogelart
Pterocarya fraxinifolia	⨯ *Dendrocopos major* komenz.: ⨯ *Parus major* ⨯ *Parus caeruleus* ⨯ *Parus palustris*
Betula pendula	⨯ *Dendrocopos major* ⨯ *Dendrocopos leucotus*
Alnus sp.	*Dendrocopos major*
Carpinus betulus	⨯ *Dendrocopos major* ⨯ *Dendrocopos medius*
Fagus silvatica	*Pici — g. spp.*
Quercus robur petraea cerris	⨯ *Dendrocopos major* ⨯ *Dendrocopos medius* ⨯ *Picus viridis* *Picus canus*
Ulmus carpinifolia laevis	⨯ *Dendrocopos major*
Sorbus aria aucuparia	*Pici — g. spp.*
Malus pumila	*Pici — g. spp.*
Prunus domestica	*Pici — g. spp.*
Acer campestre	⨯ *Dendrocopos major* *Kommensalen:* ⨯ *Parus major* ⨯ *Parus caeruleus* ⨯ *Parus ater* ⨯ *Aegithalos caudatus*
pseudoplatanus	⨯ *Dendrocopos major, D. leucotus* ⨯ *Picus viridis*

Holzart	Vogelart
negundo	$\times$ *Dendrocopos major* $\times$ *Picus viridis* *Kommensalen* $\times$ *Parus caeruleus*
ginnala	$\times$ *Dendrocopos major* *Kommensalen* $\times$ *Parus caeruleus* $\times$ *Parus palustris* $\times$ *Aegithalos caudatus*
saccharum	*Dendrocopos major*
Tilia platyphylla cordata	$\times$ *Dendrocopos major* $\times$ *Picus viridis* *Dryocopus martius*
Fraxinus excelsior oxycarpa	$\times$ *Dendrocopos major*

* Bemerkung: Die mit $\times$ bezeichneten Arten sind eigene Beobachtungen.

d. h. 34 % Nadelarten in 15, bzw. 9 Ordnungen. Aus der ganzen Anzahl der geringelten Holzarten sind 12 ausländische Arten (deren Kriterium sieh bei den Diasporen), daraus 7 Arten Nadel- und 5 Arten Laubhölzer, was 27 % aus allen geringelten Holzarten beträgt. Die Säfte der ausländischen Holzarten sind etwas weniger durch Vögel als ihre Diasporen konsumiert, da durch Vögel Säfte von 27 % ausländischer Holzarten, aber 32 % von deren Diasporen konsumiert werden.

Wir haben oben gesehen, daß die Anzahl der geringelten Nadelholzarten, bzw. deren, die den Vögeln Säfte anbieten, relativ groß ist, falls wir dazu noch bedenken, daß aus der ganzen Anzahl der Holzarten, die als Nahrung der Vögel in Europa in Betracht kommen, nur 13 % Nadelholzarten, jedoch 87 % Laubholzarten sind. Falls wir daraus ausgehen und alle 274 Arten (nicht Artengruppen) in Betracht ziehen, verteilen sich alle Arten 1. in Nadel- und Laubarten und 2. in geringelte und nicht geringelte Arten folgendermaßen in Tab. 13.

Falls wir diese Tabelle als Kontingenztabelle betrachten und die χ^2-Werte berechnen, erhalten wir eine Wahrscheinlichkeit von $P \doteq 0{,}05$. Daraus ergibt sich, daß zwischen der Anzahl der geringelten und nicht geringelten Holzarten von Nadel- und Laubholzarten statistisch gesicherte

T a b e l l e 13

Gehölze durch die Vögel	Anzahl der Holzarten		
	Koniferen	Laubarten	S
geringelt	15 (10)	29 (34)	44
nicht geringelt	43 (51)	184 (179)	230
S	61	213	274

Bemerkung: In Klammern sind die Werte nach Erwartung.

Abhängigkeit (Assoziation) in dem Sinne besteht, daß die Nadelholzarten mehr geringelt, als die theoretische Erwartung bei Voraussetzung der Unabhängigkeit ist. Umgekehrt wieder, die Laubholzarten sind bestimmt weniger geringelt als die Erwartung. Die Ursache dieser Kausalität kann ich nicht annehmbar erklären und die Bevorzugung der Koniferen, hauptsächlich der Fichte, erwähnt auch O s m o l o v s k a j a (1946). Man kann auch das voraussetzen, daß wir über Nadelhölzer verhältnismäßig mehr Beobachtungen haben und daß bei einer speziellen Untersuchung mehr Laubholzarten, deren Säfte die Vögel konsumieren, gefunden wären. Im ganzen konsumieren die Vögel — insoweit wir darüber Beobachtungen haben — Säfte von 16 % aller durch uns behandelten Holzarten ($n = 274$). Es ist bemerkenswert, daß aus ausländischen Holzarten (im ganzen 12 Arten) 8 Arten, d. h. 66 % nearktischer Herkunft sind. In diesem Zusammenhang führen wir an, daß eine einzige nearktische Spechtart, *Sphyrapicus varius*, Säfte aus 258 einheimischen und 31 exotischen (europäischen) Holzarten (M a n s f e l d, 1957) konsumiert.

Verhältnismäßig sehr wenig Beobachtungen gibt es über die Konsumtion der Säfte der Obstbäume, kultivierter Bäume, und allein O s m o l o v s k a j a (1946) führt die Pflaume (*Prunus domestica*) und die Birne (*Pyrus malus*) an, sie schreibt aber nicht, ob es sich um kultivierte Sorten handelte, und hat den Standort dieser Bäume nicht angegeben. Wenn auch ihre Beobachtungen z. B. die kultivierten Formen dieser zwei Holzarten betrafen, ändert es in keiner Weise an der Tatsache, daß Obstbäume, kultivierte Holzarten nur sehr selten geringelt werden (ich habe aus ČSSR keine solche Beobachtungen), und man kann voraussetzen, daß die Ursache in der Qualität der Säfte dieser Holzarten liegt. Diese Voraussetzung wird auch damit bestätigt, daß Obstbäume, die in der Nähe des Menschen angebaut sind, wären schwerer der Aufmerksamkeit entgangen — falls sie geringelt wären — als Holzarten, die im Walde oder anderswo im Freien wachsen. Diese Ablehnung der Obstbäume kann man nicht durch die etwaige Abwesenheit der Spechte in den Gärten in der Zeit der

Saftströmung erklären, da wir ein nicht selten vorgekommenes Nisten der Spechte in diesen Holzarten, Bäumen kennen.

Ich habe gleichfalls alle Holzarten ($n = 274$) einerseits auf einheimische und ausländische (186, bzw. 88 Arten), anderseits auf geringelte und nicht geringelte (44, bzw. 230 Arten) eingeteilt und habe gesucht, ob für die Konsumtion der Säfte nicht ausländische Holzarten bevorzugt werden. Es ergab sich, daß die einheimischen ebenso wie die ausländischen Holzarten annähernd gleich nach der Erwartung geringelt sind, und es zeigte sich keine statistisch gesicherte Bevorzugung oder Ablehnung der ausländischen Holzarten. Es bleibt also nur die Bevorzugung der Nadelholzarten übrig, was wir bereits oben erwähnt haben.

Es wird noch über den Ort, die Zeit und die Art der Konsumtion der Säfte, über den Umfang (Intensität und Extensität), sowie über Vogelarten, die Säfte der Holzarten konsumieren, behandelt werden.

Geringelte Holzarten (Bäume) finden wir in Wäldern, Alleen, Parkanlagen und ähnlichen Formationen, an solitären Bäumen und vom Flachlande etwas über Meereshöhe bis an die Baumgrenze in Bergen und in allen Teilen Europas. Neben dieser ökologisch-geographischen Verbreitung der geringelten Holzarten gibt es einige Eigentümlichkeiten in der räumlichen Verteilung, die ja erwähnt werden müssen.

Osmolovskaja (1946) schreibt, daß bei den Randbäumen — verstehe in den Waldbeständen — die Säfte von größerem Zuckergehalt als bei Bäumen im Verschluß, im Inneren der Waldbestände sind. Diese Behauptung begründete die Autorin an chemischen Analysen der Säfte. Turček (1954) führt weiter an, daß die Mehrheit der durch ihn festgestellten geringelten Bäumen in bestimmter Art biologisch, ökologisch abweichend von dem Normal gewesen sind. Das erkennen wir aus dem räumlichen Stande der Holzart und aus ihrem Zustande. Auffallend viel geringelte Bäume haben wir in Parkanlagen, an Waldrändern, in nicht völlig geschlossenen Beständen, an solitären Bäumen, an eingemischten Bäumen (häufig als Monokultur angebauten) und endlich an mechanisch beschädigten Bäumen, z. B. mit abgebrochenem Wipfel, an Bäumen mit abgeriebener Rinde, an unterdrückten Bäumen, an zwei- und mehrstämmigen Bäumen, an pilzbefallenen Bäumen usw. gefunden. Auf Grund dessen nehmen wir an, daß — vom biozönologischen Standpunkte gesehen — Holzarten, die für bestimmte Gemeinschaft fremd, wie z. B. die Waldkiefer (*Pinus silvestris*) in der Biozönose *Querceto-Carpinetum*, örtlich fremd, wie z. B. Nadelholzarten im Laubholzgebiete, und phytogeographisch fremd sind, d. h. unsere Kategorie ausländischer Holzarten, geringelt werden. Die Ursache solcher selektiven Ringelung kann — ex hypothesi — auf optische Reize durch eine fremde Erscheinung zurückgeführt werden (was bei Vögeln als optischen Tieren besonders bedeutend ist). Man muß voraussetzen, daß während der Entwicklung der Biozönosen die Mitglieder deren — und so auch die Vögel — sich auch optisch angepaßt haben und sie „kennen" die Holzarten, die biozönoseneigen sind. Mutatis mutandis so eine Erscheinung ist auch eine auffallende Beschädigung der für die Gemeinschaft fremden Holzarten durch herbivoren Säugetiere: falls es für 10 ha gemischten Buchenwaldes ein einziges Exemplar einer jungen Weymouthskiefer *(Pinus strobus)* gibt, werden Rehböcke und Hirsche (falls sie dort leben), sowie auch kleine Nagetiere sicher dies einzige Stück finden, abschälen, die Rinde schlagen, die Nadeln abnagen usw. Der Effekt, das Ergebnis dessen wird also die Ausschaltung des fremden Elementes aus der Biozönose — im Rahmen der ökologischen Autoregulation — sein. Geringelt sind — vom Gesichtspunkte der Holzart und des Holzindividuums — solche Holzarten, die abweichend von dem Normal sind, wie wir es angeführt haben. Die Ursache dieser Erscheinung kann nur in dem geänderten Biochemismus solcher Holzarten, Individuen sein und die Folge ist wieder nur die Ausschaltung, oder mindestens die Tendenz zu dieser, die Beseitigung der „abnormalen Erscheinung", nicht aber teleologisch, sondern kausal.

Die Ausschaltung, entweder bereits vom Gesichtspunkte der Biozönose oder des Individuums, geschieht sukzessiv: Ringelung — Herabsetzung der Vitalität — Einimpfung der Diasporen der Mikroorganismen — Vorbereitung des Weges für den Zutritt der Insekten (ich beobachtete es an einer Weißtanne, wo in die durch die Ringelung verursachte Wunde der Borkenkäfer *Ips curvidens* eindrang) — weitere Herabsetzung der Vitalität — Mykose — weitere Insekten — mechanische Beschädigung des Stammes durch Spechte — Zerbrechung des Stammes durch Wind oder eigenes Gewicht — Absturz und vollkommene Liquidierung. Solche sukzessive Reihe kann selbstverständlich nur an eine systematische Ringelung bezogen werden, also an solche, die an demselben Individuum eine Jahren-, ja Jahrzehntenserie hindurch sich wiederholt. An einer Waldkiefer fand ich Spuren nach Ringelung radial an 11 Jahresringen (T u r č e k, 1949). Über die wiederholte Konsumtion der Säfte durch Spechte an demselben Baum-Individuum schreiben mehrere Autoren (vgl. O s m o l o v s k a j a, 1946, und T u r č e k, 1954).

Der Hypothese über die Ausschaltung — hier vom Gesichtspunkte der Biozönose — scheint der Umstand zu widersprechen, daß das Bemeiseln, die systematische Ringelung potentiell die Fruchtbarkeit der befallenen Holzart, ihren Samenertrag erhöhen kann. M a l p i g h i hat bereits im Jahre 1675 den Versuch mit der Ringelung eines Baumstammes so durchgeführt, daß er eine ringförmige Einschneidung des Stammes bis auf das

Holz machte. Er unterbrach damit die Leitbahnen der Assimilate. Infolgedessen entstand eine Verdickung, Hypertrophie oberhalb des Ringes gelegenen Stammteils. Die Assimilate strömen nämlich in den Holzarten basipetal. In der neueren Zeit bemüht sich die Forstwirtschaft solche Ansammlung der Assimilate in dem oberen Teil des Stammes, bzw. in der Krone durch Unterbindung, Ringelung der Stämme auszunützen, um einen höheren Samenertrag zu bekommen (H o l m e s und M a t t h e w s, 1951). Die Ergebnisse sind nicht eindeutig und zur Zeit kann man keine gültige Beschlüsse fassen. Einige Anzeichen sprechen aber für die Richtigkeit dieser Voraussetzungen. Falls die Versuche eine günstige Folge haben werden, kann man dann auch von den durch Spechte geringelten Bäumen, wenn auch diese nur unvolkommen unterbrochene Ströme der Assimilate herbeiführen, eine vorübergehende Erhöhung der Fruchtbarkeit der einhäusigen Holzarten voraussetzen. Dies erinnert aber an die empirische Erkenntnis, daß die Bäume vor ihrem Absterben oft eine enorme Fruchtbarkeit pflegen. Die Methode der künstlichen Unterbindung, der Unterbrechung der Leitbahnen der Assimilate ist manchmal durch die obstbauliche Praxis benützt worden.

Obgleich wir keine exakten Beweise haben, daß diejenigen Individuen, die wir vom Normal als abweichend bezeichneten, einen veränderten Biochemismus haben, können wir es mit Recht und mit bedeutendem Maße der Wahrscheilichkeit voraussetzen. Wir führten an, um etwa welche Holzarten es sich handelt, was ihren Zustand anbelangt. Wir beobachteten an der Schüttinsel (Žitný ostrov) außergewöhnlich viel geringelte Feld-Ulmen *(Ulmus carpinifolia)*, die durch Graphiose *(Ceratostomella ulmi)* befallen wurden. Wir stellten einige geringelten Nadelholzarten, Individuen mit abgebrochenen Wipfeln und besonders viele Individuen, hauptsächlich Weißtannen *(Abies alba)*, Weißbuchen *(Carpinus betulus)*, Feld-Ahorne *(Acer campestre)* fest, die durch andere Bäume eigener oder fremder Art unterdrückt oder beherrscht wurden. Einige aus den geringelten Bäumen waren mehrstämmig, und zwar der geringelte war meistens aus den zwei Stämmen der schwächere usw. Alle diese Individuen hatten mit größter Wahrscheinlichkeit eine andere biochemische Zusammensetzung (und vielleicht auch einen anderen Anfang der Strömung, anderen Druck) der Säfte als die normalen Individuen. Die Bevorzugung solcher, vom Normal abweichender Bäume für die Konsumtion der Säfte ist zwar statistisch gesichert auf Grund unseres Materials, wir können aber dies nicht kausal erklären und sind auf Hypothesen angewiesen. Wir weisen aber da auf die Analogie mit der Selektion einiger Individuen beim Befressen der Diasporen, hauptsächlich aber von Knospen, Blättern und Trieben hin.

Die Mehrheit der Autoren, die über die Konsumtion der Säfte der
Holzarten schreiben, ist über die zeitliche Begrenzung dieser Tätigkeit
der Vögel auf frühe Winter- und Frühlingsmonate einig. Es bezieht
sich selbstverständlich nur auf Europa, während z. B. in Nordamerika
einige Spechtarten die Säfte einiger Holzarten das ganze Jahr hindurch
konsumieren (B a t t s, 1953, M a n s f e l d, 1957, wie auch B e n t, 1939,
in *Life histories of N. American woodpeckers*, Smithsonian Inst., US Nat.
Mus. Bull. 174, Washington). Aus Europa allein O s m o l o v s k a j a (1946)
— über deren Beobachtungen kein Zweifel besteht — stellte die Konsumtion der Säfte auch im Sommer und früh im Herbst fest: es bezieht sich
auf den Dreizehenspecht *(Picoides tridactylus)* und Großen Buntspecht
(Dendrocopos major) auf der Fichte. Wir haben im Sommer und Herbst
oder Winter keine Ringelung der Bäume beobachtet, falls wir Anfang
März nicht als Winter betrachten (der Sonnenwende nach ist es noch
Winter, phönologisch aber ist schon im Donaugebiet Frühling). Die Zeit
der Ringelung ist erstens vom Saftstrom, zweitens von dem biologischen,
recte physiologischen Bedürfnis dieser Nahrungsart der Vögel abhängig.

In diesem Zusammenhang muß man kurz die Saftströmung in den
Holzarten überhaupt erwähnen. Ausführlich schreibt über dies in seiner
neuesten Monographie H u b e r (1956).

In Holzarten, sowie in allen höheren Pflanzen, geschieht eine zweifache
Saftströmung: 1. Transpirationsstrom und 2. Assimilationsstrom.

1. Transpirationsstrom

Das durch Wurzelwerk erworbene, gesaugte, im Wasser auflösbare
Mineralstoffe enthaltende Wasser strömt in basifugaler Richtung in das
Xylem, erhaltet das Turgor der Zellen und es wird mit bedeutendem
Energieverbrauch in die Umwelt transpiriert. Dieser Strom geht bei den
Laubholzarten nur in dem grünen Teil des Jahres, bei den immergrünen
Holzarten ganzjährig vor sich. Die Transpirationsströmung dauert Tag
und Nacht. Er ist hauptsächlich durch das junge Holz, also durch
letztere Jahresringe geführt. Dieser Saft — Wasser genannt — zeichnet
sich mit verhältnismäßig niedriger Konzentration, mit geringer Trockensubstanz aus. Dieser Strom kommt kaum als Nahrung bei unseren Vögeln
in Betracht.

2. Assimilationsstrom

Die im Wasser erhaltenen Produkte der Assimilation strömen in basipetaler Richtung in der Bastschicht (phloem) und versorgen die Holz-

art mit organischen und Wuchsstoffen, sowie mit Vitaminen. Dieser Strom geht in der gemäßigten Zone, also auch in Europa, nur in der Vegetationsperiode vor sich und in der Nacht hört er beinahe auf. Der Saft dieses Stromes zeichnet sich mit verhältnismäßig hoher Konzentration organischer Stoffe, hauptsächlich Zuckers aus. Dieser Strom bildet bereits die Nahrung für einige unsere Vögel.

Als Eigentümlichkeit bei der Strömung der Säfte der Holzarten ist der dritte, zeitlich eng begrenzte, durch den Auftrieb der Wurzeln, also durch einen aktiven Druck hervorgerufene, basifugale Strom. Bei unseren — und überhaupt dezidualen — Laubhölzern in der gemäßigten Zone kommt dieser Strom unmittelbar vor dem Austrieb, bzw. vor dem Schwellen der Gehölzknospen, also frühzeitig im Frühling vor. H u b e r (1956) charakterisiert diesen Strom als einen Hilfsmotor, der immer dann anspringt, wenn der Transpirationsstrom aufhört, bzw. außer Betrieb ist. Da — wie es experimentell bewiesen wurde — dieser basifugale, vorübergehende Strom durch intensives Atmen bedingt ist, ist es klar, daß frühzeitig im Frühling, wenn die Gehölze atmen beginnen (wir sagen, sie aufwachen), aber noch keine Blätter, also Transpirationsorgane haben, die notwendige Zeit für die Einschaltung dieses Huberischen Hilfsmotors gekommen ist. Durch diesen Strom ist auch die Guttation der Pflanzen verursacht. Wie wir es gesagt haben, in der gemäßigten Zone bei Laubhölzern, bzw. dezidualen Holzarten ist sie auf eine kurze Zeit im Frühling begrenzt, in den Tropen aber (rain forests) existiert sie ununterbrochen, weil in feuchter Luft, oft bei voller Sättigung der Luft, die Transpiration nicht im Stande ist eine genügende Wassermenge der Umgebung abzugeben und deshalb muß dieser Strom aushelfen. Deshalb in solchen tropischen Wäldern tröpfelt es von den Bäumen selbst dann, wenn es nicht regnet. Ähnliches beobachteten wir in unseren Auwäldern (Schüttinsel — Žitný ostrov), als bei voller Sättigung der Luft im Frühling — bereits nach dem Eröffnen der Blätter! — in der Früh, ja bis Nachmittag es von den Weiden tröpfelte wie nach einem Regen. Einen Teil davon verursachten ja sicherlich Schaumzikaden durch das Saugen der Säfte, die in dieser Periode unter hohem Druck bis auf 7 at steigen (H u b e r, 1956). Diese Säfte zeichnen sich durch Gehalt anorganischer und organischer Stoffe, durch verhältnismäßig hohe Konzentration aus und diese sind von Vögeln am meisten konsumiert. Nach H u b e r (1956) wurde dieser Vorfrühlingsstrom bei Koniferen nicht beobachtet, man ist doch über diese Frage noch nicht im klaren.

Die Hauptsaison für die Konsumtion der Säfte durch Vögel ist im Frühling, wie wir es gesagt haben, und innerhalb dessen wieder die Periode vor und nach der Knospensprengung der Gehölze. Der Anfang der Strömung dieses aufsteigenden Stromes, im weiteren werden wir ihn als Guttationsstrom bezeichnen, hängt von den Wetterbedingungen ab und die Unterschiede, soweit wir es beobachten konnten, an demselben Orte, aber in verschiedenen Jahren machen bis drei Wochen aus. Es gibt selbstverständlich Unterschiede, die aus der Seehöhe, Exposition, aus Wärme- und Lichtsumme, aus der geographischen Lage resultieren.

Die Vögel bestimmen den Anfang der Strömung empirisch, durch Versuchsringelung. Daraus, daß es unseren Beobachtungen nach zu solcher Versuchs-, „Informationsringelung" an dem Feld-Ahorne (*Acer campestre*) am bestimmten Orte beiläufig in derselben Periode Jahr für Jahr kommt, erkennen wir, daß sich die Vögel — namentlich die Spechte — in diesem fotoperiodisch und nicht phönologisch richten, weil man manchmal bereits zwei Wochen vor dem tatsächlichen Anfang der Strömung der Säfte Versuchsringelungen finden kann. An den angeführten Feld-Ahornen fand ich mehrere Jahre hindurch solche Ringelungen bereits Anfang März, obgleich die Strömung erst in der ersten, zweiten, ja sogar in der dritten Dekade dieses Monats begann. Für Europa kann man die Zeit, in welcher die Konsumtion der Säfte der Gehölze konzentriert ist, für März, April und Mai bestimmen.

Nach H u b e r (1956) hat diese Strömung, sowie der Assimilationsstrom, zwei Kulminationen in einem Tage: in der Früh und Spätnachmittag. Die meisten Beobachtungen über die Konsumtion der Säfte haben wir — nach eigenen Feststellungen — in Morgen- und Nachmittagsstunden des Tages.

Der Assimilationsstrom beginnt dann, wenn die Knospen sich in Blättern entwickeln, und hat zwei jahreszeitige Kulminationen: den Frühlingsgipfel, die sogenannte Periode des intensiven Wuchses, und den Spätsommergipfel, vor der Ausschaltung der Blätter aus ihrer Funktion, wenn die Reservestoffe aus den Blättern in die Basalteile des Gehölzes wandern.

Zusammenfassend kann man sagen: die Vögel benützen als Nahrung den Guttationsstrom frühzeitig im Frühling und den Assimilationsstrom hauptsächlich im Frühling, sonst aber den letzten die ganze Vegetationsperiode hindurch. Die Säfte des Transpirationsstromes — soweit es uns bekannt ist — benützen sie nicht.

Primär, richtiger gesagt, aktiv werden die Säfte der Gehölze in Europa nur durch einige Spechtarten (*Pici*) konsumiert, wie wir noch darüber sprechen werden. Durch andere Vogelarten — es sind nicht viele — werden die Säfte der Gehölze sekundär, passiv konsumiert, d. h. durch sie selbst werden die Gehölze nicht geringelt, sie konsumieren nur die nach der Ringelung der Spechte entspringenden Säfte. Dies war nötig vorauszuschicken, damit wir die Art der Ringelung und der Konsumtion der Gehölzsäfte folgen können.

Die Meinungen der Autoren und ihre Beobachtungen stimmen nicht überein, soweit es sich um die Lokation der Ringelung der Baumstämme durch die Spechte handelt. Einige behaupten, daß die niedrigen, oder hauptsächlich die niedrigen Stammteile geringelt werden, andere wieder behaupten dasselbe betreffs oberer Teile und Äste der Gehölze, Bäume. Gleichfalls ist es mit dem Vorgehen der Ringelung, mit der Richtung, in der die Spechte die Ringe anlegen. Es gibt Autoren, die das Vorgehen der Spechte in der Richtung aufwärts der Stämme beobachteten, andere wieder behaupten ein umgekehrtes Vorgehen. In diesem Zusammenhang muß man sich dessen bewußt sein, daß für die Konsumtion der Säfte der Gehölze zwei — und zwar zwei gegenseitige — Saftströme in Betracht kommen: der Guttationsstrom basifugaler Richtung und der Assimilationsstrom basipetaler Richtung. Wenn jetzt der Specht die Säfte des Guttationsstromes konsumiert, bearbeitet er die Stämme folgendermaßen: er pickt die Rinde (bis in Bast) des Baumes basal an, gewöhnlich zwei Meter hoch oberirdisch, da die Säfte hier am frühesten erscheinen (sie dringen von den Wurzeln vor). In diesem Teile bei diesem Strom legt er nur 1—2 Ringe an, gewöhnlich unvollkommen, eher sind es planlos angelegte Ringe, mehr oder weniger in einer horizontaler Reihe, von etwa 10—20 Löcher in der Reihe nebeneinander. Mit dem Fortschritt des Stromes in die Krone — was in 1—2 Tagen nach dem Erscheinen der Säfte in der Basis des Stammes stattfindet — ringelt der Specht die oberen Teile, meistens mit feiner, dünner Rinde, legt mehr oder weniger vollkommene, oder wenigstens dichtere Ringe an (der Große Buntspecht — *Dendrocopos major* — macht einzelne Ringe etwa 5 cm voneinander, das der Länge eines „Sprunges", einer Vorrückung dieses Spechtes entspricht) und rückt mit diesen in der Richtung nach unten, also gegen den Strom vor. Damit wird durch ihn die Strömung immer wieder neuen Saftes, bzw. einer genügenden Menge dieses gesichert. Bei solcher Ringelung während der Guttationsströmung geschieht das Vorgehen des Spechtes (des Großen Buntspechtes — *Dendrocopos major*) bei der Ringelung wie folgt: wenn er frühere Versuchsringelungen hat, besucht er diese und leckt die entspringende Säfte ab, er fliegt von einem zu dem anderen geringelten Baum und nach einer bestimmten Zeit kehrt er wieder zurück. Falls er die Ringelung beim Guttationsstrom macht, pickt er mit Seitenschlägen die Rinde bis an den Bast an, wobei oft eine unregelmäßige Rindenplatte von einem Durchschnitt etwa 5 mm aus der Wunde abragt, oder wird diese durch den Specht heruntergeworfen. 15 bis 45 Sekunden nach der Ringelung erscheint in der Wunde ein Safttropfen, der durch den Specht abgeleckt wird. Er wartet aber auf dieses Erscheinen des Tropfens nicht untätig, aber inzwischen bohrt er neue Löcher, unterdessen aber leckt er den Saft in den früher gemachten Löchern ab. So gelangt es zu horizontalen Reihen der Löcher, die wir als Ring bezeichnen. Einzelne frisch gemachte Löcher haben einen Durchschnitt von einigen Millimetern bis etwa 5 mm und bis in den Bast, in die Kambiumschicht, nur selten reichen sie bis an das Holz. Die Benennung „Ringe" ist nicht ganz zutreffend, da die Wundereihen an der Rinde in der Mehrheit der Fälle nicht den ganzen Stamm, den ganzen Ast umschließen, sondern dehnen sich bloß auf einen Teil des Stammes aus. Es geht um nach Süden, Süd-Osten, Süd-Westen, nur ausnahmsweise nach Norden gerichtete Stammabschnitte (O s m o l o v s k a j a, 1946, T u r č e k, 1954). Osmolovskaja stellte auf 1 m Länge des Stammes an der südlichen Seite 250 Löcher fest, während auf der nördlichen Seite gab es nur 64. Es hängt mit der Insolation des Stammes bzw. mit der früheren (intensiveren?) Strömung der Säfte auf den gegen die Sonne gerichteten Seiten zusammen.

Das Entspringen der Säfte aus den Wunden, aus den Ringelungen während des Guttationsstromes ist sehr intensiv, kräftig: es fängt einige Sekunden nach dem Anpicken an und dauert sogar über einige Tage hindurch. Die Umgebung der Wunden, der Ringelungen pflegt naß zu sein, der Saft fließt in den Rindenrissen herunter und ich beobachtete, daß aus den vormittags durch den Großen Buntspecht *(Dendrocopos major)* gemachten Löchern an den Hauptästen des Feld-Ahorns *(Acer campestre)* der Saft den ganzen Tag über strömte und bis zum nächsten Morgen — während des Nachtfrostes Ende März — hängten bis 15 cm lange Eiszapfen aus dem gefrorenen Saft herab. Daraus kann man aber weiter auf einen verhältnismäßig niedrigen Zuckergehalt dieser Säfte schließen. Nach einigen Tagen hört das Entspringen des Saftes aus den Löchern auf. Ähnliches können wir an den frischen Wunden beobachten, die an den Bäumen bei der Winterruhe, bzw. vor dem Anfang der Guttationsströmung entstanden und keine Gelegenheit zu einer Heilung durch Kalusbildung hatten: auch aus diesen strömt der Saft und wird oft durch Vögel, sekundär, verzehrt.

Bei dem Assimilationsstrom schreitet der Specht wieder gegen den Strom vor, also von den unteren Stammabschnitten (meistens aber nur von der Höhe etwa 1 m oberirdisch) nach der Krone vor, legt bereits regelmäßigere Ringe an, die aber gleichfalls nur selten den ganzen Stamm umfassen. Hier, außer der Weltrichtung, muß man auch das in Betracht nehmen, daß die Säfte in den Leitgeweben nicht regelmäßig verteilt werden, aber sie richten sich mehr nach der Anziehungskraft dorthin, wohin der Stamm bzw. gewogen ist. Über den Ort und Umfang der Ringelungen kann auch die Konzentration der Säfte und die Geschwindigkeit ihrer Strömung entscheiden, wenn wir wissen, daß die Assimilationskräfte eine geringere Konzentration in den niederen als in den oberen Teilen des Stammes haben (H u b e r, 1956).

Man kann sich nicht eindeutig darüber äußern, welcher Teil des Baumes, des Stammes mehr oder weniger geringelt ist. Einige Bäume werden mehr in den niedrigen Teilen geringelt, hauptsächlich die, die viele Äste haben, die also ein mechanisches Hindernis für Ringelung darstellen (O s m o l o v s k a j a, 1946), andere in dem oberen Teil und an den stärkeren Ästen, andere wieder in der ganzen Länge des Stammes. Osmolovskaja behauptet, daß Nadelbäume am meisten in dem niederen Teil des Stammes geringelt werden. Auch unsere Beobachtungen bestätigen es und es entspricht auch einer verhältnismäßig dichten Astbildung der oberen Teile dieser Bäume. An den Laubhölzern stellten wir Ringelungen in allen Teilen des Stammes fest, von der Basis bis an die dünneren Äste, und wir haben kein genügendes Material, damit wir über eine eventuelle Bevorzugung eines gewissen Teiles des Stammes Schlüsse ziehen könnten. O s m o l o v s k a j a (1946) behauptet, daß z. B. die Säfte der Birke in den oberen Teilen des Stammes, bzw. in der Krone mehr Zucker als unterhalb enthalten. Bei den Nadelhölzern geht es — und es muß bemerkt werden — ausschließlich um die Konsumtion der Säfte des Assimilationsstromes. Die einzelnen Ringe — nach der Art des Gehölzes und nach der Art des ringelnden Spechtes — sind gegenseitig von 3 bis 10 cm (ungefähr) so entfernt, daß auf ein Laufmeter von 10 bis etwa 30 Ringe, manchmal nur einige zerstreute, fallen. In den Ringen sind die einzelnen Öffnungen gegenseitig auf 1—3 cm im Mittel entfernt. Bei der wiederholten Ringelung derselben Wunde vergrößert sich ihr oberer Durchschnitt — da sie beiläufig trichterförmig, unten in den Bast verengt ist — auf 1—2 cm. Die Anzahl der Löcher, der Wunden auf den intensiv geringelten Bäumen erhebt sich so auf viele Hunderte, sogar viele Tausende.

Die Ringelung der Rinde — im Frühling — wird auch durch die Art der Schnabelhiebe der Spechte bestimmt. Während bei dem Ausmeiseln der Insekten, bei dem Zerschlagen der Samen u. ä. geht es um schnell wiederholte Schläge, bei der Ringelung sind die Zeitabstände länger und bereits daraus können wir solche Tätigkeit der Spechte erkennen (O s m o l o v s k a j a, 1946, eigene Beobachtungen).

Die Konsumtion der Säfte und damit die Ringelung der Gehölze durch Spechte ist keineswegs eine außergewöhnliche, seltene Erscheinung, sondern sie kommt sehr oft, ja regelmäßig vor. Falls ich bei Exkursionen absichtlich geringelte Bäume suchte (und dabei bereits wußte, was für Bäume es etwa sein sollen), in der Mehrheit der Fälle und Lokalitäten habe ich solche Bäume gefunden. Wir können also behaupten, daß durch

einige Spechtarten, hauptsächlich aber durch den Großen Buntspecht
(*Dendrocopos major*), regelmäßig, Jahr für Jahr, in gewisser Zeit Säfte der
Gehölze als ein Teil ihrer gewöhnlichen und notwendigen Nahrung kon-
sumiert werden. Damit berichtige ich auch meine frühere Behauptung
(T u r č e k, 1949), als ob die Säfte der Gehölze nur durch gewisse Mikro-
populationen einiger Spechtarten konsumiert würden.

Wir haben keine ausführliche chemische Analysen über die Säfte der
Gehölze in verschiedener Zeit und über die Säfte verschiedener Holzarten
aus verschiedenen Saftströmen, verschiedenen Orten usw. und deshalb
können wir nur Orientierungswerte anführen.

Die Säfte des Transpirationsstromes enthalten hauptsächlich Mineralstoffe und — wie wir es gesagt haben — sind durch Vögel wahrscheinlich
nicht konsumiert. Die Guttationssäfte enthalten neben Mineralien auch
organische Stoffe — diese gären allerdings nach gewisser Zeit auf der
Luft und werden durch Insekten besucht — und zwar stickstoffhaltige,
sowie auch stickstofffreie Stoffe, hauptsächlich aber Zucker. Wenn auch
die Trockensubstanz dieser sehr verdünnten Säfte gering ist und macht —
verschiedenartig, je nach der Art des Gehölzes — einige Promille bis
wenig Prozent aus, enthalten die Säfte neben Aminosäuren und anderen
stickstoffhaltigen Stoffen hauptsächlich Zucker, bzw. verschiedene Zucker,
bei der Birke von 1—2 %, bei Ahornen 1—3 %, der Zucker-Ahorn (*Acer
saccharum*) sogar bis 5 %. Solche Zusammensetzung der Guttationssäfte
ist keineswegs überraschend, falls wir wissen, daß diese Säfte in dem
Xylem aus den Reserveorganen des Gehölzes strömen.

Die Säfte des Assimilationsstromes sind — wie es gesagt wurde — von
höherer Konzentration und neben ein wenig Asche (etwa 1 %) und neben
winziger Menge von stickstoffhaltigem Stoffe enthalten sie überwiegend
Zucker, und zwar bis 30 % (H u b e r, 1956). Diese Säfte werden — nach
der Ringelung mit ihren Schnäbeln — auch durch einige Schnabelkäfer
(*Rhynchota*) gesaugt und das Produkt ihres Metabolismus (hauptsächlich
der Zucker) ist der bekannte Honigtau, wie z. B. von Pflanzenläusen
(*Aphidae*).

Die Zusammensetzung und die Menge der Säfte bei den verschiedenen
Holzarten — und gewiß auch an verschiedenen Orten — ist verschieden.
H u b e r (1956) führt als besonders ergiebig an Assimilationssäfte die Rot-
Eiche (*Quercus borealis*), die Robinie (*Robinia pseudoacacia*), die Linde
(*Tilia sp.*), die Esche (*Fraxinus sp.*), die Kastanie (*Aesculus sp.*) an,
während als nicht ergiebig bezeichnet er am ersten Platz die Buche (*Fagus
silvatica*). Diese Holzart ist auch — nach der Literatur und auch nach eigenen Feststellungen — verhältnismäßig am mindesten geringelt. Die Ursache kann ja neben der Menge der Säfte auch in der harten, „steinigen"

Zellenschicht sein, die über der Leitschicht des Bastes als ein Schutzpanzer
liegt. Die Möglichkeit, Assimilationssäfte mittels der Wundsetzung, der
Ringelung der Koniferen zu bekommen, erwähnt H u b e r, 1956, zwar
unsicher, jedoch lehnt er es nicht kategorisch ab. Er führt an, daß er sich
z. B an der Gemeinen Eibe *(Taxus baccata)* selbst überzeugt und den Saft
gewonnen hat. Wir erwähnen hier, daß die Eibe sehr oft durch Spechte
geringelt wurde, wenn auch ihre Säfte (Taxin) giftig sind. Die Möglichkeit,
Assimilationssäfte durch Ringelung zu bekommen, hängt immer auch von
dem augenblicklichen Turgor im Gehölze ab.

Die Herkunft der Ringelung der Gehölze durch Spechte kann man wahrscheinlich in der zufälligen, gelegentlichen Erfahrung der Spechte suchen:
aus der verwundeten Rinde sind Säfte geronnen, oder bei dem Meißeln
nach Insekten kam der Saft auf die Zunge der Spechte. Allmählich haben
sich diese Vögel zu aktiver Gewinnung der Säfte angepaßt.

In Europa leben 10 Arten der Familie *Picidae*. Aus dieser Anzahl
7 Spechtarten konsumieren Säfte der Gehölze, namentlich (in absteigender
Reihenfolge je nach der Häufigkeit der Beobachtungen): der Große Bunt-
specht *(Dendrocopos major)*, der Mittlere Buntspecht *(Dendrocopos me-
dius)*, der Dreizehenspecht *(Picoides tridactylus)*, der Schwarzspecht
(Dryocopus martius), der Grünspecht *(Picus viridis)*, der Weißrückenspecht
(Dendrocopos leucotus) und der Kleine Buntspecht *(Dendrocopos minor)*.
Wenn auch in dieser Reihenfolge nach umfangreicheren Beobachtungen
sicherlich Verschiebungen vorkommen werden, der Große Buntspecht
(Dendrocopos major) bleibt diejenige Art, die am meisten Säfte an großer
Anzahl der Holzarten konsumiert. Es wird nicht ohne Interesse sein, diesen
Zustand mit dem Zustande in der Nearktik schon auch darum zu ver-
gleichen, weil diese sehr lange als „terra typica" der Konsumtion der Säfte
betrachtet wurde. Nach B e n t, 1939, gibt es in Nordamerika 22 Specht-
arten in der Familie *Picidae*. Aus diesen nachgewiesen, nach demselben
Autor, konsumieren 5 Arten Säfte der Gehölze, oder wenigstens so viel
Arten sind erwähnt. Relativ und auch absolut werden Säfte der Gehölze
durch mehr europäische Arten als durch nearktische Arten konsumiert.
Allerdings geht es hier aber auch um die Intensität und um die Extensität. Falls wir in diesem Zusammenhang die Angaben M a n s f e l d's in
Betracht ziehen, daß eine einzige Art, *Sphyrapicus varius*, Säfte an 258
einheimischen Holzarten konsumiert, bei uns ist über solche Anzahl kein
Material vorhanden.

Aus der Übersicht der Spechtarten haben wir gesehen, daß Säfte auch
überwiegend pflanzenfressende, sowie auch überwiegend insektenfressende
Spechtarten konsumieren. Eine Ausnahme bildet der Grauspecht *(Picus
canus)* und der Wendehals *(Jynx torquilla)*, über die es in dieser Beziehung

keine Beobachtungen gibt und bei dem Wendehals die Konsumtion der Säfte der Holzarten überhaupt nicht vorausgesetzt wird. In dem Verdauungstrakt der Spechte können weder Säfte, noch das bzw. konsumierte Kambium festgestellt werden.

Die Spechte, wie wir es gesagt haben, gewinnen Säfte der Gehölze aktiv, durch Ringelung der Leitgewebe. Darum wurden sie von uns als Primärkonsumenten der Säfte genannt. An den hervorspringenden Säften der Gehölze schmarotzen aber auch andere Vogelarten. Es ist ein deutliches Beispiel für den Kommensalismus. Das erste Mal beobachtete ich solchen Kommensalismus — der bis dahin in der Literatur nicht angeführt worden ist — Ende März an dem Feld-Ahorne *(Acer campestre)*. Während einer dreistündigen systematischen Beobachtung flog ein Großer Buntspecht *(Dendrocopos major)* auf den geringelten Baum (mehrstämmiger Ahorn-Stockausschlag, unterhalb der Krone einer mächtigen Linde) viermal zu, er trank aus den Rindenlöchern fließende Säfte, machte einige neue Löcher und entflog. Etwa jede 10 Minuten erschien eine kleine Meisenschar — wohl ging es um dieselben Individuen — direkt an die Orte mit dem herausfließenden Saft und verzehrte die Säfte. In der Schar waren Schwanzmeisen *(Aegithalos caudatus)* und 1—2 Sumpfmeisen *(Parus palustris)*. Einzeln flogen Kohlmeisen *(Parus major)*, Tannenmeisen *(Parus ater)* und Blaumeisen *(Parus caeruleus)* zu. Durch alle wurden die Säfte konsumiert. Einige Tage später tranken die Säfte im Wipfel einer Eschenblättrigen Flügelnuß *(Pterocarya fraxinifolia)* Kohlmeisen *(Parus major)*, Blaumeisen *(Parus caeruleus)* und Sumpfmeisen *(Parus palustris)* aus den durch den Großen Buntspecht gemachten Wunden. An der Schüttinsel (Žitný ostrov) beobachtete ich an einem Feld-Ahorne *(Acer campestre)* und an einem Eschen-Ahorne *(Acer negundo)*, wie Blaumeisen *(Parus caeruleus)* und Sumpfmeisen *(Parus palustris)* an die frischen Ringelungen etwa in der Höhe von 1 m an dem Stamme zuflogen, die Säfte tranken, sie verschwanden aber, sobald der Große Buntspecht herbeiflog. Anfang März (1957) floßen aus einer Frostrisse eines Mandschurischen Ahornes *(Acer ginnala)* Säfte an dem Stamme herunter. Während etwa einstündiger Beobachtung sind ununterbrochen 2 Sumpfmeisen *(Parus palustris)*, 3 Blaumeisen *(Parus caeruleus)* und 2 Schwanzmeisen *(Aegithalos caudatus)* hinzugeflogen und tranken die Säfte, obgleich ich sie aus etwa 3 m Abstand beobachtete. An dem nebenstehenden Mandschurischen Ahorne *(Acer ginnala)* waren etwa in der Mitte des Stammes einige Ringelungen von dem Großen Buntspecht aus dem vergangenen Jahre stammend, aus denen aber keine Säfte mehr ausflossen. Es muß erwähnt werden, daß im Falle der ersten Beobachtung auf dem Feld-Ahorne kürzere oder längere Zeit Buchfinken *(Fringilla coelebs)* und zeitweise Goldammer *(Emberiza citri-*

nella) saßen, sie beachteten aber die Säfte keineswegs. B a t t s (1953) führt aus Nordamerika ein analogisches Beispiel des Kommensalismus an Säften eines Amberbaumes *(Liquidambar styraciflua)* an, der im Dezember durch den Specht *Sphyrapicus varius* geringelt wurde. An diesem Baum tranken Säfte systematisch zwei Finkenvögel: *Spinus tristis* und *Spinus pinus.*

Aus Insekten beobachtete ich an den herausfließenden, hauptsächlich aber auf den bereits gärenden Säften — an der Weißbuche *(Carpinus betulus)*, dem Feld-Ahorne *(Acer campestre)*, der Birke *(Betula pendula)* — Fliegen, vorwiegend die Fliegen *Tachinidae*, den Käfer *Cetonia aurata* und die Wanze *Pyrrhocoris apterus*. Die Fliegen wurden hier systematisch und sehr geschickt durch Waldlaubsänger *(Phylloscopus collybita)* gejagt.

P y n n ö n e n (1943) führt seine direkte Beobachtungen über das Befressen der Rinde, des Bastes und wahrscheinlich auch des Kambiums auf der Zitterpappel *(Populus tremula)* und der Birke *(Betula pendula)* durch den Großen Buntspecht *(Dendrocopos major)* an. Alle Beobachtungen wurden im Frühling und im Frühsommer (in Finnland!) durchgeführt. Der Specht bemeiselte die Rinde am Stamme (auf der Birke auch an den Ästen), konsumierte die erwähnten Teile so, daß ganze Flecke, etwa handgroß, entstanden. Wenn es auch P y n n ö n e n nicht anführt, auch in diesem Falle konsumierten die Großen Buntspechte hauptsächlich Säfte und das Kambium desto mehr, da es im Frühjahr und im Frühsommer war und daß sie an die verletzten Stellen wiederholt zurückkehrten. Die Beobachtung im Frühsommer — in der Brutperiode —, da an die verletzte Rinde ein nistendes Paar systematisch zuflog, hätte auch die Konsumtion der Assimilationssäfte bezeugt. Die fleckartige Verletzung der Rinde an lebenden Bäumen ist auch durch den Grünspecht *(Picus viridis* — an Eichen, Pappeln) und durch den Schwarzspecht *(Dryocopus martius* — an Eichen, Buchen, Tannen u. a.) bekannt.

Endlich für die Identifikation, von welchem Spechte die Löcher, bzw. die Reihe dieser — die Ringe — entstanden sind, führen wir an, daß je dichter die Ringe übereinander gelegt sind, desto kleiner war der ringelnde Specht und umgekehrt. Zahlenmäßig können wir es nicht ausdrücken aus Mangel an direkten Beobachtungen und Messungen. Die Stärke der Borke (der Rinde), wie es aus den Beobachtungen hervorgeht, hat keinen Einfluß auf die Ringelung und das Aussaugen der Säfte, da wir gleich geringelte Holzarten und Stammteile mit grober Borke als auch Abschnitte mit dünner „Spiegelrinde" fanden.

Beobachtungen und Angaben in der Literatur über das Befressen der Gallen durch Vögel sind wenig zahlreich und spezielle Studien über diese trophischen Beziehungen sind überhaupt nicht durchgeführt worden. Die Beobachtungen und Angaben der Literatur beziehen sich mehr oder weniger auf gelegentliche Feststellungen und bis jetzt herrscht in der Literatur keine Übereinstimmung betreffend die Frage, ob durch die Vögel, wenigstens durch einige, entweder nur die gallenbildenden Insekten, oder (auch) nur die Substanz der Gallen selbst befressen wird. Als weitere Quelle für die Nahrug einiger Vögel kommen Insekten in Betracht, die bereits beschädigte, verlassene Gallen vorübergehend als Versteck benutzten oder dort überwintern. So fand ich in solchen Gallen Ohrwürmer *(Forficula sp.)*, Marienkäfer *(Coccinella sp.)*, Vollkerfe verschiedener Pflanzenläuse, Käfer usw. Bei den Beobachtungen muß man also eine besondere Umsicht haben, damit man verläßlich behaupten kann, daß durch irgendeinen Vogel die Substanz der Galle, also eine Pflanzennahrung, oder die gallenbildenden Insekten (Pflanzenläuse — *Aphidoidea*, Fliegen — *Diptera*, Hymenopteren — *Hymenoptera)*, oder die sekundären Insekten in den Gallen befressen werden. Ähnlich muß man mit Umsicht auch bei Magenanalysen der Vögel vorgehen, in denen — oft reichlich — Gallenteile gefunden werden, da es fraglich ist, ob diese selbst oder zusammen mit einer anderen, vielleicht mit einer tierischen Nahrung befressen wurden. Diese letztere wird aber früher verdaut — und oft unbestimmbar — als die Pflanzennahrung. In dieser Richtung sind Fütterungsversuche an Vögeln in Gefangenschaft erwünscht.

Ausführlichere — jedoch überhaupt keine vollkommene — Angaben über das Befressen der Gallen und gallenbildenden Insekten finden wir in den Arbeiten von U g r e n o v i č, 1907, T u r č e k, 1951, und P f ü t z e n r e i t e r, 1957, während B e t t s, 1955, das Befressen der Gallen durch Meisen *(Parus sp.)* in den Eichenwäldern Englands fand. F a r s k ý, 1948, fand viele Gallen in dem Verdauungstrakte der Fasane *(Phasianus sp.)*, jedoch man kann per analogiam mit anderen Hühnervögeln (vgl. das Befressen der Kirschenkerne und die Aufbewahrung dieser in dem Muskelmagen als Gastrolithen) annehmen, daß einige, besonders harte Gallen — wie z. B. *Mikiola fagi* — als Gastrolithen gefressen werden.

P f ü t z e n r e i t e r, 1957, auf Grund eigener Beobachtungen und Angaben der Literatur behauptet mit Recht, daß Gallen am meisten durch solche Vögel befressen sind, die ihre Nahrung durch Meiseln und durch Zerhackung der Pflanzenteile gewinnen, d. h. durch einige Spechte *(Pici)* und Meisen *(Parus sp.)*. Dies ist auch durch unsere Übersichtstabelle 14 bestätigt, die auf Grund eigener und auch fremder Beobachtungen zusammengestellt wurde. In diese Vogelgruppe gehört auch die Spechtmeise (*Sitta sp.*). Durch diese Vögel sind hauptsächlich gallenbildende Insekten (Larven und Puppen) aus den Gallenkammern befressen, wie es die Fraßbilder an Gallen beweisen. B e t t s, 1955, bei der Analyse der Nahrung der Meisen in den Eichenwäldern Englands stelle die Gallensubstanz bei Kohlmeisen (*Parus major*), Blaumeisen (*Parus caeruleus*), Tannenmeisen (*Parus ater*) und Sumpfmeisen (*Parus palustris*) fest, wobei die meisten Gallen durch Blaumeisen (*Parus caeruleus*), also durch die an die Eichen am besten angepaßte Meise befressen wurden. Neben der Substanz der Gallen in den analysierten Magen wurden auch Larven und Vollkerfe (zusammen mit bereits geschlossenen Flügeln, d. h. aus der Puppenwiege ausgepickte Vollkerfe) gefunden. Jedoch trotzdem kann man nicht auf Grund dieser ausführlichen Untersuchungen behaupten, ob die Substanz der Gallen nur gelegentlich, gewissermaßen mit den Insekten zusammen, befressen wurde, da einige Gallen, hauptsächlich die kleineren (*Andricus, Neuroterus*), auch im ganzen befressen wurden und die Befunde der Gallenarten ganz der Phönologie des Vorkommens der Gallen in der Natur, mit einem Minimum Mitte Sommer, entsprachen. Man muß also das Befressen der Gallen, ihrer Substanz, durch Meisen für eine gut belegte Tatsache halten.

Dagegen aber unsere Beobachtungen über den sonst pflanzenfressenden Fichtenkreuzschnabel (*Loxia curvirostra*) beweisen, daß durch diesen Vogel fast ausschließlich gallenbildende Gliedertiere, hauptsächlich aber Pflanzenläuse (es werden auch solche freilebend zahlreich befressen) aus den Gallen wie *Sacchiphantes, Adelges, Pemphigus* befressen wurden.

Der Seidenschwanz (*Bombycilla garrulus*) verschluckt ganze Gallen, während der Eichelhäher (*Garrulus glandarius*) in Notzeit Gallenstücke ähnlich wie im Winter Flechten befrißt.

Über die Menge der beschädigten, geöffneten oder befressenen Gallen haben wir keine Angaben. Bereits früher beobachteten wir aber massenweise angemeiselte Eichengallen in die Rindenrisse, Astgabelungen, Löcher u. ä., was die Spechte, hauptsächlich aber der Große Buntspecht (*Dendrocopos major*), weniger der Kleine Buntspecht (*Dendrocopos minor*), aber stellenweise auch die Spechtmeise (*Sitta europaea*) tun; eben die Spechtmeise macht sich aus den Gallen auch Vorräte auf solche Weise. In dem forstlichen Arboretum in Kysihýbel fand ich an einer einzigen Fraßstelle des Großen Buntspechtes 47 zerbrochene Gallen von *Cynips quercus-calicis* und in einem Eichenwald (*Quercus cerris*) in Beluja an den niederen Teilen der Eichenstämme in der Höhe etwa 2 m über dem Boden fand ich im September von 6 bis 84 durch die Spechtmeise (*Sitta europaea)* eingemeiselte Gallen, bzw. Eicheln mit mehrkammerigen Gallen von *Callirhytis glandium*. In gewisser Zeit können also Gallen, bzw. gallenbildende Insekten einen bedeutenden Teil der Nahrung einiger Vogelarten bilden. Die Meinung hauptsächlich älterer Autoren, wonach der verhältnismäßig große Gerbstoffgehalt der Eichengallen diese vor der Beschädigung oder vor dem Befressen schützt, kann man nicht verallgemeinern, desto weniger, da auch z. B. Gallen von *Cynips quercuscalicis* oder von *Cynips hungarica*, die bis 30 % Gerbstoffe enthalten (U g r e n o v i č, 1907, P f ü t z e n r e i t e r, 1957), durch Vögel befressen werden. Der große Gerbstoffgehalt schützt in gewissem Maße die Gallen vielleicht vor dem Befressen durch Pflanzenfresser, hauptsächlich in „unreifem" Zustande, solang die Gallen nicht hart werden, nicht aber vor Vögeln, die in diesen taninreichen Gallen nach Insekten suchen.

Beim Befressen wurden durch einige Vögel, hauptsächlich durch Spechte, die Gallen auch verschleppt. Dies aber ist für die Verbreitung der gallenbildenden Insekten kaum von wesentlicher Bedeutung, da es sich um aktiv fliegende Insekten handelt.

Das Zerhacken der Gallen durch Vögel, das Befressen der gallenbildenden Insekten aus den Gallen muß man vom wirtschaftlichen Gesichtspunkte aus als eine nützliche Tätigkeit der Vögel betrachten, und das um so mehr, daß die Mehrzahl dieser Insekten vor den Insektiziden in den bedeckten, harten Gallen geschützt ist und die Vögel so (neben einigen Nagetieren und schmarotzenden Insekten) fast die einzigen natürlichen Regulatoren der Population dieser Insekten darstellen.

2. Verbreitung der Gehölze durch Vögel

Nach der Art der Verbreitung teilen wir die Pflanzen — einschließlich die Gehölze — in anemochorische, autochorische, hydrochorische und zoochorische ein. Für jede Art der Verbreitung ihrer Früchte, Samen, Diasporen haben die Pflanzen eigenartige Anpassungen, die während ihrer Evolution hauptsächlich durch die natürliche Auslese entstanden. Einige Pflanzen — sowie auch Gehölze — sind auch alternativ, mehrartig verbreitet.

Den Gegenstand unseres Interesses bilden die Pflanzen, aus diesen wieder die Gehölze, die obligatorisch oder fakultativ durch Tiere, namentlich durch Vögel, verbreitet werden. Diese Art der Verbreitung der Pflanzen ist die Ornithochorie. Danach, wie die Ornithochorie durch die Vögel ausgeübt wird, teilen wir diese ein in:

die Endochorie (Endoornithochorie), falls die Diasporen (Samen) durch die Vögel in ihrem Verdauungstrakte verfrachtet werden, bzw. die Dia-

T a b e l l e 14

Gehölze	Gallen — Art	Vogelart (Konsument)
Larix sp.	*Dasyneura laricis* *Adelges laricis*	*Parus div. sp.* *Coccothraustes coccothraustes* *Pyrrhula pyrrhula* *Loxia curvirostra*
Picea sp.	*Sacchiphantes abietis viridis*	*Loxia curvirostra*
Populus sp.	*Harmandia globuli löwi*	*Phasianus colchicus*
	Pemphigus bursarius *lactucarius* *spirothecae* *populi* *filaginis*	*Bombycilla garrulus* *Loxia curvirostra*
	Syndiplosis petioli	*Dendrocopos major* *Parus div. sp.*
Salix sp.	*Pontania div. sp.*	*Phasianus colchicus*
	Rhabdophaga saliciperda *populnea* *salicis* *terminalis* *Helicomyia saliciperda*	*Dendrocopos major* *minor* *Parus major* *caeruleus*
Fagus silvatica	*Mikiola fagi* *Hartigiola annulipes*	*Phasianus colchicus* *Parus major* *Sitta europaea*
Quercus div. sp.	*Cynips hungarica*	*Phasianus colchicus* *Dendrocopos major* *minor* *Sitta europaea*
	Cynips kollari	*Dendrocopos major* *Parus major* *caeruleus* *Sitta europaea* *Garrulus glandarius*
	Cynips quercus-calicis *quercus-tozae* *lignicola*	*Dendrocopos major* *Sitta europaea*

Gehölze	Gallen – Art	Vogelart (Konsument)
Quercus div. sp.	Cynips caput medusae	Dendrocopos major
	Cynips corruptrix	Parus major Parus caeruleus
	Biorrhiza pallida	Parus major Parus caeruleus Sitta europaea
	Callirhytis (Andricus) glandium	Dendrocopos major Sitta europaea
	Neuroterus q.-baccarum laeviusculus	Chloris chloris Fringilla coelebs
	solitarius	Parus major Sitta europaea
	Andricus testaceipes nudus glandulae	Parus major Parus caeruleus
	kirschbergi	Parus major Sitta europaea
Ulmus carpinifolia	Eriosoma lanuginosa	Parus major Parus caeruleus Parus palustris Passer montanus
	Tetraneura (Kaltenbachia) ulmi	Parus major Parus caeruleus Parus atricapillus
Ulmus glabra	Contarinia sp.	Parus caeruleus
Rubus caesius	Diastrophus rubi	Parus div. sp.
Rosa div. sp.	Rhodites rosae mayri	Phasianus colchicus Dendrocopos major medius Parus major
Fraxinus sp.	Eriophyes fraxinivorus	Parus major Parus caeruleus Parus palustris

sporen durch diesen Trakt passieren und mit der Darmausscheidung oder
in Speiballen entlehrt werden (für diese letztere Art schlägt Il'jinskij,
1945, den Ausdruck Hemiendozoochorie vor),

die Synzoochorie, falls die Diasporen durch die Vögel in ihre Vorräte,
an die Bearbeitungsstellen, Verzehrungsstellen verfrachtet werden, und

die Epizoochorie, falls die Diasporen durch Vögel äußerlich, an ihrem
Federkleide, Schnabel, Füßen, an Erdebrocken an ihren Füßen usw., also
mehr oder weniger zufällig, gelegentlich verfrachtet werden. Vom Gesichtspunkte der Gehölze kommt diese Art kaum in Betracht, lediglich etwa
bei der Platane *(Platanus sp.)* und bei der Waldrebe *(Clematis sp.)* u. ä.

Für die Gehölzdiasporen sind die ersten zwei Arten die bedeutendsten:
die Endochorie und die Synzoochorie, die am ausführlichsten von uns
behandelt werden.

Wie bereits erwähnt, für jede Art der Verfrachtung besitzen die Gehölze eigenartige Anpassungen. Dasselbe muß auch von den Vögeln, die
in der Zoochorie beteiligt sind, gesagt werden. Bei Gehölzen können die
Anpassungen morphologischer, physiologischer, phönologischer und bio-
chemischer Natur sein. Diese Anpassungen der Gehölze einerseits und
der Vögel anderseits wurden durch eine ausführliche Literatur behandelt
(Kerner, 1896—1898, Liebmann, 1910, Ridley, 1930, Müller-
Schneider, 1934, Leege, 1937, Zažurilo, 1931, Novikov, 1948,
Müller, 1955, Levina, 1957, Portenko, 1948 u. a.); wir verweisen
deshalb darauf.

Die Mehrheit der Literatur, so die ornithologische, wie auch botanische
und biozönologische, führt — ähnlich wie unsere qualitative Tabelle 19 —
Diasporenarten und diese befressende Vogelarten an. Richtig weisen
Levina, 1957, und Mazing, 1957, darauf hin, daß das Befressen selbst
der Diasporen noch keineswegs ihre Verbreitung durch die Befresser
bedeutet, und besonders wenig Angaben haben wir über die Effektivität
der Verfrachtung der Gehölzdiasporen durch Vögel und überhaupt Angaben quantitativer Natur (Mazing, 1957). Aus diesem Grunde werden
wir in weiterem manchmal in scheinbar überflüssige Einzelheiten eingehen
und detaillierte Tabellen anführen, soweit es um die Untersuchung der
Effektivität der Verfrachtung der Diasporen durch Vögel gehen wird.

Die Mehrheit der Fälle des Diasporenbefressens durch Vögel wird eine
potentielle Verfrachtung darstellen. Die Effektivität der Verfrachtung,
der Verbreitung der Gehölzdiasporen hängt einerseits von der Qualität
und der Quantität der Diasporen der Holzart, sowie auch von dem Anfang
der Mannbarkeit der Holzarten ab (nach Firbas, 1935), anderseits von
dem Orte, der Zeit und Art des Befressens der Diasporen durch Vögel,
von der Geschwindigkeit ihrer Verdauung und Bewegung (ihres Fluges)

und vom Einfluß der Verdauungsfermente und Säfte überhaupt auf die Keimfähigkeit der Diasporen, auf die Neutralisation der Inhibitoren (z. B. Blastokolin bei der Eberesche) usw.

Die Qualität der Diasporen beeinflußt die Verfrachtung z. B. durch ihren Reifezustand, Entwicklungszustand — leere, schlecht entwickelte, beschädigte usw. Diasporen haben keine Aussicht für das Auskeimen, sowie auch durch ihre räumliche Lokation: vor der Sicht der Vögel verborgene Diasporen, Diasporen, die eben an Orten, wo ornithochore (diesbezügliche) Vogelarten leben, fehlen u. ä.

Die Menge — so die Dichte, wie die Flächendichte — entscheidet über die Verfrachtung hauptsächlich dadurch, daß je mehr Diasporen es gibt, desto mehr Individuen und Vogelarten können sich an der Verfrachtung beteiligen. Diese Menge verursacht oft eine Konzentration der Vögel, entweder aus eigener oder aus fremder Gemeinschaft, dort, wo Diasporen reichlich vorkommen. In Fällen, wo Diasporen ergiebig vorhanden sind, kann man oft eine Massenverfrachtung dieser beobachten und die Folge dessen stellt dann eine stoßartige Verbreitung als eine Abweichung von der Norme der Kontinuität in der Verbreitung der Diasporen dar.

Der Anfang der Fruchtbarkeit der Gehölze ist artspezifisch verschieden. Nach F i r b a s (1935) erreichen unsere gewöhnlichsten Waldhölzer ihre Mannbarkeit, wie folgt:

die Birke (*Betula*) im Alter von 10—15 Jahren,
die Erle (*Alnus*) im Alter von 10—20 Jahren,
die Hasel (*Corylus*) im Alter von 10 Jahren,
die Latsche (*Pinus mugo*) im Alter von 6—10 Jahren,
die Waldkiefer (*Pinus silvestris*) im Alter von 10—20 Jahren,
die Lärche (*Larix*) im Alter von 10—20 Jahren,
die Weißbuche (*Carpinus*) im Alter von 20—30 Jahren,
die Linde (*Tilia*) im Alter von 20—30 Jahren,
der Ahorn (*Acer*) im Alter von 20—40 Jahren,
die Eiche (*Quercus*) im Alter von 25—40 Jahren,
die Fichte (*Picea*) im Alter von 30—50 Jahren,
die Ulme (*Ulmus*) im Alter von 30—40 Jahren,
die Tanne (*Abies*) im Alter von 30—70 Jahren,
die Rotbuche (*Fagus*) im Alter von 40—50 Jahren.

Holzarten, die ihre Mannbarkeit später erreichen, verbreiten sich und sind verbreitet langsamer als diejenigen mit früherer Mannbarkeit, da von der Entstehung eines neuen Individuums bis zu seiner Mannbarkeit eine längere Zeit verläuft. Dies bezieht sich so auf die anemochorische, wie auch zoochorische Verbreitung. Als Beispiel können einerseits Baumarten mit späterer Mannbarkeit und anderseits diejenigen mit früherer Mannbarkeit, sowie Sträucher und Halbsträucher dienen. Wenn wir über die Geschwindigkeit der Verbreitung sprechen, handelt es sich um die Zeit, die zu der Verbreitung des Gehölzes auf eine gewisse Entfernung notwendig ist. Für die anemochorischen Gehölze führt F i r b a s (1935) die Maximalverbreitung in 1 Jahre um etwa 8 km, größtenteils aber weit unter diesem Limit an. Für die Birke und die Erle führt derselbe Autor den Jahresradius auf etwa 2 km, für die zoochorisch verbreitete Hasel 1,3 bis 1,9 km, für die Kiefer 3—4 km, für die Ulme 5,8 km u. ä. an. Die Erfahrung besagt, daß der Hauptbezirk der anemochorischen Verbreitung der Gehölze kaum einige 100 m jährlich überschreitet und die Saatdichte proportionell mit der Entfernung von der Mutterpflanze sinkt. Hier muß ein sehr wichtiger, von P a c z o s k i (1933) betonter Umstand erwähnt werden, daß nämlich während die anemochorische Verbreitung mehr zufällig ist, viele Diasporen auf ungeeignete Orte einfallen (letaler Effekt der Verbreitung), die zoochorische Verbreitung dagegen und besonders die Ornithochorie mehr zielbewußt, gesetzmäßig ist. Es genügt z. B. anzuführen, daß der Eichelhäher *(Garrulus glandarius)* keine Eicheln in Schlamm und zwischen Steine versteckt und auch die Mehrheit der endozoisch verbreiteten Diasporen, Samen geraten in ökologisch günstige Bedingungen, Umwelt bereits auch mit Hinsicht auf die verhältnismäßige Gleichartigkeit der Lebensgemeinschaften, in denen die verbreitenden Vögel sich bewegen. So z. B. die Amsel *(Turdus merula)* nach dem Verzehren der Beeren des Schwarzen Holunders *(Sambucus nigra)* fliegt nicht in die Felder und die Mönchgrasmücke *(Sylvia atricapilla)* nach dem Verzehren der Roten Johannisbeeren *(Ribes rubrum)* fliegt nicht in die Wiesen hinaus. Es ist aber anderseits sicher, daß nicht alle durch Vögel verschleppte Diasporen keimen und hochwachsen, und hier scheint die Synzoochorie mehr effektiv als die Endozoochorie zu sein.

Vom Standpunkte der Evolution des Gehölzes ist die Parallele zwischen der Befruchtung und der Verbreitung der Diasporen, der Samen sehr lehrreich. Anemophile Pflanzen gibt es etwa 1000 Arten, aus denen bis 200 Arten aus der Gattung Kiefer *(Pinus)* sind (H u b e r, 1956), während decksamige Pflanzen, die größtenteils durch Tiere befruchtet werden, gibt es bis eine halbe Million Arten. Und so die Befruchtung durch Insekten, durch Vögel, bzw. durch Fledermäuse hat den decksamigen Pflanzen eine viel größere Verbreitung, Artbildung gesichert, als die Befruchtung durch Wind für die nacktsamigen Pflanzen. Ähnliches kann man von der Verbreitung der Diasporen voraussetzen. Die Verbreitung durch Tiere: Insekten (z. B. Myrmekochorie, zwar eng begrenzt), Vögel, Säugetiere, evtl. durch den Menschen hat den decksamigen Holzarten eine größere Verbreitung und Speziation als die anemochorische Verbreitung den nacktsamigen Diasporen gesichert. Ausnahmen sind natürlich auf beiden Seiten: es gibt nacktsamige, die durch Tiere, und wieder decksamige Holzarten, die — entweder primär oder sekundär — durch den Wind verbreitet sind. Die Vögel selbst, wie bereits erwähnt, beeinflussen die Verbreitung der Gehölze durch den Ort, die Zeit und die Art des Verzehrens der Diasporen, sowie auch durch die Einwirkung ihrer Verdauungssäfte auf die Qualität der verfrachteten, verzehrten Diasporen.

Sobald es sich um den Ort des Befressens handelt, zeigt sich die potentielle Verbreitung der Gehölzdiasporen um so mehr effektiv, desto beweglicher, weniger seßhaft (selbstverständlich im Rahmen eines Lebensgemeinschaftsverbandes) der Vogel ist und desto länger die zwischen dem Verzehren der Diaspore und der Defekation oder dem Auswürgen der Samen verflossene Zeit bei der endozoischen und hemiendozoischen Verbreitung ist. Dasselbe läßt sich über die Entfernung der Verschleppung von der Mutterpflanze für eine sofortige oder spätere Konsumtion bei Synzoochorie sagen.

Über die Geschwindigkeit der Verdauung, bzw. über die Passage der Diasporen, der Samen durch den Verdauungstrakt bis zur Defekation, als auch über die Geschwindigkeit des Auswürgens der den Embryo enthaltenden Diasporenteile werden wir hauptsächlich durch Fütterungsversuche, weniger durch im Freien geführte Beobachtungen unterrichtet.

K e r n e r (1896—1898) führt an, daß im Kote der Singdrossel *(Turdus ericetorum)* Samen der Felsen-Johannisbeeren *(Ribes petraeum)* 45 Minuten nach dem Befressen, während Samen des Schwarzen Holunders *(Sambucus nigra)* bereits nach 30 Minuten erscheinen. Mit diesen Samen führten auch wir Versuche durch, wie wir es erwähnt haben, und stellten etwa ähnliche Zeiten als Kerner fest. L e e g e (1937) dagegen stellte die Passage der Samen des Schwarzen Holunders *(Sambucus nigra)* bei der Amsel *(Turdus merula)* bereits nach 15 Minuten fest. Ähnlich schreibt S t r e s e m a n n (1934), daß eine Beerennahrung, wie z. B. Himbeeren, durch den Verdauungstrakt einiger Vögel (Seidenschwanz — *Bombycilla*, Grasmücke — *Sylvia*) in 8 bis 10 Minuten passiert. M ö h r i n g (1957) führte diesbezügliche Versuche mit der Mönchgrasmücke *(Sylvia atricapilla)* durch und stellte die Passage der Samen der Alpen-Johannisbeeren *(Ribes alpinum)* in 20 Minuten, des Schwarzen Holunders *(Sambucus nigra)* in 17 Minuten und des Seidelbastes *(Daphne mezereum)* in 20 Minuten nach der Verzehrung der Samen fest. Dabei dauerte bei dem angeführten Vogel und Samen der ganze Verdauungsprozeß 105, 120, bzw. 135 Minuten.

M a z i n g (1957) führt das Verbleiben der Samen im Trakte der insektenfressenden Vögel — er meint hier offensichtlich diejenigen Vogelarten, die beim Befressen die Diaspore nicht zermalmen — auf 12 Minuten bis 3—4 Stunden an.

M ü l l e r — S c h n e i d e r (1949) ist der Ansicht, daß viele durch Vögel verfrachtete Samenarten, hauptsächlich Beeren in breitem Sinne des Wortes, in dem Verdauungstrakte der Vögel bloß etwa 20—30 Minuten verbleiben. Dieser Meinung schließt sich auch L e v i n a (1957) an.

R i d l e y (1930) führte Versuche hauptsächlich mit exotischen Vögeln und Samen durch. Seine Feststellung aber, daß die Defekation der Samen desto langsamer war, je mehr Samen der Vogel verzehrte, ist bemerkenswert und erinnert uns an die Art des Befressens einiger Diasporen durch so effektive Verfrachter, wie z. B. die Mönchgrasmücke *(Sylvia atricapilla)* oder das Rotkehlchen *(Erithacus rubecula)*, der Gartenrotschwanz *(Phoenicurus ochruros)*, die Amsel *(Turdus merula)* und andere sind, die von den Früchten z. B. des Schwarzen Holunders *(Sambucus nigra)* auf ein Mahl 3 bis 7 Beeren verzehren, also verhältnismäßig wenig und kürzlich zu derselben Pflanze zurückkehren (eigene Beobachtungen).

Über die Defekation der Vögel im Fluge gibt es noch viele Unklarheiten. Es gibt viele Beobachtungen darüber, daß mehrere Arten auch im Fluge defezieren können. Bestimmt tun es Vögel, die sich auch im Fluge ernähren, bei den anderen aber kann man kaum eine vollkommene Defekation voraussetzen, da zwischen dieser und der Annahme der Nahrung physiologische und funktionelle Beziehungen existieren.

Eine besondere Aufmerksamkeit verdienen die Speiballen, mittels deren Diasporen, Samen verfrachtet werden. Auch über diese Frage herrscht zwischen den Autoren keine Übereinstimmung: welche Vogelarten Speiballen bilden, aus welchen Diasporenarten usw. Es scheint, daß hier die Mannigfaltigkeit größer ist, als es im allgemeinen vorausgesetzt wird, und man kann annehmen, daß im Notfalle (d. h. falls die Passage der Reste, der unverdaulichen Teile, wenn auch nur funktionell, zum Nachteil wäre) jede Vogelart diese Reste auszuwürgen pflegt. Die Bildung der Speiballen hängt jedoch nicht nur von der Vogelart und von der Art der verzehrten Nahrung, der verzehrten Diasporen, sondern auch von dem Grade des Vollgefressens des Vogels und von der Menge der verzehrten Diasporen ab. Es sind da also so viele verschiedene Umstände, daß man sich kaum eindeutig darüber äußern kann, ob durch eine Vogelart aus einer Diasporenart Speiballen gebildet werden oder nicht: die bereits so gestellte Frage ist a priori unrichtig.

Aus eigenen Beobachtungen führe ich in diesem Zusammenhang die folgenden an: an den Schlafplätzen der Elstern *(Pica pica)* fand ich mehrere hundert Speiballen (T u r č e k, 1948), die eine Menge von Hagebuttensamen *(Rosa canina)*, Schlehdorn *(Prunus spinosa)*, Weißdorn *(Crataegus oxyacantha)* und Robinien *(Robinia pseudoacacia)* enthielten. Ein Rotrückenwürger *(Lanius collurio)* würgte den Kern der Vogelkirsche *(Prunus avium)* etwa 15 Minuten nach dem Verzehren in der Natur aus. Eine in Gefangenschaft gefütterte Elster *(Pica pica)* würgte die Kerne der Vogelkirsche *(Prunus avium)* 30 Minuten nach der Konsumtion der Früchte aus. In Fütterungsversuchen ein Eichelhäher *(Garrulus glandarius)* würgte in Speiballen Samen des Schwarzen Holunders *(Sambucus nigra)* 2 Stunden 15 Minuten nach dem Verzehren der Beeren aus. Im Herbst und im Winter fand ich an Steinen und Baumstöcken, wo Amseln nach Scharren in Blättern rasteten, ihre Speiballen, die hauptsächlich Hagebuttensamen *(Rosa canina)* enthielten.

Allgemein sind zahlreiche Speiballen der Saatkrähe *(Corvus frugilegus)* an den Schlafplätzen dieser Vögel bekannt. Hier ist der Boden mit einer mehrere cm dicken Schicht von Speiballen oft vollkommen bedeckt. Kerner stellte in seinen Fütterungsversuchen fest, daß Drosseln *(Turdus merula, T. ericetorum)* Samen der Gemeinen Berberitze *(Berberis vulgaris)*, des Gemeinen Ligusters *(Ligustrum vulgare)*, des Schneeballs *(Viburnum sp.)* auswürgten, also Samen, deren Diameter 5 mm überstieg, sowie auch 3 mm Durchschnitt überstiegende Kerne von Kirschenarten *(Prunus sp.)* wurden durch diese Vögel per os ausgewürgt. M ö h r i n g (1957) stellte das Auswürgen der Samen von Johannisbeeren *(Ribes)*, Seidelbast *(Daphne)* und Holunder *(Sambucus)* im Versuche mit einer Mönchgrasmücke *(Sylvia atricapilla)* bereits 10 Minuten nach dem Verzehren der Beeren fest. S c h n e i d e r (1957) stellte fest, daß die Jungen des Stars *(Sturnus vulgaris)*, denen die Eltern ganze Früchte der Vogelkirsche *(Prunus avium)* in das Nest brachten, die Kerne durch den Schnabel auswürgten, und in einigen Nesten fand er bis 100 Kerne dieser Früchte.[10] L e v i n a (1957) ist der Ansicht, das Speiballen für die Verbreitung mindestens solche Bedeutung wie die Darmausscheidung der Vögel haben. Sie führt dabei an, daß in einem einzigen Speiballen der Elster *(Pica pica)* 72 Samen des Schwarzen Holunders *(Sambucus nigra)* waren und das Auswürgen der Kerne der Zwergweichsel *(Prunus fruticosa)* durch diese Vögel, sowie auch durch die Rabenvögel in der Steppe an den Maulwurfshügeln, an den Ausgrabungen der Ziesel u. ä., die Einführung dieser Holzarten an den angeführten Orten zur Folge hat.

Vom Standpunkte der Synzoochorie ist der Ort des Diasporenbefressens, bzw. die Entfernung von der Mutterpflanze entscheidend. Einige Holz-

---

[10] Einige Beispiele der Fütterung der Nestlinge mit Gehölzdiasporen führt S c h u s t e r (1930) an.

arten sind bereits durch ihren Wuchs, Form, Qualität der Rinde und Äste zum Befressen der Diasporen an Ort und Stelle den synzoochorischen Vögeln nicht geeignet. So die Haselnüsse müssen durch den Eichelhäher *(Garrulus glandarius)*, Tannenhäher *(Nucifraga caryocatactes)* und Buntspecht *(Dendrocopos)* von der Mutterpflanze weggetragen werden, da die größtenteils dünnen Äste der Hasel keine genug feste Grundlage für die Bearbeitung der harten Nüsse bilden. Die Nüßchen der Weißbuche *(Carpinus betulus)* holt die Spechtmeise *(Sitta)* und der Buntspecht *(Dendrocopos)* auf andere Holzarten ab, da die glatte Rinde der Weißbuche für ein Einmeiseln dieser harten Nüßchen in die Rindenrisse ungünstig ist. In anderen Fällen, als bei der Eiche, legen die Eichelhäher ihre Wintervorräte aus Eicheln darum meistens von den Eichen entfernt an, da die dicke Streu- oder Pflanzendecke unter den Eichen für die Versteckung der Eicheln nicht so geeignet als der nackte Boden (nudum), bzw. eine Streu aus Nadeln oder Moos an den Waldrändern, Waldwiesen und in den Nadelholz-, hauptsächlich Kieferbeständen ist. Sogar auch bei solchen Gehölz- und Vogelarten, wo wir prima facie keine Erklärung für die Verschleppung finden, befressen die synzoochorischen Vögel Diasporen auf der Mutterholzart selbst äußerst selten. So der Fichtenkreuzchnabel *(Loxia curvirostra)* — während er die Fichtenzapfen abreißt — fliegt mit den Zapfen auf einen anderen Baum über und die Spechtmeise *(Sitta europaea)* holt das abgerissene Lindennüßchen zum Einmeiseln auf einen anderen Baum ab. Wir beobachteten eine Nebelkrähe *(Corvus corone cornix)* und eine Dohle *(Corvus monedula)*, die mit einer Walnuß *(Juglans regia)* im Schnabel lange Zeit nach einer geeigneten Stelle zu sicherem Befressen suchten und mit der Nuß hin und her flogen. Beliebte Stellen dafür sind die Maulwürfshügel, in deren zerwühlte Erde diese Vögel oft die Nüsse auch verstecken („verpflanzen"). Darüber schreibt auch L e v i n a (1957).

Die Verbreitung der Diasporen wird auch durch die Zeit der Konsumtion durch die Vögel beeinflußt, hauptsächlich durch den (physiologischen) Reifezustand der Diasporen. Die Mehrheit der Diasporen der Gehölze besitzt solche Anpassungen, die danach gerichtet sind, damit sie durch die Vögel in der geeignetsten Zeit für die Verbreitung konsumiert werden können (K e r n e r, 1898, L e e g e, 1937, R i d l e y, 1930, L e v i n a, 1957 u. a.). Der Einfluß der Zeit ist aber auch ein anderer. Es ist wichtig z. B., in welcher Tageszeit die Diasporen konsumiert, bzw. die Samen ausgeschieden (evtl. ausgewürgt) werden: die Dohlen, Saatkrähen, Nebelkrähen, Elstern, Drosseln und viele andere Arten fliegen zum Übernachten oft von dem täglichen Wohnsitze mehrere Kilometer weit. Deshalb das Befressen der Gehölzdiasporen in Nachmittagsstunden oder unmittelbar vor dem

Schlafengehen kann einen anderen Effekt für die Verbreitung als die Konsumtion der Diasporen in den Vormittagsstunden ausüben. Eine spezielle Bedeutung hat das Befressen der Gehölzdiasporen durch die Vögel während ihres Zuges, hauptsächlich des herbstlichen, oder ihres Umherfliegens im Spätsommer. In dieser Periode bewegen sich die Vögel auf größere Entfernungen (R i d l e y, 1930), darum ist die Möglichkeit der Verbreitung in die Entfernung weit größer, soweit es sich entweder um die ökologische oder geographische Verbreitung handelt.

Einen entscheidenden Einfluß auf die Verbreitung der Gehölzdiasporen hat die Art der Konsumtion der Diasporen. K e r n e r (1898) unterscheidet drei Vogelkategorien nach der Art des Befressens dieser. Die 1. Kategorie bilden Vögel, die — nach Kerner große Arten — bei der Konsumtion oder im Muskelmagen die Diasporen zermalmen. Die 3. Kategorie bilden diejenigen Vögel, die die Diasporen im ganzen verschlucken und in deren verdauungstrakt die Samen unbeschädigt bleiben, während die 2. eine Übergangskategorie darstellt.

Vom Gesichtspunkte der Wirksamkeit der Verbreitung der Diasporen bestehen solche Vogelkategorien kaum, bzw. es ist nicht möglich die Vögel nach ihrer Größe und die Vogelarten überhaupt in feste Kategorien einzuteilen. So z. B. der Kernbeißer (*Coccothraustes coccothraustes*), der Stieglitz (*Carduelis carduelis*), der Gimpel (*Pyrrhula pyrrhula*) u. ä., obwohl es kleine Vögel sind, zermalmen die Diasporen (Samen), die Krähen — als große Vögel — verschlucken einige Diasporen im ganzen. Der Eichelhäher bei der Konsumtion selbst zermalmt die befressenen Diasporen (Eicheln, Bucheckern, Kastanien), andere Diasporen verschluckt er im ganzen, er verfrachtet aber die Diasporen im ganzen. Der Haussperling verzehrt aus den Holunderbeeren (*Sambucus nigra*) z. B. nur das Fruchtfleisch, die Samen wirft er aber bereits beim Verzehren aus. Andere Vögel — wie z. B. das Haselhuhn (*Tetrastes bonasia*), das Birkhuhn (*Lyrurus tetrix*) — befressen einige Diasporen im ganzen, die Kerne aber lassen sie lang, sogar einige Wochen lang, im Muskelmagen liegen, die hier als Gastrolithen dienen (F o r m o z o v, ex L e v i n a, 1957). Der Kranich (*Grus grus*) — wenn er auch nach Kerner in die 1. Kategorie gehört — verfrachtet die Diasporen, bzw. die Samen, ohne sie im Magen zu zermalmen. So führt M a z i n g (1957) die Verfrachtung der Samen der Brombeere (*Rubus chamaemorus*) durch diesen Vogel bis auf 8 km weit an. Ein ebenso langes Verbleiben einiger Kernfrüchte, bzw. Samen mit solcher Schale im Magen der großen Vögel, wo die Kerne einer mechanischen Reibung ausgesetzt werden, kann die Keimfähigkeit der Samen (was analogisch der künstlichen Skarifikation entspricht) ermöglichen und beschleunigen, besonders wenn es sich um überliegende Diasporen handelt.

Dieselben Diasporen sind durch verschiedene Vogelarten (und in verschiedener Zeit) auf verschiedene Art befressen und durch dieselben Vogelarten sind verschiedene Diasporen wieder auf verschiedene Art befressen. Wenn auch im ganzen alle Diasporen in Kategorien, je nach dem, wie sie durch Vögel befressen werden: 1. als Diasporen im ganzen, 2. nach der Entfernung der Samenschalen, 3. nur ihr Fruchtfleisch, 4. nur der Samen, eingeteilt werden können, ist es nicht möglich etwa statisch — vom Standpunkte des Befressens — die Holzarten und die Vogelarten in diese Kategorien einzuteilen. Jede Diasporenart und jede befressende Vogelart muß — vom Gesichtspunkte der Wirksamkeit der Verbreitung — gesondert betrachtet werden.

Bei den Diasporen, die den Verdauungstrakt der Vögel mechanisch unbeschädigt verlassen, und zwar entweder bereits per anum, oder per os, ist vom Gesichtspunkte der Verbreitung die Wirkung der Verdauungssäfte auf die Keimfähigkeit der Diasporen, bzw. der Samen von großer Bedeutung. Im allgemeinen überwiegt die (richtige) Meinung, daß die Passage — entweder im ganzen, oder nur teilweise — der Diasporen durch den Verdauungstrakt der Vögel die Keimfähigkeit und die Keimungsenergie der Samen (K e r n e r, 1898, T u b e u f, 1923, L e e g e, 1937, B a l d w i n, 1942, K r e f t i n g und R o e, 1949, W r ó b l o w n a, 1950, H r y n i e w i e c k i, 1952, M ö h r i n g, 1957, L e v i n a, 1957 u. a.) begünstigt, und zwar nicht bloß durch die direkte Wirkung dieser Säfte, sondern auch durch die Entfernung des Fruchtfleisches der Samen, durch die Entfernung (Beschädigung) der harten Schalen, der verhindernden Stoffe (Inhibitoren).

Eine Ausnahme bilden die Samen der Riemenblume *(Loranthus)* und des Mistels *(Viscum)*, teilweise der Eiben *(Taxus)*, an denen auch nach der Passage ein Teil des viskosen, zur Befestigung, zum Anhängen der Samen dienenden Fruchtfleisches stecken bleibt. Sonst stellt das Fruchtfleisch selbst bei den endozoisch verfrachteten Diasporen nur das „Beförderungsmittel" für den Samen dar, ähnlich, als das Endosperm bei einigen synzoisch verfrachteten Diasporen, mit den dort aufbewahrten Vorratsstoffen, als „Köder" für Vögel und andere Tiere im Dienste der Verbreitung dient.

Bei einigen Versuchen über die Keimfähigkeit der Samen nach der Passage durch den Verdauungstrakt der Vögel fehlt die Exaktheit solchen Versuches, darum werde ich hier als Beispiel nur die Versuche von W r ó b l o w n a (1950) anführen.

K r e f t i n g und R o e (1949) untersuchten zwar nearktische Diasporen- und Vogelarten, einige von denen aber gehören zu den auch in Europa vertretenen Gattungen. Außerdem berichten sie auch über verschiedene, in

dieser Richtung früher durchgeführte Versuche. Zwischen diesen verdient
der Bericht von L y e l l, Zeitgenossen Darwin's, erwähnt zu werden, der
(1847) über die Fütterung von Truthähnen mit Beeren des Weißdorns
(*Crataegus oxyacantha*) und über die Gewinnung eines Samens von hoher
Keimfähigkeit aus dem Kote dieser Vögel, die dann zur Aussaat in den
Feldhecken benützt wurden, schreibt. H a r v e y führte bereits im Jahre
1915 Versuche mit den aus dem Kote des Haussperlings (*Passer domesticus*)
gesammelten Samen der Kletternden Jungfernrebe (*Parthenocissus quin-
quefolia*) durch, die gegen Kontrolle eine 95%ige Keimfähigkeit aufgewiesen
haben. Interessant sind auch die Angaben über die von F r i e d, 1938, und
S c h w a n k e, 1944, an Fasanen (*Phasianus colchicus*) in Gefangenschaft
mit verschiedenen Gehölzdiasporen durchgeführten Versuche. Wenn auch
viele Samen durch die Verdauung vernichtet und ernst beschädigt worden
sind, ist ein Teil dieser unverletzt und mit erhöhter Keimfähigkeit heraus-
gekommen. In diesem Zusammenhang werden die Samen der Robinie
(*Robinia pseudoacacia*), der Schneebeere (*Symphoricarpus albus*), des Kahlen Sumaches (*Rhus glabra*), des Essigbaumes (*Rhus typhina*), der Rosen
(*Rosa sp.*) usw. angeführt. Die eigenen Versuche von Krefting und Roe,
soweit es sich um auch in Europa vertretene Gattungen handelt, betrafen:

Edelfasane (*Phasianus colchicus*) mit Samen von: Gemeiner Berberitze
(*Berberis vulgaris*), Hartriegel (*Cornus sp.*), Kirsche (*Prunus sp.*), Sumach
(*Rhus sp.*), Holunder (*Sambucus sp.*), Giftsumach (*Toxicodendron sp.*),
Ufer-Rebe (*Vitis riparia*).

Drosseln (*Turdus sp.*) mit Samen von: Tatarischer Heckenkirsche (*Lonicera tatarica*), Weißer Maulbeere (*Morus alba*), Spätkirsche (*Prunus serotina*), Holunder (*Sambucus sp.*).

Seidenschwänze (*Bombycilla sp.*) mit Samen von: Johannisbeere (*Ribes
sp.*), Kirsche (*Prunus sp.*), Brombeere (*Rubus sp.*).

Die Ergebnisse dieser — durch Kontrollsäte unterstützten Versuche —
mit den aus dem Kote der angeführten Vögel erworbenen Samen kann
man folgendermaßen zusammenfassen:

Die Samen der Rosen aus dem Kote der Fasanen waren stark mechanisch beschädigt, die unbeschädigten ergaben eine geringere Keimfähigkeit
als die Kontrolle. Die Samen der Tatarischen Heckenkirsche aus dem Kote
der Drosseln waren überhaupt nicht beschädigt und ergaben eine höhere
Keimfähigkeit als die Kontrolle. Dasselbe betrifft die Samen der Weißen
Maulbeeren, wie auch die Samen der Kirschen. Dagegen aber die Samen
der Kirschen aus dem Kote der Fasanen haben geringere Keimfähigkeit
als die Kontrolle gehabt. Die Samen der Johannisbeeren nach der Passage
durch die Seidenschwänze haben eine größere Keimfähigkeit als die Kontrolle gehabt. Ähnlich war es mit den Samen der Brombeeren. Die Samen

des Holunders waren durch die Verdauung der Fasane stark beschädigt und die unbeschädigten hatten eine geringere Keimfähigkeit als die Kontrolle. Anderseits dieselben Samen nach der Passage durch die Drosseln waren unbeschädigt und von größerer Keimfähigkeit als die Kontrolle. Die Samen des Giftsumaches *(Toxicodendron)* nach der Passage durch die Fasanen haben eine größere Keimfähigkeit gehabt. Die Schnittprüfungen der Samen des Weißdornes *(Crataegus sp.)* nach der Passage durch die Fasanen ergaben eine mittlere bis hohe potentielle Keimfähigkeit. Die Autoren bemerken dabei, daß die Mehrheit der Samen, deren Keimfähigkeit nach der Passage durch die Vögel beschleunigt wurde, zu sog. überliegenden, dormanten Diasporenarten gehört, die in der Natur nur ein bis drei Jahre nach dem Abfallen von der Mutterpflanze auskeimen.

Nicht minder interessant sind jene Ergebnisse, die in diesen Versuchen darüber sprechen, daß nicht einmal in einem so starken Muskelmagen (und bei Anwesenheit von Gastrolithen), als der Magen der Fasane ist, alle Samen beschädigt, vernichtet werden (vgl. Kerners Vogelkategorien), sondern ein Teil deren in lebensfähigem Zustande ausgeschieden wird. Nach der Fütterung dieser Vögel mit verschiedenen Diasporen haben die Autoren folgende, in Prozenten aus der gefütterten Anzahl ausgedrückte Menge der Samen in dem Kote gefunden: Berberitze *(Berberis)* 1 %, Rosen *(Rosa)* 10—35 % der Art nach, Giftsumach *(Toxicodendron)* 24 %, Weißdorn *(Crataegus)* 100 %.

W r ó b l o w n a (1950) führte Versuche mit Verfütterung der Himbeeren *(Rubus idaeus)* mit folgenden Vögeln durch: Ringeltaube *(Columba palumbus)*, Dohle *(Corvus monedula)*, Gimpel *(Pyrrhula pyrrhula)*, Stieglitz *(Carduelis carduelis)*, Grünfink *(Chloris chloris)*, Haussperling *(Passer domesticus)*, Amsel *(Turdus merula)*, Erlenzeisig *(Carduelis spinus)*, Singdrossel *(Turdus ericetorum)*. Aus dem Kote dieser Vögel hat sie Samen gesammelt, die gleichzeitig mit der Kontrolle ausgesät worden sind. Die Ergebnisse zeigten, daß die Samen aus dem Kote, im Vergleich mit der Kontrolle, die eine 50%ige Keimfähigkeit aufwies, je nach Vogelart die folgende Keimfähigkeit gehabt haben:

Tauben *(Columba)* 66 %,
Rabenvögel *(Corvus)* 60 %,
Gimpel *(Pyrrhula)* 72 %,
Stieglitze *(Carduelis)* 80 %,
Grünfinken *(Chloris)* 66 %,
Sperlinge *(Passer)* 68 %,
Drosseln *(Turdus)* 84 %,
Erlenzeisige *(Carduelis spinus)* 52 %.

Besonders tritt hier die hohe Keimfähigkeit nach der Passage durch Amseln *(Turdus merula)* und Singdrosseln *(Turdus ericetorum)* hervor (diese Arten sind durch mehrere Autoren — F o r m o z o v, 1950, L e v i n a, 1957 — mit Recht für die wichtigsten in der endozoischen Verbreitung der Gehölze betrachtet), so im Vergleich mit der Kontrolle, wie auch mit anderen Vogelarten. Bei diesen Versuchen stellte Wróblowna weiterhin fest, daß Haushuhn die Himbeeren *(Rubus idaeus)* in 2,5 bis 3 Stunden, die Taube in 1,5 bis 2 Stunden verdaut haben.

Außerdem, daß die Samen der Himbeeren eine höhere Keimfähigkeit nach der Passage hatten, keimten sie 30 Tage früher als die Kontrolle aus und hatten auch eine höhere Keimungsenergie. Die Autorin folgte aber das Schicksal der ausgesäten Pflanzen noch drei Jahre hindurch und stellte fest, daß die Vogelaussaat, bzw. die Pflanzen aus diesen Samen besser wuchsen und 2- bis 3mal größer als die Kontrolle waren, ihre Blätter mehr dunkelgrün waren und diesen Vorsprung dauerhaft beibehielten. Schließlich bemerkt die Autorin, daß nur etwa 20 % der Himbeeren in der Natur aus vegetativer Vermehrung stammt, der Rest ist durch Tiere ausgesät worden.

M ö h r i n g (1957) führte Versuche mit der Aussaat der Samen der Alpen-Johannisbeeren *(Ribes alpinum)* durch. Künstlich entfernte er das Fruchtfleisch von den Samen und säte sie mit einer Kontrolle zusammen aus. Er stellte bei den entfleischten Samen eine 95%ige, bei den unentfleischten nur eine 29%ige Keimfähigkeit fest. Wir wissen, daß durch die Passage durch den Trakt der Vögel die Mehrheit der Samen und so auch die der Johannisbeeren von dem Fruchtfleisch befreit wird. M ö h r i n g fütterte mit ganzen Johannisbeeren einerseits Mönchgrasmücken *(Sylvia atricapilla)* und anderseits Gartengrasmücken *(Sylvia borin)*. Er untersuchte dann die Keimfähigkeit der Samen, so aus Kote, wie auch aus Speiballen dieser Vögel. Bei den Mönchgrasmücken die Keimfähigkeit aus dem Kote 89 %, aus Speiballen 87 %. Kontrollaussäte unentfleischter Diasporen, also in natürlichem Zustande, ergaben dagegen nur 20 % Keimfähigkeit.

Alle diese Versuche, als auch Erfahrungen mit solchen überliegenden Samen, als z. B. die Eberesche *(Sorbus aucuparia)*, der Gemeine Wacholder *(Juniperus communis)* usw. sind, zeigen, daß die Passage der Samen durch den Trakt der Vögel, bzw. daß die Samen aus Kote oder aus Speiballen dieser — im Vergleich mit der Kontrolle — eine erhöhte Keimfähigkeit, oft auch Keimungsenergie aufweisen und daß fast in allen Fällen das Überliegen (Dormanz) entfernt wurde. Das beweisen auch natürliche Vogelsäte der Eberesche, Kirschen, Wacholders, der Weisbuche usw., also überliegende Samen.

In dieser Arbeit bearbeitete Gehölze (n = 186) haben wir je nach dem, durch wieviel Vogelarten ihre Diasporen befressen werden, in Kategorien I, II und III eingeteilt. Als weiteres Kriterium für die Einteilung aller Gehölze ist die Verbreitung, nach der die Gehölze in zwei Gruppen zerfallen: durch Vögel verfrachtete und unverfrachtete. Die Verbreitung aber ist — durch Vögel — endozoisch oder synzoisch (die epizoochorische Verbreitung der durch uns behandelten Gehölze erwägen wir nicht), als eine weitere Unterteilung der Gruppe der verbreiteten Gehölze. Endlich können wir die Gehölze nach ihrer Wuchsform in drei Gruppen einteilen, und zwar folgendermaßen: Bäume, Sträucher und Halbsträucher. Hier als Bäume betrachten wir solche Holzarten, die eine Höhe und auch Beschaffenheit der Bäume haben (z. B. einachsiger Stamm, ohne Äste, einheitliche Krone u. ä.). Als Sträucher betrachten wir Holzarten, die eine Höhe der Bäume nicht erreichen, mehrachsige, ästige Stämme haben und deren Stämme und Äste im Vergleich mit denen der Bäume dünn, biegsam u. ä. sind. Endlich als Halbsträucher betrachten wir kriechende Holzarten, mit niedrigem Wuchs, mit wenig oder unvollkommen verhölzten, überwiegend in der Pflanzenetage wachsenden Stämmen und Ästen. Im weiteren werden wir die Zahlenverhältnisse der hier angeführten Gruppen, Kategorien miteinander und den Vögeln gegenüber prüfen.

Aus 186 Holzarten (Gruppen) werden durch Vögel 135 Arten verbreitet, 51 unverbreitet. Die Anzahl der Holzarten in der Gruppe der verbreiteten und unverbreiteten nach einzelnen Kategorien ist nicht gleich, was uns zu weiterer Analyse der Holzarten, je nach ihren Kategorien, veranlaßt. In unserer Tabelle 15 konfrontieren wir einerseits Gehölzkategorien nach ihrer Beliebtheit bei den Vögeln und anderseits nach dem, ob sie verfrachtet oder unverfrachtet werden. Auf den ersten Blick stellen wir z. B. fest, daß in der I. Kategorie auffallend viel unverbreitete Arten und in der III. Kategorie viel verbreitete Arten sind. Falls wir die Beziehung oder die Assoziation zwischen dem Beliebtheitsgrade der Gehölze und ihrer Verbreitung betrachten, wenn wir also die qualitative Zeichen so in quantitative umwandeln und unsere Tabelle für eine Kontingenztabelle halten, stellen wir fest, daß es in der I. Kategorie weniger verbreitete und mehr unverbreitete Holzarten gibt als die theoretische Erwartung, entsprechend einer rein zufälligen Verteilung der Zahl der Fälle. Wir stellen weiter fest, daß es in der II. Kategorie um etwas mehr verbreitete und weniger unverbreitete als die theoretische Erwartung gibt — und endlich, daß es in der III. Kategorie mehr verbreitete Holzarten und weniger unverbreitete als die theoretische Erwartung gibt. Die

T a b e l l e 15

Beziehungen zwischen den Kategorien der Gehölze und ihrer Verbreitung durch die Vögel
(Kontingenztabelle)

Kategorie der Gehölze	Anzahl der Gehölze		
	durch die Vögel		S
	verbreitet	nicht verbreitet	
I., abgelehnte Arten	21 (28)	17 (10)	38
II., durchschnittliche Arten	84 (82)	30 (32)	114
III., bevorzugte Arten	30 (25)	4 (9)	34
S	135	51	18)

Bemerkung: in Klammern sind die Werte nach Erwartung.
$P < 0,01$, die Assoziation ist sehr gut gesichert.

Wahrscheinlichkeit der Zufälligkeit dieser Beziehungen ist kleiner als
1 zu 100; daraus folgt ja, daß diese Beziehungen statistisch gesichert, also
wirklich sind. Eine kausale Erläuterung liegt in der Beliebtheit, bzw. Unbeliebtheit der Diasporen, woraus man auch auf den Anpassungsgrad der
Holzarten in den einzelnen Gruppen an Ornithochorie schließen kann.

Die Einteilung aller besprochenen Holzarten in Wuchsformen nach den
Holzkategorien gibt die Tabelle 16, und zwar mit Unterteilung in zwei
Formen der Ornithochorie: Endochorie und Synzoochorie. In allen Holz-
kategorien überwiegt die Endochorie, nicht aber in allen Wuchsformen.
Da die Holzkategorien (I.—III.) in dieser Beziehung nicht viel sagen, in der
weiteren Tabelle 17 haben wir die Kategorien ausgeschaltet und prüfen

T a b e l l e 16

Verteilung der ornithochorischen Holzarten nach der Art der
Ornithochorie und nach Wuchsform

Kategorie der Gehölze	Wuchsform der Gehölze (Artenzahl)					
	Bäume		Sträucher		Halbsträucher	
	Art der Ornithochorie:					
	endo-zoische	synzoische	endo-zoische	synzoische	endo-zoische	synzoische
I	1	6	12	0	2	0
II	15	18	41	3	7	0
III	6	4	15	0	5	0
S	22	28	68	3	14	0

T a b e l l e 17

*Beziehung zwischen der Wuchsform der ornithochorischen Gehölze
und der Art ihrer Verbreitung durch Vögel*

(Kontingenztabelle)

Wuchsform der Gehölze	Artenzahl der Gehölze, verbreitet		
	endozoisch	synzoisch	S
Bäume	22 (3,85)	28 (11,5)	50
Sträucher	68 (54,5)	3 (13,5)	71
Halbsträucher	14 (11)	0 (3)	14
S	104	31	135

Bemerkung: In Klammern sind die Werte nach Erwartung.

Summe von $\chi^2 = 49$, danach $P < 0,001$, die Assoziation ist statistisch sehr gut gesichert.

bloß die Beziehung (die Assoziation) zwischen der Wuchsform der Gehölze und der Natur ihrer Verbreitung durch die Vögel. Wenn wir in dieser Kontingenztabelle die erwarteten Werte berechnen und in die diesbezüglichen Zeilen, bzw. Spalten einsetzen, stellen wir fest, daß die Bäume, bzw. ihre Diasporen durch Vögel endozoisch weniger und synzoisch mehr als die Erwartung verbreitet sind, die Sträucher wieder endozoisch viel mehr als synzoisch und auch als die Erwartung verfrachtet sind und schließlich, daß die Halbsträucher mehr endozoisch und weniger synzoisch als die theoretische Erwartung verfrachtet sind. Solche Assoziation der Anzahl in den einzelnen konfrontierten Gruppen ist statistisch sehr gesichert und die Wahrscheinlichkeit der Zufälligkeit dieser Beziehungen ist kleiner als 1 zu 1000.

Aus der Tabelle geht es auch hervor, daß aus der Gesamtzahl unserer geprüften Holzarten 104 Arten durch Vögel endozoisch und nur 31 synzoisch verbreitet sind, das Verhältnis also etwa 3 : 1 ist. Dabei muß die Alternität bei einigen Diasporenarten zugelassen werden. Die Diasporen der Bäume sind absolut und auch relativ synzoisch am meisten verbreitet. Die Baumarten besitzen meist trockene Samen und Früchte, die gerade zu solcher Verbreitungsart angepaßt sind. Die Sträucher dagegen werden meist endozoisch verfrachtet und besitzen säftige, fleischige Früchte, ähnlich wie die Halbsträucher.

Im allgemeinen können wir aus hier festgestellten Beziehungen folgende Schlüsse ziehen: die Bäume sind zu einer Verbreitung durch Wind und Tiere angepaßt. Aus der Ornithochorie überwiegt bedeutend die Synzoochorie und — soweit es uns möglich ist zu entscheiden — ähnlich ist es auch in Bezug auf Säugetiere. Der Wind und die Vögel können auch verhältnismäßig hohe Pflanzen, wie es eben die Bäume sind, erreichen. Die Sträucher sind dagegen wenig zur Verbreitung durch Wind angepaßt — mindestens die durch uns besprochenen Arten —, da sie in einem dem Winde wenig zugänglichen Raume wachsen und durch die Qualität ihrer Diasporen hauptsächlich an die Ornithochorie, aus dieser wieder an die Endochorie angepaßt sind. Durch ihren Wuchs, durch ihre Höhe sind diese Holzarten den Säugetieren, hauptsächlich den Pflanzenfressern zugänglich. Ihre an die synzoochorische Verfrachtung angepaßte und an (stickstoffhaltige und stickstofffreie) Vorratsstoffe reiche Diasporen wären durch Säugetiere, z. B. durch Huftiere, vernichtet. Und so begab sich die natürliche Auslese in der Richtung der Bildung solcher Diasporen, die durch Säugetiere unbeliebt sind, wie es z. B. mehrere Beeren und überhaupt saftige, fleischige Diasporen mit Kernen u. ä. darstellen. Diese Strauchfrüchte werden hauptsächlich durch solche Säugetierarten verzehrt, die den Samen nicht zermalmen und die ihn in unbeschädigtem, jedoch aber in günstig entfleischtem Zustande (z. B. die Fleischfresser) wieder ausscheiden.

Die Halbsträucher sind einerseits der zoochorischen Verfrachtung, anderseits aber der Autochorie und der vegetativen Vermehrung angepaßt. Die Zugänglichkeit, bzw. die Erreichbarkeit dieser Holzdiasporen und die damit geknüpften hohen Verluste werden teilweise durch andere Verbreitungsarten, teilweise durch ihre übermäßige Fruchtbarkeit kompensiert.

Alle, also nicht bloß durch Vögel verfrachtete Holzarten sind nach den einzelnen Kategorien und Wuchsformen in der Tabelle 18, und zwar nach der absoluten und relativen Vertretung der Anzahl, eingeteilt.

Um eventuelle weitere Untersuchungen der Zugehörigkeit einzelner

Tabelle 18

Die Verteilung der Wuchsformen der Gehölze in den einzelnen Kategorien

Kategorie der Gehölze	Anzahl der Arten							
	Bäume		Sträucher		Halbsträucher		S	
	absolut	%	absolut	%	absolut	%	absolut	%
I	15	39	17	45	6	16	38	100
II	58	51	47	41	9	8	114	100
III	13	39	19	56	2	5	34	100
S	86	46	83	45	17	9	186	100

Die relative Differenz zwischen „Bäume“ und „Sträucher“ beträgt nach Kategorien. I. 6 %, II. 10 %, III. 17 %, zusammen $S - 1 \%$.

Holzarten in Kategorien und weitere eventuelle Analysen zu ermöglichen, geben wir ein Verzeichnis der Arten (der *div. sp.* bezeichneten Artengruppen) in drei Kategorien nach endozoischer und synzoischer Verbreitung ihrer Diasporen durch Vögel (potentiell) an.

In die Tab. 19 haben wir die Holzarten nach endozoischer und synzoischer Verbreitung ihrer Diasporen auf Grund der Literaturangaben, der Beobachtungen über das Befressen ihrer Diasporen durch Vögel, des Vorkommens dieser Diasporen an solchen Stellen, wohin sie allen Umständen nach nur durch Vögel geschleppt werden könnten, und schließlich nach der Voraussetzung mit Hinsicht auf die Diasporen und das Benehmen der Vögel eingeteilt. Die Einteilung nach den Beobachtungen des Befressens der Diasporen durch Vögel und nach der Voraussetzung (die hauptsächlich eben aus dem Befressen herausgeht) ist am wenigsten sicher. Darauf weist mit Recht auch L e v i n a (1957) hin und bemerkt, daß nicht alle durch Vögel befressene Diasporen durch diese auch verbreitet werden. Sie führt als Beispiel das Vorkommen von großer Anzahl der Kirschenkerne *(Prunus sp.)* im Magen des Haselhuhns *(Tetrastes bonasia)* an, wobei es viel mehr Kerne im Magen als im Kropfe gab, woraus man schließen muß, daß die Kerne als Gastrolithen für die mechanische Bearbeitung der Nahrung im Muskelmagen benützt worden sind.

Es geht schließlich auch aus den Fütterungsversuchen von Kerner, Krefting und Roe hervor, daß einige Samen, Früchte oder mindestens ein Teil der Samen durch den Verdauungsprozeß vernichtet oder so weit beschädigt werden, daß sie für eine Verbreitung nicht mehr in Frage kommen. Darum ist es nötig die Frage der Verbreitung, besonders bei jenen Holzarten, bei denen wir keine Beweise für die Verbreitung in der Natur haben, mit Vorsicht behandeln. Es wären in dieser Hinsicht weitere exakte Fütterungsversuche und hauptsächlich Beobachtungen aus der Natur erforderlich.

Nicht alle Vogelarten, wie oben erwähnt, die die Holzdiasporen befressen, beteiligen sich auch an ihrer Verbreitung. Aus der Gesamtzahl 156 von uns besprochenen Arten — in Europa 85 Arten —, d. h. durch 55 %, werden die Holzdiasporen auch wenigstens potentiell verbreitet. In der Übersichtstabelle 20 geben wir die Analyse über Vögel von drei Kategorien I, II und III an — Vögel befressende wenig Holzarten, mittlere Anzahl von Arten und große Anzahl von Holzarten und ihre Beteiligung an der endozoischen, synzoischen oder alternativen Verbreitung, bzw. Holzdiasporen nicht verbreitende Arten. Neben der absoluten Anzahl geben wir auch die relative Anzahl der Arten an, die uns am besten die Beteiligung der Vögel einzelner Kategorien an der Verbreitung charakterisiert.

Tabelle 19

Übersicht der Holzarten nach Art ihrer Verbreitung durch die Vögel

I. Kategorie der Gehölze

Verbreitet	
endozoisch	synzoisch
Arbutus andrachne	*Aesculus hippocastanum*
Aronia prunifolia	*Juglans div. sp.*
Cornus stolinifera	*Pinus pinea*
Crataegus intricata	*Cedrus atlantica*
sanguinea	*Carya ovata*
Juniperus oxycoccos	*Tsuga div. sp.*
macrocarpa	
Laurus nobilis	
Mespilus germanica	
Parthenocissus inserta	
Prunus lusitanica	
insititia	
tenella	
Rhamnus saxatilis	
Phillyrea angustifolia	

II. Kategorie der Gehölze

Verbreitet	
endozoisch	synzoisch
Arbutus unedo	*Abies div. sp.*
Aronia melanocarpa	*Abies sibirica*
Berberis vulgaris	*Acer campestre*
thunbergi	*Carpinus div. sp.*
Celtis div. sp.	*Castanea sativa*
Cornus mas	*Corylus avellana*
svecica	*colurna*
alba	*Juglans regia*
Cotoneaster tomentosa	*Larix div. sp.*
frigida	*Pinus mugo, rigida*
div. sp.	*Pinus cembra, koreaensis*
Crataegus carrierii	*Pinus strobus, peuce, flexilis*
Daphne mezereum	*Populus alba, nigra*
laureola	*Ptelea trofoliata*
Eleagnus div. sp.	*Prunus amygdalus*
Ficus carica	*Pseudotsuga menziesii*
Hedera helix	*Quercus ilex, pyrenaica*
Hippophaë rhamnoides	*Quercus macrocarpa, trojana*
Ilex aquifolium	*Salix div. sp.*

Verbreitet	
endozoisch	synzoisch
verticillata	*Tilia div. sp.*
Juniperus virginiana	*Zelkowa serrata*
nana	
Lonicera xylosteum	
caprifolium	
nigra	
tatarica	
div. sp.	
Loranthus europaeus	
Lycium div. sp.	
Mahonia aquifolium	
Morus div. sp.	
Myrtus communis	
Olea europaea	
Parthenocissus quinquefolia	
Phellodendron amurense	
japonicum	
Prunus mahaleb	
cerasus	
fruticosa	
serotina	
laurocerasus	
Pyracantha coccinea	
Rhamnus cathartica	
Rhus vernix	
Ribes alpinum, petraea	
nigrum	
uva-crispa	
Rubus saxatilis, tomentosus	
discolor	
chamaemorus	
Sambucus ebulus	
Sorbus aria	
domestica	
intermedia	
torminalis	
vestita	
hybrida	
Sophora japonica	
Symphoricarpus albus	
Viburnum lantana	
tinus	
Vitis coignetiae	
Zizyphus jujuba	

Verbreitet	
endozoisch	synzoisch
Amelanchier div. sp.	Fagus silvatica
Cornus sanguinea	Picea div. sp.
alternifolia	Pinus div. sp.
Crataegus oxyacantha	Quercus div. sp.
monogyna	
Empetrum nigrum	
hermaphroditum	
Euonymus europaea	
Juniperus communis	
Ligustrum vulgare	
Morus alba	
Pirus communis	
Prunus spinosa	
avium	
padus	
Rhamnus frangula	
Ribes rubrum	
Rosa div. sp.	
Rubus idaeus	
caesius	
fruticosus	
Sambucus nigra	
racemosa	
Sorbus aucuparia	
Taxus baccata	
Vaccinium div. sp.	
Viburnum opulus	
Viscum album	
Vitis vinifera	

Aus der Tabelle 20 sehen wir, daß die I. Vogelkategorie in der Verbreitung am mindesten, bzw. die III. Vogelkategorie am meisten effektiv in der Verbreitung der Holzdiasporen beteiligt wird. Eben in dieser Vogelkategorie finden wir solche für die Verbreitung der Holzarten bedeutende Arten, wie Seidenschwänze *(Bombycilla garrulus)*, Tannenhäher *(Nucifraga caryocatactes)*, Ringeltauben *(Columba palumbus)*, Saatkrähen *(Corvus frugilegus)*, Rotkehlchen *(Erithacus rubecula)*, Eichelhäher *(Garrulus glandarius)*, Edelfasane *(Phasianus colchicus)*, Elstern *(Pica pica)*, Stare *(Sturnus vulgaris)*, Mönchgrasmücken *(Sylvia atricapilla)* und mehrere Drosselarten *(Turdus)* sind. Diese Ergebnisse zeigen gleichzeitig, daß man

Tabelle 20

Übersicht der Vogelarten der drei Kategorien, nach der Verbreitungsart der Gehölze

| Kategorie der Vögel | Anzahl der Vogelarten, die die Gehölze | | | | | | | Bemerkung |
| | verbreiten | | | | | nicht verbreiten | | |
	endozoisch	synzoisch	alternativ	S	%	S	%	
I	27	0	0	27	33	55	67	unwirksame Kategorie
II	25	5	1	31	77	9	23	wirksame Kategorie
III	16	9	2	27	80	7	20	wirksamste Kategorie
S	68	14	3	85	55	71	45	—

Bemerkung: Die relativen Werte (%) wurden aus der Summe der Arten in einzelnen Kategorien der Vögel berechnet, wie folgt: I. = 82, II. = 40, III. = 34, $n = 156$.

auch auf Grund qualitativer Analysen geltende ökologische Schlüsse ziehen kann.

Die Beziehung zwischen der Zugehörigkeit der Vogelarten zu den einzelnen unseren Kategorien und ihrer Beteiligung, bzw. Abwesenheit in der Verbreitung der Holzarten ist nicht zufälliger Natur. Um es zu beweisen, haben wir die Tabelle 21 zusammengestellt, in der wir diese Beziehung zahlenmäßig mit Beziehung zu der Anzahl der Vögel prüfen. Nach der Berechnung und Ersetzung der erwarteten (zufälligen) Werte in dieser Kontingenztabelle sehen wir, daß in der I. Kategorie wir weni-

Tabelle 21

Beziehung zwischen Kategorie-Zugehörigkeit der Vögel und der Verbreitung, bzw. Nichtverbreitung der Gehölze durch Vögel
(Kontingenztabelle)

| Kategorie der Vögel | Anzahl der Vogelarten, die die Diasporen | | S |
	verbreiten	nicht verbreiten	
I	27 (44)	55 (38)	82
II	31 (22)	9 (18)	40
III	27 (19)	7 (15)	34
S	85	71	156

Bemerkung: In Klammern sind die Werte nach Erwartung. Summe von $\chi^2 = 30$, danach $P < 0,001$, die Assoziation ist statistisch sehr gut gesichert.

ger Holzarten verbreitender und mehr unverbreitender Arten als die
Erwartung haben, während in der II. und III. Kategorie — durchschnittlich oder sehr in der Verbreitung effektive Vögel — wir mehr verbreitender und weniger unverbreitender Arten als die theoretische Erwartung
haben. Solche Assoziation der in der Tabelle differenzierten Arten ist
statistisch sehr gesichert und die Wahrscheinlichkeit der Zufälligkeit
dieser Beziehungen, solcher Einteilung der Artenanzahl in Gruppen ist
kleiner als 1 zu 1000. Somit die Beteiligung von großer Anzahl der in
Verbreitung wirksamsten Vögel in der Kategorie II und III, bzw. von
kleiner Anzahl von diesen in der Kategorie I erscheint uns als gesetzmäßig. Dadurch wird die Berechtigkeit unserer Verteilung der Vögel in
die drei angeführten Kategorien bestätigt. Im Zusammenhang mit der
Möglichkeit der Verbreitung der Gehölzdiasporen auf größere Entfernungen muß man anführen, daß fast 50 $^0/_0$ der Vogelarten der II. und III.
Kategorie Zugvögel sind, oder auf größere-kleinere Bewegung in der
Meridians- oder Breitenkreisrichtung umherstreichen (es betrifft auch
die periodischen und aperiodischen Invasionen).

a) Ökologische Verbreitung der Gehölze durch Vögel

Als ökologische Verbreitung der Gehölze durch Vögel betrachten wir
hier die Verbreitung der Gehölzdiasporen auf kleinere Entfernungen, etwa
bis 10 km, wobei die Diasporen — und nach der Keimung die Holzarten —
in verschiedene ökologische Bedingungen hineingeraten, oder ist es die
Verbreitung nur innerhalb einer Lebensgemeinschaft. Die obenerwähnte
Grenze von etwa 10 km ist zwar künstlich (ebenso könnten es 15 km sein);
wir sind aber davon herausgegangen, daß ungefähr dies die größte Entfernung ist, auf die z. B. der Eichelhäher (*Garrulus glandarius*) die Eicheln
oder der Tannenhäher (*Nucifraga caryocatactes*) die Nüßchen der Zirbelkiefer (*Pinus cembra*), bzw. die Haselnüsse (*Corylus avellana*) verschleppt.
An etwa diese — als Maximalentfernung — fliegen einige Vögel zu ihren
Schlafplätzen und etwa auf diese Entfernungen während 1—2 Tage umherstreichen sie. Natürlich gibt es zwischen der ökologischen und geographischen Verbreitung der Diasporen, der Samen keine scharfe Grenze,
ja bei manchen Holzarten — falls wir die „sprunghafte" Verbreitung nicht
mit einbegriffen — geht die ökologische Verbreitung der Diasporen aus
dem langfristigen Gesichtspunkte und bei dessen Kontinuität in eine
geographische Verbreitung über.

Die ökologische Verbreitung der Holzarten durch Vögel ist wirtschaftlich von größter Bedeutung, sowie vom Gesichtspunkte der Sukzession der
Lebensgemeinschaften. Jedoch weder von diesen Gesichtspunkten aus.

15*

noch vom Gesichtspunkte der Endwirkung, betreffend die in Metern oder
in geographischen Graden ausgedrückte Extensität, können diese zwei
Verbreitungsarten, die ökologische und die geographische, nicht scharf
gegenüber gestellt werden, da eine in die andere übergeht.

Wenn es auch in der Literatur viele Angaben über die — potentielle
oder effektive — Verbreitung der Diasporen durch Vögel gibt, über die
Auswirkung dieser Verbreitung finden wir wenig zahlenmäßig begründete
Angaben. In diesem Zusammenhang interessiert uns nicht bloß, welche
Vogelarten, wie und welche Arten der Gehölzdiasporen und wohin verfrachten, sondern auch — und aus wirtschaftlichem Gesichtspunkte hauptsächlich — das, wieviel so verfrachtete Holzarten, spezifisch und kumu-
lativ, auf eine gewisse Fläche, eine gewisse Gemeinschaft hinfallen und
was für ein weiteres Schicksal für diese Holzarten übrigbleibt. Und so
ist jede Angabe quantitativen Charakters und jede Angabe über die
Wirksamkeit der Ornithochorie wertvoll für die bessere Erkennung und
Erläuterung der gegenseitigen Verhältnisse der Tiere und Pflanzen, besonders aber der Vögel und Holzarten. Dies kann auch zur Erläuterung
der Verbreitung, des Vorkommens oder der Abwesenheit gewisser Holzarten und gewisser Vögel in gewissen Gebieten, Orten beitragen, also zur
Erläuterung des Problems, dem wir in der Ökologie so oft begegnen: die
räumliche Verteilung der Organismen, dem, bezüglich der Tiere, durch
A n d r e w a r t h a und B i r c h *(The distribution and abundance of ani-
mals*, Chicago 1954) so eine umfangreiche Monographie gewidmet wurde.
Im weiteren führen wir Beispiele für die ökologische Verbreitung der
Holzarten durch Vögel als Beweise für die Wirksamkeit dieser Art der
Verbreitung der Holzarten an.

Im dendrologischen Garten (Arboretum) in Kysihýbel bei Banská Štiavnica wurden — für eine Ausforschung der Naturalisation — bis 200 Holzarten und Formen, überwiegend ausländische Holzarten, angepflanzt.
Einige Holzarten sind bereits 50—60 Jahre alt und werden — jede Art
gesondert — auf Versuchsflächen von 225 m² Größe angebaut. Die Gesamtfläche des Arboretums beträgt 7,9 ha und grenzt von einer Seite an
einem Walde. Ich wählte hier drei Versuchsflächen aus (S. 271—272 als
1, 2 und 3 bezeichnet), an denen in der Pflanzenetage am meisten verschiedene Holzarten waren und die auf den ganzen Versuchsflächen
zahlenmäßig erfaßt wurden. Das Arboretum ist für solche Feststellungen
speziell geeignet, da 1. alle künstlichen, durch den Menschen vorgenom-
menen Eingriffe registriert werden und 2. die betreffenden Entfernungen
verschiedener Holzarten von der Mutterpflanze meßbar sind. Die Ver-
messung habe ich aus dem Plan des Arboretums so durchgeführt, daß ich
die minimale Luftentfernung mit einem Zirkel vermeßte. Die Ergebnisse.

die wir in Tabellen wiedergeben, sind erstaunlich. An einigen Versuchsflächen gab es von 19 bis 26 verschiedene Holzarten, die dort hauptsächlich — nicht aber ausschließlich — durch Vögel verschleppt worden sind. Einige Diasporen, Samen wurden durch Wind, andere wieder durch Säugetiere (Eichhörnchen — *Sciurus*, Gelbhalsmaus — *Apodemus*, Rötelmaus — *Clethrionomys*, bzw. andere) verfrachtet. Einige Versuchsflächen, als z. B. Nr. 1, hatten besonders viel durch Vögel verfrachtete Holzarten, da mit Hinsicht auf die Beschaffenheit der Hauptholzart (in diesem Falle eine dichte Gemeine Eibe — *Taxus baccata*) viele Vögel dorthin zum Schlafen herbeigeflogen sind (eigene Beobachtungen) und mit Hinsicht auf die Lage der Versuchsfläche — am Rande des Arboretums, an Feldern grenzend — viele Vögel haben hier bei dem Zu- oder Abflug aus dem Arboretum Rast gemacht. Also auch solche Umstände üben einen Einfluß auf die Wirksamkeit der Verbreitung aus. Die Anzahl der in den Tabellen angeführten Holzarten ist nicht ganz genau, da man in einigen Fällen nicht erkennen könnte, was Pflanzengruppe und was Individuum, bzw. was Stockausschlag und was Kernausschlag ist, jedoch die Angaben sind überzeugend und daraus kann das Folgende gesagt werden:

1. Als Folge der Verbreitung der Diasporen durch Vögel verjüngern (verbreiten) sich die Gehölze mehr außerhalb der eigenen Fläche, der eigenen Bestände.

2. Die meisten Holzarten wurden durch Vögel in eine Entfernung von etwa 300 m verfrachtet, wenn wir dazu bedenken, daß die Gesamtlänge des Arboretums kaum 400 m beträgt.

3. Durch Vögel wurden über 20 % der Holzarten, aus denen einige — wie die Eberesche *(Sorbus aucuparia)*, die Vogelkirsche *(Prunus avium)*, die Spätkirsche *(Prunus serotina)*, die Kanadische Felsenbirne *(Amelanchier canadensis)*, die Eiche *(Quercus sp.)* usw. — besonders reichlich verfrachtet.

Besonders sei die Aussaat der Holzdiasporen unter den einzelnen Bäumen erwähnt, was nicht nur in dem genannten Arboretum, sondern auch anderswo bemerkt wurde (z. B. in den Auwäldern unter den Kopfweiden). Diese Gruppenaussaat des Holunders, der Rose, der Kirsche, der Eberesche usw. ist so auffallend, daß sie noch viele Jahre nach einer Entfernung des Baumes, auf welchem die Vögel zu sitzen pflegten, feststellbar ist. Der Effekt dieser ist eine Ersetzung des Baumes, also die Kontinuität des Vorkommens der Holzarten.

In einem auf Borstengrasweiden angepflanzten Waldkieferbestande *(Pinus silvestris)*, in einer an Holzarten besonders armen Umwelt, haben wir die wahrscheinlich durch Vögel (gewiß nicht durch Menschen) verschleppten Holzarten auf Versuchsflächen von 100 m² gezählt. Die Ergeb-

nisse geben wir an S. 273—274 als Nr 4. 5 und 6 an. Hier stellten wir nur
12 Holzarten fest, aus denen 10 Arten wahrscheinlich durch Vögel, bestimmt aber durch Tiere hergebracht wurden. Auch diese etwa $^3/_4$ ha
große Fläche wurde hauptsächlich durch Drosseln besucht und im Oktober
habe ich einen Eichelhäher direkt bei systematischem Versteck der Eicheln
der Wintereiche *(Quercus petraea)* aus einer Entfernung etwa 150—200 m
beobachtet.

Wenn wir die Ergebnisse auf den Flächen 1 bis 6 zusammenfassen,
stellen wir fest, daß auf 1 m² von 0.5 bis 1.5 Stück verschiedener Holzarten fielen, was einer Hektardichte von 5000 bis 15 000 Stück Holzarten
entspricht, was sich der natürlichen oder ökonomisch erforderlichen
Dichte nähert. Bei der Feldarbeit auf den Flächen 4—6 haben wir auch
„junge" und kleine Wintereichen *(Quercus petraea)* gefunden, die durch
ihre Beschaffenheit auf 1—2jährige Bäumchen erinnerten. Bei näherer
Untersuchung haben wir das Folgende festgestellt: diese „junge" Bäumchen waren Wurzelausschläge, die — ihrer Stärke nach — lange Jahre
durch im Boden erhalten blieben, ihre Ausschläge aus Lichtmangel nach
1—3 (?) Jahren abstarben. neue sind aber ausgewachsen und so hat sich
die Eiche stets auf ihrer Stelle erhalten. Dies ist vom Gesichtspunkte der
Effektivität der Verbreitung durch Vögel sehr wichtig, da oft Einwände
gebracht werden — hauptsächlich seitens der Forstmänner —, daß zwar
die Vögel die Diasporen mitbringen, diese auch auskeimen, aber infolge
ungunstiger Umweltverhältnisse (Feuchtigkeit, Licht, Konkurrenz usw.)
wieder absterben. Wenn auch der Fall mit den Eichen nicht verallgemei-
nert werden kann, sicherlich gibt es viele andere Holzarten, die sich ähnlich benehmen (bestimmt so auch die Rotbuche, über die wir Beobachtungen haben). Die Bedeutung solchen Vegetierens einiger Holzarten liegt
darin, daß im Falle der Veränderung der Umweltbedingungen, z. B. bei
genügendem Lichtgenuß infolge waldbaulicher Maßnahmen, der Entfernung des Baumes usw., diese Holzarten bereits an Ort und Stelle sind
und normal zuwachsen beginnen. Analogisch dieser Erscheinung ist die
latente Anwesenheit einiger Samen, z. B. der Lichtpflanzen an schattigen
Orten. Sobald aber der Lichtgenuß genügend wird — z. B. beim Kahl-
schlag des Bestandes —. keimen diese Samen und die Pflanzen wachsen hoch.

Eine ausführliche Untersuchung der Verfrachtung der Diasporen durch
Vögel haben wir in Jahren 1949—50 in der Umgebung von Malacky in
der Westslowakei durchgeführt. Wir untersuchten Wälder in einer Aus-
dehnung von 5 412 ha. Es handelte sich um Wälder auf alluvialischen
Sanden. Die Bestände bildete überwiegend die Waldkiefer *(Pinus silvestris)*, die etwa 120 Jahre alt war. Hauptsächlich in den älteren Be-

ständen waren es einzelne Wintereichen *(Quercus petraea)*, weniger Stiel-Eichen *(Quercus robur)* als alte Samenbäume zu finden. Auf vielen Hektaren aber im Unterholze gibt es reichlich Eichen, die hier ohne einen menschlichen Eingriff wachsen, „natürlicherweise" vorkommen. Die Eicheln von den sehr fruchtbaren alten Eichen wurden hier durch Eichelhäher *(Garrulus glandarius)* verfrachtet und in den sandigen, stellenweise mit Moos bewachsenen, meistens aber nur mit Nadelschicht bedeckten Boden versteckt. Die einzelnen Bestände der Altersklasse nach haben wir weiter verteilt, je nach dem, in welchem Grade dort Hähersäte vorkamen, wobei das vollkommene Aufforsten, den vollkommenen Unterbau, der dem wirtschaftlichen Ziele entspricht und der die Anzahl der Eichen etwa um 10 000 Stück auf 1 ha (unter den Waldkieferbeständen) beträgt, haben wir als 100%igen Unterbau betrachtet. Die Ergebnisse nach Zustande aus dem Jahre 1950 gibt die Tabelle 22 an.

Tabelle 22

Bestandesalter (Jahre)	Unterpflanzungsgrad der Bestände durch Eichelhäher, gegeben als % einer Vollsaat, an einer Fläche von ha						Insgesamt ha
	zer-streut	bis 20 %	bis 40 %	bis 60 %	bis 80 %	bis 100 %	
Kahlfläche, Kahlschlag	10	285	50	344	—	250	939
1— 20	3	86	168	47	—	46	350
21— 40	4	103	126	3	10	11	257
41— 60	2	57	1	—	—	—	60
61— 80	6	41	68	10	4	6	135
81—100	12	58	283	68	55	5	481
101—	3	8	31	—	8	5	55
S	40	638	727	472	77	323	2277

Im ganzen bis zu 50 % ist eine Gesamtfläche von 79 %, über 50 % eine von 21 % aller untersuchten Bestände durch den Eichelhäher aufgeforstet worden. Es ist bemerkenswert, daß am dichtesten die jungen und die ältesten Bestände (bei diesen ist es ein Kumulativeffekt) unterbaut wurden. Im Mittel machte der Grad des Aufforstens auf der ganzen Fläche 42 % aus. Über die Bedeutung solcher Tätigkeit des Eichelhähers schrieben viele Autoren (D e n g l e r, 1930, D o m a ń s k i, 1954, D o pp e l m a i r et al., 1951, F i r b a s 1935, F o r m o z o v et al., 1950, C h e t t l e b u r g h, 1952, 1955, C h o l o d n y j, 1941, 1949, N o v i k o v, 1948, O b r a z c o v, 1956, S c h u s t e r, 1950, T u r č e k, 1951, Z a ž ur i l o, 1931 u. a.). In diesem obenerwähnten Falle muß neben der rein ökonomischen Bedeutung auch der Einfluß der Tätigkeit des Eichelhähers auf die Sukzession der betroffenen Phytozönosen, bzw. Biozönosen hervorgehoben werden, die sich als eine Umwandlung der eintönigen, verhältnismäßig armen Kieferbestände in mehr gegliederte, reichere Mischbestände manifestiert.

In den Waldbeständen der Umgebung von Vyhne in dem Schemnitzer Gebirge fanden wir durch Eichelhäher gepflanzte Walnüße (*Juglans regia*), die bereits eine Höhe von etwa 80 cm erreicht haben. Die Bestände wurden da durch Weißtannen (*Abies alba*) und Fichten (*Picea abies*) gebildet, der Waldboden war fast kahl, mit Nadelstreu. Die Mutterbäume der Walnüße waren etwa 200 m abwärts entfernt. Hier — als auch bereits in anderen Fällen — muß die Verschleppung der Früchte nach größeren Seehöhen, also bergauf, hervorgehoben werden, was bei den nearktischen Eichelhähern bereits durch G r i n n e l, 1936 (*Uphill planters*, The Condor 38, 80—82) hochgeschätzt wurde. Auf 1 ar gab es in diesen Beständen — um die Ränder herum — 1 bis 3 Stück Nußpflanzlinge ornithochorischer Herkunft.

In demselben Gebirge fand ich im Spätsommer in den Fichtenbeständen, wo in dieser Zeit Amseln (*Turdus merula*) und Singdrosseln (*Turdus ericetorum*) massenweise übernachteten, im Durchschnitt je 1 m² 18 Stück Kerne von Vogelkirschen (*Prunus avium*), die durch diese Vögel ausgewürgt worden sind. Die Mutterbäume der Vogelkirschen waren von diesen Schlafplätzen auf 50—400 m entfernt. Unter den einzelnen Fichten waren im Durchschnitt 0,7 Stück aufgewachsene junge, von 1 bis 4 Jahre alte Vogelkirschen zu finden. Aus der enormen Anzahl der durch die Drosseln hergebrachten Samen (Kerne) keimte nur ein geringes Prozent junger Bäumchen aus und kam hoch.

Eine bedeutende und fast exklusive Rolle spielen diejenigen Vögel, die Gehölzdiasporen in Feldhecken und Waldrändern verfrachten. Diese zwei morphologisch, funktionell und genetisch ähnlichen Formationen entstehen nämlich natürlicherweise und werden durch Vögel erhalten. Wir führten Untersuchungen von Feldhecken zwischen den Feldern an veschiedenen Orten der Slowakei durch und stellten an diesen insgesamt 47 Holzarten fest. Aus diesen sind 26 zoochorische und 21 anemochorische, bzw. Arten mit alternativer Verfrachtung. Auf diesen Hecken werden durch Vögel die Diasporen von 38 Holzarten befressen. Konstante Holzarten auf diesen Hecken sind: Schlehdorn (*Prunus spinosa*), Hunds-Rose (*Rosa canina*), Rosenarten (*Rosae div. sp.*), Weißdorn (*Crataegus sp.*), Hartriegel (*Cornus sanguinea*), Gemeiner Schneeball (*Viburnum opulus*), Gemeiner Liguster (*Ligustrum vulgare*), Europäischer Spindelbaum (*Euonymus europaea*), Gemeiner Kreuzdorn (*Rhamnus cathartica*), Traubenkirsche (*Prunus padus*),

Schwarzer Holunder (*Sambucus nigra*), Feld-Ahorn (*Acer campestre*) und Wildhopfen (*Humulus lupulus*). Mit Ausnahme der zwei letzten Arten sind alle übrigen ornithochorische Holzarten.

Aus Vögeln am häufigsten und am ständigsten auf diesen Hecken — gleichfalls in Waldrändern — befinden sich die folgenden: Turteltauben (*Streptopelia turtur*), Rotrückenwürger (*Lanius collurio*), Dorngrasmücken (*Sylvia communis*), Sperbergrasmücken (*Sylvia nisoria*), Elstern (*Pica pica*), Nebelkrähen (*Corvus corone cornix*), Grünfinken (*Chloris chloris*), Feldsperlinge (*Passer montanus*), Goldammer (*Emberiza citrinella*) und stellenweise Sprosser (*Luscinia megarrhynchos*). Durch die Mehrheit dieser wurden Gehölzdiasporen befressen und auch verbreitet. Es ist weiter bedeutend, daß diese Formationen in Zug-, bzw. Strichzeit der Vögel im Spätsommer durch bereits andere Vogelarten, hauptsächlich durch verschiedene Drosselarten (*Turdus div. sp.*), Ringeltauben (*Columba palumbus*) und Hohltauben (*Columba oenas*), Rotkehlchen (*Erithacus rubecula*), Gartenrotschwänze (*Phoenicurus ochruros*), verschiedene Grasmückenarten (*Sylvia div. sp.*), Heckenbraunellen (*Prunella modularis*) und durch andere besucht werden, die hier die Gehölzdiasporen (natürlich neben anderer Nahrung) befressen und diese an andere Orte übertragen (T u r č e k, 1958).

Ein anderer Typ von Hecken ist dort, wo die Felder an Weiden, die Weiden an Wäldern grenzen oder zwischen den Weiden sind, zu finden. Es sind Hecken, die hauptsächlich aus Hasel gebildet werden und vielmehr im Hügel- und Berglande vorkommen. Diese Hecken werden gegründet, erhalten, bzw. weiterverbreitet überwiegend durch die Eichelhäher (*Garrulus glandarius*) und Tannenhäher (*Nucifraga caryocatactes*), die in die Hecken, zu den aus den Weiden ausgetragenen Steinhaufen, zu Schutten usw. die Haselnüßchen — als Vorräte — hineinstecken pflegen. Ich beobachtete im September einige Tannenhäher bei solcher Tätigkeit. Aus einer Haselgruppe am Rande eines Fichtenwaldes wurden durch diese Vögel die Nüßchen in ihren Kehlsäcken an eine Entfernung von etwa 250 m zu einer anderen kleinen Haselgruppe, in der Mitte einer Borstengrasweide, übertragen. Die Nüßchen wurden zu 1 bis 2 (die ich dann ausgegraben habe) in den Boden zwischen den Borstengrashalmen, in eine Tiefe von etwa 3 cm an den beiden Seiten der Haselgruppe eingesteckt. Die langfristige Folge dieser Tätigkeit ist dann eine reihenförmige Verlängerung der Gruppe in der Form eines Streifens. Dabei werden durch die Tannenhäher — und ähnlich auch durch die Eichelhäher — für das Anlegen der Vorräte auffallende Plätze im Felde benützt: ein solitärer Baum, ein Strauch, eine kleine Strauchgruppe, ein Strauchstreifen, Steinhaufen usw., wahrscheinlich für die optische Orientierung, also für eine bessere Vermerkung des Platzes.

Strauch- und Baumstreifen, die aus verschiedenen Weiden (*Salix div. sp.*), Pappeln (*Populus div. sp.*) und Erlen (*Alnus div. sp.*) bestehen, die wir an feuchten Orten, mit hohem Grundwasser, mit zeitweiligen Überschwemmungen und neben den Fluß- und Bachläufen finden, sind nicht ornithochorischer, sondern — falls sie nicht durch Menschen angebaut worden sind — anemochorischer, bzw. (bei der Erle) hydrochorischer Herkunft.

In dem Schemnitzer Gebirge untersuchten wir das Anlegen der Vorräte von Haselnüßchen durch den Tannenhäher (*Nucifraga caryocatactes*). Nach unseren Beobachtungen beginnen die Tannenhäher diese Nüßchen etwa Mitte August zu befressen. Sie werden von ihnen — am meisten im Schnabel — auf Bäume, Steine, Baumstämme u. ä. übertragen, zerschlagen und befressen. Nur im September, hauptsächlich von der zweiten Hälfte dieses Monats an, beginnt die Versteckung der Nüßchen, das Anlegen der Wintervorräte und für das nächste Jahr. In dieser Zeit die Tannenhäher übertragen bereits die Nüßchen im Kehlsack zu 2 bis 6—7 Stück nach ihrer Größe. Außer den bereits erwähnten Weiden, grasigen Stellen wird die Mehrheit der Vorräte in den Wäldern, überwiegend Nadelwäldern (Fichte, Tanne, Kiefer) angelegt, und zwar in Beständen und Plätzen ohne eine Pflanzendecke, oder mit spärlicher Pflanzendecke, aber mit genügender Nadelstreu. Für diese Vorräte werden speziell Stellen mit Moos gewählt. Den überwiegenden Teil solcher Vorräte haben wir bei der Basis der Bäume gefunden. Hier wurden — ähnlich wie unterhalb dem Moose — die Nüßchen in Gruppen zu 1 bis 5 Stück unter einer unvermoderten Nadelschicht (Moosschicht) begraben und auf den Mineralboden gelegt. In keinem Falle haben wir die Nüßchen durch Schimmel oder andere Mykose befallen oder durch Feuchtigkeit zestört gefunden. Stellenweise auf 1 ar fielen 6 solche Vorräte und auf der Versuchsfläche von 1 ar eines jungen, dünnen Fichtenwaldes mit moosigem Boden wurden 42 Haselnüßchen, stellenweise 3 Stück auf 1 m^2, gefunden. Aus solchen Nüßchen ernährt sich der Tannenhäher im Winter (nach den Beobachtungen besucht er die Lager bereits im November) und im nächsten Jahre bis zu neuer Ernte. Wir fanden Nüßchenlager noch im August, wobei die Nüßchen gesund, mit unverletzter Schale und wohlschmeckend, nur ein bißchen eingeschrumpft waren. Die Nüßchen verbleiben in diesen Vorräten auch längere Zeit. Nebst einem zweijährigen Haselsämling bei einer Baumbasis habe ich noch ein anderes, nicht ausgekeimtes, aber gesundes Nüßchen ausgegraben, das so bereits das dritte Jahr im Boden gelegen ist. Verhältnismäßig viele so gelagerte Nüßchen werden durch kleine Nagetiere vernichtet und — als wir es direkt beobachteten — durch Amseln (*Turdus merula*) im Spätsommer, als diese Vögel mit dem Schnabel die Waldstreu ausscharren, ausgeworfen. In einem Falle fanden wir in einem

„Lager" eines Tannenhähers neben 4 Haselnüßchen auch 2 Samen des Eingriffeligen Weißdornes *(Crataegus monogyna)*. Es ist wahrscheinlich, daß mit Haselnüßchen oder auch mit diesen aus den Vorräten der Tannenhäher auch seine Jungen bei frühem Brüten füttert ähnlich, wie er es mit den Nüßchen der Zirbelkiefer tut, wie es R e i m e r s (1957) beobachtete.

Interessant ist die Analogie eines vorzeitigen Befressens der Haselnüßchen durch den Tannenhäher (auch durch den Eichelhäher). Beide Arten fingen diese Früchte bereits im August, noch in unreifem Zustande, an zu befressen. Der Tannenhäher, wie oben erwähnt, zerschlägt die Nüßchen und verzehrt das Endosperm, der Eichelhäher schält die Eicheln und befrißt das Endosperm, oder er befrißt bloß die dort befindlichen Insektenlarven *(Laspeyresia* und *Balaninus)*. Nur wenn die Früchte reif werden, also von September an, verschleppen diese Vögel die angeführten Diasporen im Kehlsack (bzw. einzeln auch im Schnabel) und verstecken sie in die Vorräte. Andere Vogelarten, als z. B. der Große Buntspecht *(Dendrocopos major)*, der Blutspecht *(Dendrocopos syriacus)*, der Mittlere Buntspecht *(Dendrocopos medius)*, die Spechtmeise *(Sitta europaea)* usw., die unmittelbar — nach dem Übertragen an die Spechtschmiede — die Nüßchen, bzw. die Eicheln befressen, fingen mit dieser Tätigkeit noch früher, in unreifem Zustande, bei den Haselnüssen bereits Ende Juli an.

Die Verfrachtung der Samen der Rotbuche *(Fagus silvatica)* beobachteten wir systematisch an Poľana. Hier an dieser Tätigkeit haben sich überwiegend die Eichelhäher beteiligt und brachten auf einmaliges Füllen des Kehlsacks bis 15 Stück Bucheckern mit. Die Vorräte werden in kleinen Gruppen von 2—8 Bucheckern gruppenweise in dem Moose, in der Waldstreu so aufbewahrt, daß sie mit ihnen 100—200 m bergauf, in die Übergangszone der Rotbuche und der Fichte, oder bereits in die Fichtenwälder von Taiga-Typ, hineingeflogen sind. Somit potentiell vom langfristigen Gesichtspunkte aus können diese Vögel die obere Grenze der Verbreitung der Rotbuche in den Bergen erhalten, ja sogar auch bergauf erweitern.

Ähnliches kennen wir aus den Karpaten und Alpen im Zusammenhang mit der Zirbelkiefer. In diesen Gebirgen wächst die Zirbelkiefer an der oberen Kampszone, in der Übergangszone des Waldes und des Krummholzgürtels, oder des Waldes und der Alpenwiesen, oder, endlich, besetzt sie Steinrutschen, Steinfelder u. ä. Sie bildet also keinen selbständigen und hauptsächlich keinen geschlossenen Bestand. Die Zone der Zirbelkiefer wird durch die deutsche Terminologie als „Kampfgürtel" genannt, was eindeutig mit unserer Benennung „Übergangszone" (T u r č e k, 1958) oder „ecotone" der englischen Terminologie ist. Die Zirbelkiefer hat —

zum Unterschied von der Mehrheit der anderen Koniferen Europas –
schwere, unbeflügelte Samen und sie ist nicht an Anemochorie, sondern
an Zoochorie angepaßt. Besonders eng ist die Beziehung zwischen der
Zirbelkiefer und dem Tannenhäher, wenn auch in Europa zwei ökologische Populationen, Morphen sensu Huxley, des Tannenhähers unter-
schieden werden können: die eine mit einer engen Beziehung zu der
Haselnuß, die andere zu der Zirbelkiefer. Die Zirbelkiefer mit ihren verhältnismäßig schweren und unbeflügelten Samen kann sich nur autocho-
risch an Ort und Stelle in engster Umgebung der Mutterpflanze, oder
gravitativerweise in der Richtung nach unten, bergab, spontan verbreiten.
Diese Verbreitung jedoch, vom langfristigen Gesichtspunkte aus gesehen,
hätte einen allmählichen, sukzessiven Rückzug der Zirbelkiefer wald-
wärts als Folge. Die Verbreitung der Zirbelkiefer und ihre standortmä-
ßige Erhaltung, sowie ihre Erhaltung in einer vom edaphischen, klimatischen, biotischen Gesichtspunkte aus entsprechenden, spezifischen Zone
wird fast ausschließlich durch den Tannenhäher gesichert. Durch ihre Tätigkeit der Verfrachtung und des Anlegens der Vorräte bleibt die Zirbelkiefer in der Übergangszone erhalten, steigt bergauf, erscheint an den
Felsmauern und Blöcken, und zwar an solchen Orten, wo sie mit der Hilfe
des Menschen oder der Säugetiere nicht eindringen könnte.

Über die Weise des Befressens der Zirbelnüßchen und das Anlegen der
Vorräte haben wir neben eigenen Beobachtungen gute Angaben aus den
Arbeiten von S c h ö n b e c k (1956, 1957), C a m p e l l (1950), S u t t e r
und A m a n n (1953) und S c h i f f e r l i (1955). Speziell werden wir die
Sibirische Zirbelkiefer *(Pinus cembra sibirica)* anderswo erwähnen. Mit
Befressen der Nüßchen der Zirbelkiefer fängt der Tannenhäher bereits im
August an, schält und schlägt das Endosperm aus den noch unnachgiebigen
Nüßchen, überwiegend an dem unteren Teil des Zapfens aus. Nur nach
dem Reifen der Nüßchen, Ende September, zieht er sie aus den Zapfen
heraus oder zerschlägt ganze Zapfen (oft an dem Boden, auf einem Steine)
und trägt die Zapfen in die Vorräte ab. Auf einmal holt er in seinem
Kehlsack 30 bis 70 Zirbelkiefernüßchen, sogar ist ein Fall (S c h ö n b e c k,
1956) mit 91 Nüßchen im Kehlsack bekannt. Diese Anzahl entspricht 1 bis
2 Zapfen. Mit vollgestopftem Kehlsack fliegen dann die Tannenhäher
über Täler bergauf, auf Steinblöcke, an Lichtungen im Krummholze u. a.
hin, wo unter Steine, Wurzeln, Moos, Nadeln die Nüßchen in Gruppen zu
10 und mehreren Stücken versteckt werden. S c h ö n b e c k (1956) beobachtete einen Tannenhäher, der vormittags siebenmal und nachmittags
dreimal mit vollgestopftem Kehlsack herbeiflog und legte die Vorräte
zwar in jedem Falle an einer anderen Stelle, jedoch in einem engen Umkreise an. Im nächsten Frühjahr fand dieser Autor von 10 Lagern vier

noch unberührt, aus den übrigen waren die Nüßchen bereits abgeholt. Die Entfernung, an die die Tannenhäher die Nüßchen verschleppen, macht einige hundert Meter bis einige Kilometer aus. Ausführliche Beobachtungen Sutter's und Amann's (1953) bestätigten diejenigen früheren, jedoch unbelegenen Voraussetzungen, wonach diese Entfernung bis 10 km ausmacht. Die angeführten Autoren beobachteten in den Alpen die Tätigkeit der Tannenhäher beim Pflücken und Verfrachtung der Zirbelkiefernüßchen von frühem Morgen an (im Oktober) und stellten die Verschleppung der Nüßchen bis an eine 10—12 km lange Luftlinie fest.

Die Mitteleuropäische Zirbelkiefer ist in dem nordöstlichen europäischen Teile der UdSSR und weiter in Sibirien durch die Form der Sibirischen Zirbelkiefer *(Pinus cembra sibirica)* vertreten. Die ökologischen Beziehungen dieser Zirbelkiefer und des Sibirischen Tannenhähers *(Nucifraga caryocatactes macrorhynchos)*, sowie auch die ökologische Bedeutung dieser betrifft eine verhältnismäßig reiche Literatur (B e k r e e v, 1950, D e m e n t i e v und G l a d k o v, 1954, D o p p e l m a i r et al., 1951, F o r m o z o v, 1933, 1950, K o n e v, 1951, 1956, K o n d r a t o v, 1953, K u t u z o v, 1954, N a u m o v, 1955, R e j m e r s, 1953, 1956, 1957, S m i r n o v, 1956, L e v i n a, 1957 u. a.) und im allgemeinen ökonomisch hochgeschätzt ist der Anbau und die Verjüngung der Sibirischen Zirbelkiefer durch den Tannenhäher. Die trophischen Beziehungen zwischen dem Tannenhäher und der Sibirischen Zirbelkiefer sind so eng, daß eine Mißernte dieser Samen eine Massenbewegung der Tannenhäher nach Nahrungssuche, wahrscheinlich auch Invasionen nach Mittel- bis Westeuropa (F o r m o z o v, 1933, L e v i n a, 1957) hervorruft, ähnlich als eine Mißernte der Eicheln Massenbewegungen der Eichelhäher (T u r č e k, 1951) zur Folge hat. Auf einmal füllt der Tannenhäher gewöhnlich bis 20 Nüßchen der Sibirischen Zirbelkiefer in seinem Kehlsack (L e v i n a, 1957), es sind aber auch viel größere Mengen, 40—80 Stück, sogar bis etwa 100 Stück bekannt. Auch für die Fütterung der Jungen bringt der Tannenhäher auf einmal 9 bis 16 bereits geschälte Nüßchen mit (R e j m e r s, 1957). Aus der Gesamternte dieser Zirbelkiefer, die etwa 200 kg je Hektar der Bestände beträgt, konsumieren, bzw. abschleppen die Tannenhäher 50 % und auch darüber (L e v i n a, 1957). Zum Unterschied von der Mitteleuropäischen Zirbelkiefer wurden durch die Sibirische Zirbelkiefer auch zusammenhängende, jedoch keine dichten Bestände gebildet. Im Ural wurde beobachtet (L e v i n a, 1957), daß von 32 Probestämmen der Zirbelkiefer durch die Tannenhäher im anderthalb Monate 843 Stück Zapfen gepflückt wurden. Die Vorratsplätze dieser Tannenhäher sind ähnlich wie in Mitteleuropa, jedoch besonders wurde die Lagerung in das *Sphagnum*-Moos hervorgehoben, sonst aber hauptsächlich unter die Bäume in die

Waldstreu. Die Lager werden nicht bloß im Walde (in der Taiga) untergebracht, sondern in den Ebenen auch am Rande der Tundra, was analogisch der Bergaufverbreitung über die Waldgrenze in Mitteleuropa ist, sowie auch über die Waldgrenze in Hochgebirgen (Altai). L e v i n a (1957) führt die Beobachtungen von S a p o š n i k o v an, der festgestellt hatte, daß auf eine Waldfläche (Taiga) von 0,3—0,4 ha in 2 Stunden 127 Tannenhäher (recte Tannenhäher 127mal) herbeiflogen und dort nicht weniger als etwa 1 kg Zirbelkiefernüßchen in die Vorräte eingelagert haben. Sonst in einem Lager pflegen 6—12 Stück im Durchschnitt (von 2 bis 22) nach L e v i n a (1957), von 7 bis 27 nach K o n d r a t o v (1953) zu sein. N o v i k o v (1953) führt an, daß manchmal durch die Tannenhäher ganze Zapfen in einer Vorratskammer zu 5—6 Stück versteckt werden. Diese Tätigkeit ist der Versteckung der Waldkieferzapfen durch die Saatkrähen (*Corvus frugilegus*) ähnlich (S t u a r t, 1952, G o o d w i n, 1955). Die Zahl der Lager des Tannenhähers auf einer gewissen Fläche ändert sich nach der Größe der Ernte und nach der Gemeinschaft, in der die Lager angelegt werden. L e v i n a (1957) führt an, daß es an einem Berghang eines gemischten Zirbelkieferwaldes auf 1 ha 3334 Lager gab, in der Hochgebirgstaiga, wo überhaupt keine Zirbelkiefer waren, wurden aber die Samen dorthin in einer Menge 1665 Lager auf 1 ha gebracht, während K o n d r a t o v (1953) um den Jenisej-Fluß herum in den Zirbelkieferbeständen 3200 Lager auf 1 ha fand. Er bemerkt dabei, daß es in den Fichtenwäldern der Taiga sechsmal weniger Lager gab, da dort größere Bestände von kleinen Nagetieren sich befanden.

In diesem Zusammenhang möchten wir betonen, daß die Mehrheit der Orte, wo durch die Eichelhäher die Eicheln oder durch die Tannenhäher die Haselnüße oder Zirbelnüße eingelagert werden, Stellen ohne Pflanzenwuchs, oft feuchte oder wieder äußerst trockene, offene Bestände mit einem durch starke, unvermoderte Nadelschicht bedeckten Boden u. ä., also Stellen mit äußerst niedrigen Nagetierbeständen sind. Wir wollen nicht deswegen nach einem teleologischen Hintergrund bei dem Anlegen der Lager eben an solchen Stellen suchen, aber es ist solche kausale Erklärung annehmbar, daß an solchen kahlen Stellen die Eichelhäher und Tannenhäher sich leichter orientieren, leichter nach den Vorräten suchen und diese leichter ein- und ausgraben als an Orten mit dichter Pflanzendecke. Endlich pflegen solche Orte sehr oft in jungen und dichten Beständen zu sein, wo eben wegen Lichtmangels eine Bodenvegetation fehlt, wo sich jedoch diese Vögel beim Verstecken und beim Suchen, bzw. Verzehren der Samen aus den Vorräten verhältnismäßig sicher vor Greifvögeln fühlen.

L e v i n a (1953) führt auf Grund der Beobachtungen mehrerer Zoologen an, daß der Sibirische Tannenhäher vor den Schneestürmen, dem Schneegestöber seine Vorräte anderswohin in den Schnee übertragen pflegt und gräbt sie nicht tief unter die Schneedecke ein. Solches Benehmen unseres Tannenhähers wurde nicht beobachtet, aber es ist wahrscheinlich.

Die Sämlinge der Zirbelkiefer wachsen aus den Vorräten des Tannenhähers in Gruppen nach L e v i n a (1957) zu 5 bis 20, nach Kondratov zu 7 bis 29 Stück hoch, ähnlich wie die Zirbelkiefer in Mitteleuropa aus den Vorräten unseres Tannenhähers, und oft auch die Hasel und schließlich auch die Eiche und die Buche aus den Vorräten des Eichelshähers. Es ist also eine gewisse, natürliche Art einer Gruppenverjüngung, jedoch keine „Nistverjüngung", als es die Anhänger Lysenko's zu beweisen bemühten, da eben infolge der intraspezifischen Konkurrenz aus solcher Gruppe nach einigen Jahren nur 1—2 Individuen überbleiben. Die Übertragung der Sibirischen Zirbelkiefer wurde hauptsächlich in einem Umkreise bis zu 1 km beobachtet, aber F o r m o z o v (1950) gibt Beobachtungen über 7—9 km an, während K o n e v (1951) Übertragungsfälle bis 10 km anführt. Es sind also im Durchschnitt und auch höchstens ähnliche Entfernungen, wie wir es für die Zirbelkiefer und den Tannenhäher in Mitteleuropa angeführt haben. L e v i n a (1957) erwähnt auch die Übertragung der Fichtenzapfen durch den Tannenhäher auf eine Entfernung bis zu 300 m und die Versteckung von ganzen Zapfen in den Schnee. Nach den ausführlichen Beobachtungen von S w a n b e r g (1956) trägt der Tannenhäher Haselnüsse auf eine Entfernung von 6 km über, und zwar aus einer Haselnußgruppe in der Richtung eines Nadelwaldes.

Über die Verfrachtung der Eicheln, wie bereits erwähnt, gibt es viele Beobachtungen. Darunter haben wir Angaben quantitativen Charakters (C h e t t l e b u r g h, 1952, 1955, S c h u s t e r, 1950, N o v i k o v, 1948, C h o l o d n y j, 1949, L e v i n a, 1957, G o o d w i n, 1951, 1955 u. a.) und Beobachtungen über die Art des Befressens, der Übertragung und der Versteckung, sowie über die Entfernungen der Übertragung der Eicheln durch den Eichelhäher. C h o l o d n y j (1949) fand in den jungen Kieferwäldern in der Umgebung von Kijev etwa 2500 Stück durch den Eichelhäher ausgepflanzte junge Stiel-Eichen (*Quercus robur*). Der Autor beschreibt ausführlich die Art des Befressens und der Übertragung, jedoch bestreitet, daß der Eichelhäher die Eicheln für den Winter gepflanzt, versteckt hätte, und die Aussaat der Eicheln schreibt er einem zufälligen Verloren der Eicheln durch die Eichelhäher zu, indem diese Samen mit glatter Schale aus dem Schnabel des Eichelhähers ausfallen und auskeimen. Diese Annahme des Autors ist kaum haltbar, da wir eigene direkte Beobachtungen über die Versteckung der Eicheln und Bucheckern durch den Eichelhäher haben, es sind darüber reichliche Angaben in der angeführten Literatur, daß eben der Schnabel des Eichelhähers mit einem scharfen Rande zur Festhaltung der Eicheln geeignet ist, abgesehen davon, daß die Mehrheit der Eicheln durch den Eichelhäher im Kehlsack und nicht im Schnabel übertragen wird. Dies wieder wird durch direkte Beobachtungen, durch die vom Eichelhäher bei Affekten ausgewürgten Eicheln und durch das Vorkommen von mehreren Eicheln im Kehlsacke der erlegten Eichelhäher bewiesen.

Levina führt — neben dem Übertragen der Bucheckern und Waldnüsse (*Juglans regia*) — die Übertragung der Eicheln der Eiche durch den Eichelhäher auf 2—3 km und auch weiter, größtenteils aber auf 60 bis 500 m an, wie daran bereits auch wir angewiesen haben. Auf 0,5 ha — nach der angeführten Autorin — waren in dem Voronež'schen Gebiet von 111 bis 261 junge, durch den Eichelhäher verpflanzte Eichen, Eichensämlinge. Sie weist gleichzeitig darauf hin, daß sich 83 % der jungen Eichen, Eichensämlinge unterhalb der Kronen der Mutterpflanzen und in ihrer unmittelbaren Nähe befinden und nur der Rest auf größere Entfernungen durch Tiere übertragen wurde. Mazing (1957) legte in Estland bis zu 200 Versuchsflächen mit einer Fläche von etwa 3 m^2 an und untersuchte auf diesen die Anzahl der ornithochorischen Gehölze. Unter ihnen fand er viele Eichen, wenn auch an dem Untersuchungsorte die Eiche fast an der Grenze ihres Areals lebte.

Der Eichelhäher ist zwar der Haupt-, nicht aber der einzige Verfrachter der Eicheln. Fischer (1933) schreibt den Unterbau der Eicheln und Bucheckern in den Wäldern hauptsächlich dem Eichelhäher zu, er bemerkt aber, daß auf größere Entfernungen diese durch die Ringeltaube (*Columba palumbus*) übertragen werden, und Levina (1957) führt auf Grund der Feststellungen Novikov's an, daß auch durch die Dohle (*Corvus monedula*) viele Eicheln übertragen und in die Baumhöhlen versteckt werden. Die Dohle aber, unserer Meinung nach, hat eine geringe Bedeutung für die Verbreitung. Auch die Tätigkeit der Ringeltaube wurde, mindestens insoweit es sich um ihre Intensität handelt, überschätzt. Es ist ja wahr, daß die Ringeltaube in ihrem Kropfe mehr Eicheln (bzw. Bucheckern) als der Eichelhäher auf einmal verfrachtet, daß sie vor dem Befressen die Eicheln nicht zermalmt, daß sie an große Entfernungen und schnell (im Vergleich mit dem Eichelhäher) fliegen vermag, jedoch — soweit es uns bekannt ist — sie pflegt keine Vorräte, ähnlich wie keine aus unseren Tauben, anzulegen und verdaut die Eicheln und Bucheckern vollkommen. Die Vorteile der Tauben vor den Eichelhähern — was die Verbreitung betrifft — können in Folgendem liegen: unter gewissen Bedingungen kann die Taube den Gehalt des Kropfes oder einen Teil dessen auswürgen und so die Samen übertragen. Die Taube mit gefülltem Kropfe kann zum Opfer der Greifvögel fallen, durch die, wie wir wissen, der Gehalt der Kröpfe und der Magen ihrer Opfer nicht gefressen wird. Die Taube kann mit gefülltem Kropfe bei den herbstlichen Streichen und Zügen auf beträchtliche Entfernungen überfliegen und so — unter Bezugnahme auf die früheren Umstände — zur weiten, phytogeographischen Übertragung der Diasporen dieser oder anderer Holzarten beitragen.

Dasselbe kann auch über die Bedeutung der Wildente (*Anas platyrhynchos*) in der Übertragung der Eicheln und Bucheckern gesagt werden. Nach den von F i r b a s (1935) angeführten Versuchen Hemberg's (an Hausenten) waren noch 8 Stunden nach der Fütterung 4 Prozent der Bucheckern keimfähig, die übrigen wurden durch die Verdauung vernichtet.

In der ökologischen Verbreitung der Gehölze werden außer den bereits erwähnten Vogelgruppen auch viele andere Gruppen beteiligt. Wir haben uns ausführlicherweise mit dem Eichelhäher und der Eiche, sowie auch mit dem Tannenhäher und der Zirbelkiefer und Hasel darum befaßt, weil diese Ornithochorie — nach den jetzigen Kenntnissen — am meisten verbreitet und wahrscheinlich von größter ökonomischer Bedeutung ist. Eine große biozönologische und gewiß auch ökonomische Bedeutung besitzt jede Ornithochorie. F o r m o z o v (1948) fand im Kote der Wacholderdrosseln (*Turdus pilaris*) von 1 bis 8 Samen der Eberesche (*Sorbus aucuparia*) und im Kote der Seidenschwänze (*Bombycilla garrulus*) viele Samen des Gemeinen Schneeballs (*Viburnum opulus*) bis an 200 m von der Mutterpflanze entfernt. Wir haben im Kote der Amseln (*Turdus merula*) und der Singdrosseln (*Turdus ericetorum*) bis 11 Samen des Virginischen Wacholders (*Juniperus virginiana*) auf etwa 50 m von der Mutterpflanze gefunden. P a c z o s k i (1933) fand in den dunklen Fichtenwäldern der Urwälder von Bialowieża durch Vögel verpflanzte Eichen, Haseln, Eschen, Brombeeren, Weißdorne, Johannisbeeren, Hekkenkirschen und Holunder. M a z i n g (1957) fand an seinen bereits erwähnten, etwa 3 m² großen Probeflächen die größte Anzahl von Ebereschen (*Sorbus aucuparia*), Trauben-Holunder (*Sambucus racemosa*), verschiedenen Johannisbeeren (*Ribes div. sp.*), Himbeeren (*Rubus idaeus*), Gemeinen Heckenkirschen (*Lonicera xylosteum*) und Faulbäumen (*Rhamnus frangula*) neben anderen, akzessorischen Holzarten. K u u s i s t o (1932) kennt in seiner ganz Skandinavien betreffenden Übersicht bis zum Jahre 1932 9 endozoisch verbreitete und insgesamt 41 durch Vögel verbreitete Holzarten. M ü l l e r — S c h n e i d e r (1949, 1955) beschreibt die bedeutende Aufgabe bei der synzoischen Übertragung der Samen durch die Spechtmeise (*Sitta europaea*). Auch wir haben beobachtet, daß

durch diese Vögel Eicheln, Bucheckern, Samen des Ahorns, der Weißbuche, der Hasel, der Linde, der Eibe u. a. an eine Entfernung von
30—50 m übertragen, in die Rindenrisse befestigt und verzehrt oder in
kleinere Vorräte angelegt wurden. Dies haben wir auch im Winter beobachtet, als von den Fütterplätzen durch diese Vögel die Fichtensamen
so weggetragen wurden, daß sie rasch bis 10 Stück Samen aufgepickt
haben und mit gefülltem Schnabel auf den nahen (etwa 15 m entfernten)
Baum hingeflogen sind, wo die Samen in die Flechten und Rissen eingesteckt wurden. Später haben sie diese aufgesucht, aber ein bedeutender
Teil davon wurde inzwischen durch Blaumeisen *(Parus caeruleus)* und
Sumpfmeisen *(Parus palustris)* konsumiert. Solche Übertragung ist jedoch
vom Gesichtspunkte der Effektivität kaum von Bedeutung.

Mit dem Anlegen der Wintervorräte haben sich H a f t o r n (1953, 1954)
und L ö h r l (1955) ausführlicher beschäftigt. Sie stellten fest, daß in
Norwegen die Wintervorräte durch Tannenmeisen *(Parus ater)*, Haubenmeisen *(Parus cristatus)*, Sumpfmeisen *(Parus palustris)*, Weidenmeisen
(Parus atricapillus) und Graumeisen *(Parus cinctus)*, in Deutschland wieder durch Haubenmeisen *(Parus cristatus)*, Sumpfmeisen *(Parus palustris)*
und Weidenmeisen *(Parus atricapillus)* angelegt wurden. In der Slowakei
beobachteten wir das Anlegen der Vorräte von Fichtensamen *(Picea
abies)* und verschiedenen Fichtenarten *(Picea div. sp.)* durch Tannenmeisen *(Parus ater)* und Sumpfmeisen *(Parus palustris)*. Alle angeführten
Meisen versteckten überwiegend Fichtensamen, und zwar auf Bäumen:
in die Flechten an den Ästen, zwischen die Nadeln, Rinderisse u. ä.
Eine von uns in Gefangenschaft gehaltene Tannenmeise versteckte Fichtensamen etwa seit dem Alter von 1 Monat ab und dieselben von G i b b
(1957) gehaltenen Meisen versteckten ebenso die Samennahrung. Für die
Verbreitung der Holzarten ist solche Versteckung, solches Anlegen der
Vorräte und solche Übertragung ähnlich von geringer Bedeutung. Hier
kommt es zu einer effektiven Auskeimung bloß bei den Samen, die von
den Meisen zu Boden herunterfallen gelassen werden usw. Nach unseren
Beobachtungen wurden durch Meisen Samen auf eine Entfernung von
20—30 m von dem Mutterbaume übertragen und versteckt. G i b b (1954)
beobachtete Tannenmeisen *(Parus ater)*, durch die im Herbst Bucheckern
(Fagus silvatica) auf den Bäumen, also auf ähnlichen Orten, wie bereits
erwähnt, versteckt wurden. Dabei Sumpfmeisen *(Parus palustris)* verschleppten Bucheckern in derselben Zeit auf 50 bis 150 m weit von dem
Mutterbaume und versteckten sie in die Waldstreu. Es kann vorausgesetzt werden, daß alle so versteckten Bucheckern nicht gefunden wurden
und eine solche Verschleppung vom Gesichtspunkte der Verbreitung der
Holzart effektiv ist.

Die Verbreitung der Beeren der Mistel (*Viscum album*) und der Europäischen Riemenblume (*Loranthus europaeus*) ist allgemein bekannt und ausführlicher hat sich damit T u b e u f (1923) beschäftigt. Hier sind die Drosseln (*Turdidae*) als Hauptagenten anzusehen. In der Slowakei, z. B. in dem Untertal von Hron, in den Tälern von Nitra, Väh usw., deckt sich das reichliche Vorkommen dieser halbschmarotzenden Pflanzen im großen mit den Zug- und Strichstraßen der Drosseln, bzw. das Vorkommen dieser Pflanzen bezeichnet die Wege dieser Vögel.

In den Pappel-Weiden-Auwäldern im Donaugebiet kommt stellenweise der Gemeine Hartriegel (*Cornus sanguinea*) häufig vor und bildet ortsweise zusammenhängenden Unterwuchs. Auf den massenhaften Herbstzügen machen da die Amseln (*Turdus merula*) und Singdrosseln (*Turdus ericetorum*) Halt, ernähren sich mit den Beeren dieser Holzart (neben Kratzbeeren — *Rubus caesius*) und verfrachten diese. Wenn auch sich teilweise diese Holzart vegetativ vermehrt, die Mehrzahl deren wird durch Amseln ausgesät und dadurch werden sie in dieser Weise bedeutende Faktoren für die Sukzession dieser Gemeinschaften. In solchen Bestandteilen, wo der Hartriegel dicht vorkommt, verlangsamt sich der Wasserstrom bei häufigen Überschwemmungen, durch das Wasser geschleppter Schlamm und Detritus wird angehäuft und so erhöhen sich langsam diese Bestandteile, wobei die Höhe des Grundwassers relativ sinkt, und so wird der Anmarsch solcher Holzarten ermöglicht, die ein hohes Grundwasser nicht ertragen. Solche sind die Stiel-Eiche (*Quercus robur*), die Walnuß (*Juglans regia*), die Esche (*Fraxinus*), die Ulme (*Ulmus*) usw., aus denen einige — die Eiche und die Walnuß — auch durch Vögel zugeschleppt werden. So ändert sich die ganze Gemeinschaft in sukzessiver Reihe vom Populetum in der Richtung zum *Quercetum*. In diese Wälder ist durch die Vögel auch der Europäische Zürgelbaum (*Celtis australis*), der ursprünglich nur in den Parkanlagen der Schüttinsel (Žitný ostrov) angebaut wurde, verschleppt. Die Walnuß (*Juglans regia*) ist stellenweise bedeutend vertreten und der Hauptagent ihrer Verbreitung, unseren Beobachtungen nach, ist der Eichelhäher (*Garrulus glandarius*).

Die angeführten Beispiele der ökologischen Verbreitung der Gehölze durch die Vögel beweisen, daß diese Tätigkeit der Vögel mehr oder weniger unauffallend ist; es ist eine geringe, aber systematische Tätigkeit mit einer kumulativen Wirkung, in keiner Weise eine gelegentliche, sondern eine gesetzliche Kausaltätigkeit, an die so die Gehölze, wie die Vögel angepaßt sind. Mit dieser Tätigkeit werden die Vögel — außer dem, daß sie Agenten der Verbreitung der Gehölze sind — Faktoren der natürlichen Auslese der Gehölze und Faktoren der Sukzession der Pflanzen- (auch der integrierten Lebens-)gemeinschaften.

Als geographische Verbreitung betrachten wir hier — natürlich eine effektive — Verbreitung der Früchte, der Samen durch die Vögel außerhalb des Areals der einzelnen Holzarten, ob es allmählich als Folge einer systematischen ökologischen Verbreitung, oder sprungweise geschieht. Die Folge in jedem Falle ist die Verschiebung des Areals der Holzart, entweder systematisch in der Form der Verschiebung der Arealgrenze, oder unsystematisch in der Form der Brennpunkte, die über das Areal der Holzart hin versetzt worden sind. Die Kontinuität oder Diskontinuität der neuen Grenze des Areals ist in diesem Falle nur eine Funktion der Zeit, vom langfristigen Gesichtspunkte aus auch eine unzusammenhängende Grenze, bzw. eine Vereinigung der alten und neuen Grenze mit extrapolierten Brennpunkten wird eben durch die ökologische Verbreitung der Holzart in diesem Grenzgebiete verwirklicht. Und so sehen wir, daß die zwei Verbreitungsformen: die ökologische und die geographische, in engem Kausalzusammenhang sind und ineinander übergehen.

Vom Gesichtspunkte der geographischen Verbreitung der Gehölze durch die Vögel wird vom Interesse die von dem Orte der Mutterpflanze zu dem Orte des neuen Vorkommens gemessene Entfernung solcher Verfrachtung.

Die überzeugendsten Beweise der geographischen Verbreitung der Gehölze durch Vögel bietet die nacheiszeitliche Verschiebung und Vorrücken der Gehölze in Europa (vgl. F i r b a s, 1949, *Die Waldgeschichte Europas I—II*, Jena; M o r e a u, 1954, *The main vicissitudes of the European avifauna, since the Pliocene*, Ibis 96, 411—431) und das Erscheinen der ornithochorischen Holzarten an den Inseln. Die letzteren werden durch R i d l e y (1930), jedoch außerhalb Europa, behandelt. Dagegen die ausführliche Arbeit von L e e g e (1937) bringt ein reiches Material über die allmähliche Ansiedlung der Gehölze aus durch Vögel verschleppten Diasporen an den Inseln der Ostsee, unweit von der deutschen Küste. Hier in vielen Fällen handelte es sich um eine wirkliche Verschiebung des Areals der Gehölze durch die Vögel. Ähnlich H e m b e r g (1918) schreibt den Vögeln, nämlich der Ringeltaube *(Columba palumbus)*, die einzigartige Rolle bei der Einschleppung der Rotbuche *(Fagus silvatica)* nach Schweden zu. O s t e n f e l d, 1926 *(The flora of Grenland and its origin*, Kgl. Danske Videnskabernes Selskab Biol. Medd. 6, 1—71), schreibt über die Verschleppung von 14 Holzarten durch Vögel, wahrscheinlich aus Nordamerika, nach Grönland.

In der Literatur sind — oft kritiklose — Angaben über die Fernverbreitung der Gehölzdiasporen, hauptsächlich an die Inseln, angesammelt. Als ein klassisches Beispiel ist Krakatau anzusehen (G o o d, 1947). Bei der

Betrachtung der wirklichen Funktion der Vögel in dieser Ansiedlung und
hauptsächlich ihrer Effektivität ist eine beträchtliche Vorsicht nötig, da
die Vögel keineswegs die einzigen Agenten der Verbreitung sind und betreffend die Inseln muß man immer den Einfluß des Menschen, also die
Anthropochorie in breitem Sinne des Wortes, und die Übertragung durch
Meeresströmungen, an Wracken usw., sowie auch durch Wind in Betracht
ziehen.

Das ähnliche gilt über das Vorrücken der Gehölze in Europa. Hier
waren es mit dem Rückgang des Eises als Quelle der Diasporen für die
Verbreitung der Gehölze die Gehölze in den Refugien, wie darauf L e -
v i n a (1957) hinweist und wie es aus den Ausführungen von M o r e a u
(l. c.) hervorgeht, und so auch in diesem Falle ist eher die allmähliche
Verbreitung auf kleinere Entfernungen (bis etwa 10 km), die wir als
ökologische genannt haben, als eine „sprungartige" Fernverbreitung anzunehmen. Tatsachen sprechen anderseits jedoch darüber, daß auch die
Sprünge nicht ausgeschlossen werden können, sie sind aber eher als
Ausnahmen anzunehmen, auf einige Holzarten bei außergewöhnlich günstigen Bedingungen begrenzt und spielen sich — effektiv — im Inneren des
potentiellen Areals (L e v i n a, 1957) der Holzart ab. Das wirkliche Areal
ist nämlich immer kleiner als das potentielle Areal, bereits auch deswegen, daß in der Natur keine scharfen und nämlich keine festen, dauern-
den Grenzen zu finden sind. So gibt F i r b a s (1935) die wahrscheinliche
Übertragung der Bucheckern *(Fagus silvatica)* bis auf 70 km an und
R i d l e y (1930) die Übertragung der Eicheln der Eiche durch die Krähen
auf etwa 30 km. Dies sind aber, wie bereits erwähnt, eher Ausnahmen,
vereinzelte Beispiele und so werden sie auch — außer dem, daß sie nicht
exakt bewiesen sind — durch L e v i n a (1937), als sie die angebliche
Übertragung der Samen der Koreanischen Kiefer *(Pinus koreaensis)* auf
40 km kommentiert, aufgefaßt. Die „Sprünge" in der Übertragung der
Holzdiasporen — die wir bereits wie eine weitere Übertragung als etwa
auf 10 km betrachten — erscheinen als eine Folge der Tätigkeit der Vögel
(natürlich auch anderer Agenten, wie z. B. des Menschen und seiner
Transportmittel) und spielen sich von der wirklichen Grenze des Areals
und über diese, wie auch in dieselbe herein, also in beiden Richtungen, ab.
Vom Gesichtspunkte der geographischen Verbreitung der Gehölze durch
Vögel interessieren uns hier die „Sprünge" außerhalb des Areals, also
extraarealisch. Alle „Sprünge" aber — unter denen quantitative Unterschiede sind — müssen also wie eine ökologische Eindringung der Arten,
der Bevölkerungen, bzw. als ein Bestandteil der (primären, sekulären,
sekundären) Sukzession betrachtet werden. S u k a č e v (1952) in seiner
Theorie über die Entwicklung der Phytozönosen, bzw. Biogeozönosen hebt

besonders die Tendenz der Lebensgemeinschaften, durch ihre Elemente, ihre Mitglieder in die anderen Gemeinschaften einzudringen, hervor. Gleichzeitig aber jede mehr oder weniger organisierte Gemeinschaft vermag auszuüben eine Tendenz gegen den Eintritt der eindringenden, fremden Elemente. Dies ist eine Seite der ökologischen Homeostase. Solche Eindringung (und Widerstand) sehen wir in der Natur überall, sie ist eine Gesetzmäßigkeit und ein Hebel der Entwicklung der Gemeinschaften und ihrer Sukzession, d. h. der Ersetzung und Nacheinanderfolge der Gemeinschaften. Wenn wir dazu noch die Tendenz aller lebenden Organismen, sich zu verbreiten, jeden Raum mit Leben zu besetzen, sowie auch eine Tendenz der Pflanzen, von der Mutterpflanze zu entkommen, hinzufügen, haben wir Anhaltspunkte für die Beurteilung der „Sprünge" wie eine Diskontinuität in der Kontinuität, wie eine ökologische, aber gleichzeitig auch geographische Verbreitung. Mit Hilfe der Vögel — als Agenten — dringen einige Gehölzarten wie Bestandteile einer Lebensgemeinschaft in die andere Lebensgemeinschaft ein. Dabei ist solche Eindringung desto wirkungsfähiger (effektiver) und die Erhaltung, sowie die weitere Entwicklung der eingedrungenen Holzarten je wahrscheinlicher, desto: 1. die zwei Gemeinschaften geneologisch mehr verwandt, betroffen sind. 2. der Widerstand der neuen Gemeinschaft geringer ist, 3. die eingedrungenen Holzarten lebensfähiger sind, ihre ökologische Valenz breiter ist und 4. die Zahl der eingedrungenen Individuen größer ist. Dazu können wir noch den phyletischen Standpunkt in dem Sinne — ex hypothesi — hinzufügen, daß die Eindringung der phylogenetisch jüngeren in die phylogenetisch älteren (der decksamigen in die nacktsamigen) Holzarten, in die Gemeinschaft leichter und erfolgreicher wird; darüber ist jedoch kein genügendes Material vorhanden.

Die Waldhölzer dringen früher und erfolgreicher in eine andere Waldgemeinschaft, wie z. B. in eine Wiesen-, Steppengemeinschaft u. ä., also in eine entfernte Gemeinschaft ein. Der Widerstand der neuen Gemeinschaft gegen die eingedrungene Art, die durch ein oder mehrere Individuen repräsentiert ist, ist desto größer, je mehr die neue Gemeinschaft organisiert, vollständig ist. So kann die verhältnismäßig sehr effektive Eindringung der Holzarten auf einige Inseln mit primitiven (oft endemischen) Pflanzengemeinschaften oder mit durch exogene Einflüsse: Katastrophen, Brände, Weiden usw. gestörten Gemeinschaften, oder ohne irgendeine organisierte Pflanzengemeinschaft (der Fall des Insels Krakatau) erklärt werden. So kann auch die verhältnismäßig schnelle und wirksame Eindringung der Holzarten in der Nacheiszeit erklärt werden.

Die größten Aussichten auf eine wirksame Eindringung haben Holzarten mit einer breiten ökologischen Valenz, soweit es sich um ihre

Ansprüche auf Licht, Wärme (Wärmemenge, Minima und Maxima), Feuchtigkeit, Witterungsverhältnisse, Verbreitungsart usw. handelt. Solche sind z. B. die sog. Pioniergehölze. Die Eindringung ist desto erfolgreicher und dauernder, je mehr Individuen der eindringenden Art (in diesem Falle einer passiven, mit Hilfe der Ornithochorie) sich an dieser beteiligen. Wir sind so zu der Menge der auf einmal durch Vögel übertragenen Diasporen wie zu einem bedeutungsvollen Umstand gekommen. Tatsächlich in der Regel ist die Ornithochorie, entweder die Endo- oder die Synornithochorie, eine Massenübertragung. Selten übertragen die Vögel eine einzige Diaspore, am meisten werden sich in den Speiballen, in der Darmausscheidung oder in den Vorräten mehrere, ja viele Diasporenindividuen vorfinden.

Als Beispiel des phyletischen Gesichtspunktes in der Eindringung führen wir den früher behandelten „Unterbau" der Eicheln der Eiche durch die Eichelhäher in Kieferwälder und Nadelwaldgemeinschaften überhaupt an, wo es vom langfristigen Gesichtspunkte aus zu einer Verwandlung kommen wird. Biozönologisch betrachtet handelt es sich in diesen Fällen um eine Ersetzung einer „niedrigeren" durch eine „höhere" Gemeinschaft — falls man, natürlich, über eine Hierarchie hier zu sprechen darf — richtiger um den Austausch einer weniger organisierten und produzierenden Gemeinschaft durch eine mehr organisierte und produktivere Gemeinschaft, im Sinne der Produktion der organischen Stoffe überhaupt.

Schließlich vom Gesichtspunkte der Eindringung erwähnen wir noch den sehr bedeutenden Einfluß des Menschen. Der Mensch — bereits von der Steinzeit — änderte die Umwelt, in der er lebte, und er ändert sie progressiv immer mehr bis jetzt. Er schafft ein sog. Kulturland. Dieses zeichnet sich mit der dort berührten Lebensgemeinschaften aus, die offen sind, mit Fragmentizität und Mosaizität. In so veränderte Gemeinschaften ist die Eindringung neuer Arten — als Vorposten anderer Gemeinschaften — erfolgreich und rasch. Ich führe hier bloß das Beispiel der Eindringung — einer geographischen, kann es gesagt werden — des europäischen Zürgelbaumes (*Celtis australis*) in das Donaugebiet an. Diese mediterranische Holzart mit ornithochorischen Diasporen dringt in diesem Gebiete hauptsächlich in das Kulturland und in die vom Menschen am meisten gestörten, desintegrierten (Monokulturen hauptsächlich von fremden Pappelformen) Auwälder, deren ökologische Homeostase sich auf einem niedrigen Stufe befindet, ein (T u r č e k, 1948).

Die neuen, infolge der Ornithochorie „sprungweise" gebildeten Brennpunkte, falls sie für ihre Erhaltung, wie oben erwähnt, Voraussetzungen besitzen, werden allmählich mit der Gemeinschaft, aus der sie ausgegangen sind, integriert, d. h. symbolisch gesagt, sie werden die Gemeinschaft mit sich schleppen, der Leerraum — in diesem Falle phytogeographischer — wird allmählich ausgefüllt und die Diskontinuität (oder die Disjunktion) wird sich in eine Kontinuität verwandeln. Es kommt so, infolge einer ständigen, langfristigen ökologischen Verbreitung durch die Vögel und durch andere Agenten, zu einer Verschiebung der jetzt bereits zusammenhängenden Grenze des Areals und gleichzeitig zu einer Vorrückung der neuen Gemeinschaft und zu einer Verwandlung der Gemeinschaften. Und so sind wir zu einer Stelle gekommen, wo die ökologische Verbreitung, die geographische Verbreitung und die Sukzession der Gemeinschaften nicht für drei getrennte Erscheinungen, Prozessen, sondern nur für drei Phasen eines und desselben Prozesses: einer ewigen Dynamik der Arealen und einer ewigen Dynamik der Pflanzen- und Tiergemeinschaften zusammen, also der Lebensgemeinschaften, betrachtet werden können.

Es bleibt noch übrig, die Beziehung zwischen der Anzahl der einzelnen Gehölze befressenden und übertragenden Vogelarten und dem Areal dieser Holzarten zu behandeln.

R i d l e y (1930) führt Gattungen der ornithochorischen Holzarten mit einer größten geographischen Verbreitung der westlichen und östlichen Hemisphäre nördlich, als auch südlich des Equators an. Solche Verbreitung dieser schreibt er der Art der Ornithochorie zu. Aus den Holzarten Europas gibt er an der angeführten Stelle diese Gattungen an: Magnolie *(Magnolia)*, Berberitze *(Berberis)*, Mahonie *(Mahonia)*, Stechpalme *(Ilex)*, Spindelbaum *(Euonymus)*, Faulbaum *(Rhamnus)*, Rebe *(Vitis)*, Sumach *(Rhus)*, Kirsche *(Prunus)*, Birne *(Pyrus)*, Weißdorn *(Crataegus)*, Brombeere *(Rubus)*, Rose *(Rosa)*, Johannisbeere *(Ribes)*, Myrte *(Myrtus)*, Hartriegel *(Cornus)*, Holunder *(Sambucus)*, Schneeball *(Viburnum)*, Heckenkirsche *(Lonicera)*, Heidelbeere *(Vaccinium)*, Ölweide *(Eleagnus)*, Riemenblume *(Loranthus)*, Mistel *(Viscum)*, Zürgelbaum *(Celtis)*, Feigenbaum *(Ficus)*, Gagelstrauch *(Myrica)*, Krähenbeere *(Empetrum)*. Dabei aus den hier angeführten Gattungen einige zeichnen sich mit einer enormen Splitterung in Arten aus: der Feigenbaum hat 600, die Brombeere 430, die Rebe (inklusive die Kletternde Jungfernrebe — *Cissus* und die Scheinrebe — *Ampelopsis*) 400, die Stechpalme 270, der Sumach 113, die Heidelbeere 100 Arten.

Aus den Gattungen, nach R i d l e y von breitester räumlicher Verbreitung, fallen in unsere Kategorie III — der bevorzugten Holzarten — insgesamt 15 Gattungen aus der Gesamtzahl von 27 Gattungen in dieser Kategorie durch Vögel bevorzugten Holzarten. L e v i n a (1957) stimmt mit den Ausführungen von Ridley nicht überein und behauptet, daß selbst die Art der Verbreitung, also die Anpassung der Holzart an eine bestimmte Art der Verbreitung, noch nicht über das Areal entscheidend ist. Es ist annehmbar, falls wir die Art als solche betrachten, es scheint jedoch, daß bei der Betrachtung der Gattung oder bis zur Familie eines Gehölzes (und einer Pflanze überhaupt) den größten Einfluß auf die Größe des Areals eben die Art der Verbreitung ausübt. Hier ist wieder die Parallele zwischen der Art der Befruchtung und der Art der Verbreitung vorhanden.

c) *Bedeutung der Verbreitung der Gehölze durch Vögel*

Die Verbreitung der Gehölze durch Vögel hat eine Tragweite auf die Forst-, Land- und Obstwirtschaft, auf die ökologische und geographische Verbreitung der Gehölze, wie auch auf ihre Artbildung. Dabei beeinflußt sie rückwirkend auch die Vögel selbst und ihre Verbreitung und die ganzen Biozönosen. Von wirtschaftlichem Gesichtspunkte aus — aber nur von diesem — kann der Einfluß der Verbreitung der Gehölze durch Vögel positiv oder negativ sein. Hier muß es aber betont werden, daß nicht einmal der eventuelle negative Einfluß (und dieser ist in jedem Falle nur augenblicklich, vom langfristigen oder räumlichen Gesichtspunkte aus erscheint er in anderem Lichte) ein Grund für die Beschränkung der Vögel, ihrer Anzahl usw. sein kann, desto weniger, daß die Vögel gleichfalls wie der Wind, das Wasser und der Mensch selbst als Verfrachter der Diasporen da sind und daß der Evolutionsprozeß, während dessen die Gehölze an Ornithochorie und die Vögel an solche Verbreitung sich angepaßt haben, irreversibil ist und räumlich wie zeitlich weiter dauert. Endlich ist es schwer, die wirtschaftliche und irgendeine andere „unwirtschaftliche" Bedeutung der Verbreitung der Gehölze durch Vögel zu trennen — dessen Berechtigung bezweifle ich — da was heute an dieser Stelle wirtschaftlich bedeutend, ja sogar „schädlich" ist, kann morgen und an einem anderen Orte wirtschaftlich bedeutend sein. Bereits die Tatsache des Bestehens der Anpassungen bei den Gehölzen und Vögeln zur Ornithochorie selbst spricht reichlich über die Bedeutung der Vögel in der Verbreitung der Gehölze. L e v i n a (1957) auf Grund paleobotanischen Funden und deduktiverweise behauptet, daß die erste Art der Verbreitung der Gehölze, bzw. der Pflanzen die Endozoochorie, speziell die Endosaurochorie war. Die Tatsache, daß die Evolution in dieser Richtung weiter folgte und daß die Endozoochorie (speziell die Endoornithochorie) sich vom Tertiär bis heute behauptete und nicht durch die natürliche Auslese eliminiert wurde, spricht über die Bedeutenheit solcher Verbreitung durch Vögel. Ja was mehr, viele progressive Holzarten passen sich an, bzw. neuerlich (?) haben sich zu einer synzoochorischen Verfrachtung, Verbreitung angepaßt, die aber nur auf einem gewissen Entwicklungsgrade der höheren Nerventätigkeit der Vögel entstehen könnte. Nur auf Grund der Verbreitungsart wäre es falsch, aus einem primitiven oder progressiven Charakter der Gehölze (phyletisch) Schlüsse zu ziehen, da es hier um analogische und nicht homologische Erscheinungen geht. Es steht fest, wie schreibt L e v i n a (1957), daß die Ornithochorie und speziell die Synornithochorie gegenseitige Anpassungen (der Gehölze und der Vögel) verlangte, bis zu einer Spezialisation, und die Entwicklung auch weiterhin wahrscheinlich solche Richtung nehmen wird. Jede Spezialisation ist ein Schritt vorwärts, gleichzeitig aber ein Schritt zurück: die Zirbelkefer *(Pinus cembra)* hat zwar ein „Nüßchen" für die synzoochorische Verbreitung gebildet, jedoch so einen geflügelten und leichteren Samen verloren — anderseits der Tannenhäher *(Nucifraga caryocatactes)* erwarb eine spezielle (besonders kalorische) Nahrung, die er als Vorräte einlagern und übertragen kann, aber bei einer Mißernte dieser Samen muß er für die Nahrung lange Strecken und Wanderungen zurücklegen u. ä.

In der Forstwirtschaft erscheint die Verbreitung der Gehölze durch Vögel als ein (sonst sehr wirksamer) Faktor der Sukzession der Waldgemeinschaften mit der Einbringung neuer oder sekundär eliminierten Holzarten für die existierende Gemeinschaft, womit sie in vielen Fällen wie ein Forstwirt zu wirken pflegt. Der Unterschied beruht hier in der gespendeten menschlichen Arbeit (der ökonomische Gesichtspunkt) und in dem zusammenhängenden Charakter der Verbreitung der Diasporen durch Vögel, sowie in einer größeren Effektivität. Da die verbreitende Tätigkeit der Vögel im Walde in jedem Falle zur Erhaltung der existierenden Gemeinschaft — z. B. die Verbreitung der Zirbelkiefer in den Beständen oder im Areal der Zirbelkiefer — oder zu ihrer Umwandlung in eine höher organisierte, höher integrierte Gemeinschaft — z. B. die Aussaat der Eiche in den Kieferwäldern — und nie zu einer Degradation der existierenden Gemeinschaft (soweit bekannt) strebt, muß man die Verbreitung der Holzdiasporen durch Vögel, von diesem Gesichtspunkte aus, als konstruktiv betrachten. Mit der Erhaltung und mit der Gründung der Waldränderformationen sichert die verbreitende Tätigkeit der Vögel die Kontinuität des Überganges einer Gemeinschaft (Biozönose) in die andere und gleichzeitig die ökoklimatische und ökologische Blende zwischen dem Walde und einer anderen Gemeinschaft. Mit der Verbreitung der hauptsächlich schweren Diasporen der Gehölze bergauf — überwiegend synzoochorisch — werden durch die Vögel hypsometrisch die Gehölze erhalten, bzw. der systematische Höhenrückgang bergab verhindert, der bei vielen Holzarten notwendigerweise bei der Autochorie, bzw. bei der gravitativen Verbreitung eintreten würde. Diese Tätigkeit ist besonders bedeutend an der oberen Grenze der Verbreitung der einzelnen Holzarten, womit die Vögel, bzw. ihre Verbreitung auch Faktoren der Zonation der Gehölze, bzw. der Gemeinschaften werden.

Für die Landwirtschaft — obwohl es sich um Gehölze handelt — soll besonders die Aufrechterhaltung, bzw. Gründung der Hecken betont werden. Ähnlicherweise ist für die Obstbau eine Übertragung, Verfrachtung der Samen der Obstbäume in die verschiedensten Umweltverhältnisse von Bedeutung, womit eine ständige Quelle von „wilden", unkultivierten Formen der Obstbäume für den weiteren Anbau in Baumschulen, im allgemeinen wie Unterlagen gesichert wird. Die Hecken haben in der Landwirtschaft eine agroklimatologische Funktion: eine Milderung des Windanstoßes, der Heftigkeit der Winde, des Abwehens der Bodenoberschicht, das Zurückhalten des Schnees, die Regulierung der Luftfeuchtigkeit. Diese Hecken wirken weiter als Filter (Turček, 1958), die durch die Luft verfrachtete Diasporen, z. B. viele Unkrautsamen, sowie durch die Luft passiv oder auch aktiv sich bewegende einige Schädlinge festhalten. In den Hecken konzentrieren sich — hauptsächlich für die Überwinterung — viele Schädlingsarten von Kulturpflanzen, wo durch ihre Räuber vernichtet oder ihre Bestände herabgesetzt werden. Endlich — undirekt — mit dem Anlegen und Erhaltung solcher Hecken ermöglichen die Vögel die Existenz anderer Vögel, hauptsächlich der Insektenfresser und der Greifvögel, sowie auch die Existenz anderer Raubtiere. Es muß aber anerkannt werden, daß die Vögel auch für die Landwirtschaft unerwünschte Holzarten, wie z. B. die Gemeine Berberitze (Berberis vulgaris), stellenweise Johannisbeeren (Ribes), den Spindelbaum (Euonymus) usw., übertragen können. In solchen Fällen sind unmittelbare normative Eingriffe des Menschen zugelassen. Anderseits die Verbreitung und Erhaltung vieler Obstbaumarten ausschließlich oder überwiegend besorgen die Vögel, wie z. B. die Brombeeren (Rubus), Maulbeeren (Morus), Johannisbeeren (Ribes), Kirschen (Prunus), Ölbäume (Olea), Feigenbäume (Ficus). Ähnliches kann über einige Dekorativgehölze, wie z. B. über die Stechpalme (Ilex), Mahonie (Mahonia), Mispel (Cotoneaster), Heckenkirsche (Lonicera), Schneebeere (Symphoricarpus), Myrte (Myrtus), Schnürbaum (Sophora) usw., gesagt werden.

Die Bedeutung der Ornithochorie vom ökologischen Gesichtspunkte aus haben wir in bedeutendem Maße früher erklärt: die Beteiligung an der Sukzession der Pflanzen- und Lebensgemeinschaften und an ihrer Dynamik, die ökologische Verbreitung und ausgeübten Einfluß an die geographische Verbreitung der Gehölze, der Gemeinschaften und die Dynamik ihrer Arealen. Es bleibt uns übrig, die Tragweite der Ornithochorie, und zwar das Entkommen der Gehölze von der Mutterpflanze und die Artbildung, zu erwähnen.

Die Anpassungen der Gehölzdiasporen an die Verbreitung — vielleicht mit Ausnahme der Autochorie — dienen nicht bloß einer Erhaltung und einem Gedeihen der Art selbst, sondern auch einer Übertragung der Diasporen weit von der Mutterpflanze hin. Solches „Entkommen" erklärt R i d l e y (1930) teleologisch wie ein Ausweichen der Pflanzen einer Übervermehrung in einem engeren Raume und ein Ausweichen den Pflanzen-, Pilz- oder Tierschädlingen. Solches „Entkommen" oder Entfernen von der Mutterpflanze ist nur eine Folge der Dissemination.

Durch die Ornithochorie sind die Gehölzdiasporen in die verschiedensten Orte mit den verschiedensten Umweltbedingungen eingetragen. Diejenigen Diasporen, die nicht vernichtet oder entwertet werden, auskeimen und als Sämlinge hochwachsen. Diese werden am meisten durch andere Umweltbedingungen als die Mutterpflanze beeinflußt. Wenn wir dabei die Plastizität der Pflanzen in ihrer frühen Jugend (in diesem Falle ist es die Diaspore und der Sämling), ferner den mutagenen Einfluß einiger Umweltfaktoren (z. B. die Wärme, die Strahlung, der Chemismus), ausgeübt hauptsächlich durch die Desoxyribonukleinsäuren, die Fähigkeit der Pflanzen ihre Chromosomensätze zu multiplizieren und überhaupt an die Umwelt sich anpassen, in Erwägung ziehen, ist es klar, daß eine breite Dissemination durch Vögel unmittelbar kleinere oder größere Änderungen im Genotyp und Fenotyp der Gehölze, die sich dann in neuen Formen, Ökotypen, Rassen, Stämmen, Unterarten bis an die Artbildung manifestieren, ermöglicht. Aber nicht nur das. Die Holzart (Individuum, Population) kann in neuer Umwelt in ihrer Mannbarkeit solche Formen befruchten, bestäuben und selbst befruchtet werden, mit denen sie in alter Umwelt (die Mutterpflanze) nicht in Berührung war. Dies ermöglicht auch die Entstehung neuer Formen durch (sexuale) Hybridisation, kann weiter zur Erhöhung der Vitalität führen u. ä.[11] Diese Fragen aber bleiben bis zu einer ausführlichen Untersuchung bloß — wenn auch berechtigte — Voraussetzungen. Potentiell jedoch kann diese Tragweite der ökologischen Verbreitung der Gehölze durch Vögel auch eine wirtschaftliche Bedeutung haben. In diesem Sinne haben wir die Untrennbarkeit der verschiedenen Gesichtspunkte auf die Bedeutung der Verbreitung der Gehölze durch Vögel betont.

---

[11] Die Vögel beteiligen sich auch unmittelbar an der Befruchtung (in den Tropen) und in Europa ist es nur über den Haussperling (*Passer domesticus*) in Beziehung zu Mais (*Zea mays*) bekannt (V a r e n i k, 1955).

3. *Siedlungsbeziehungen der Vögel und Gehölze*

Die breiteren Siedlungsorte vieler Vögel sind die Gehölzgemeinschaften und innerhalb dieser die einzelnen Holzarten: die Bäume und Sträucher. Die Vögel benützen die Gehölze zum Brüten, aber auch als Versteck, Schlafplätze, zum Nachstellen, als Singposten, für Rast und für das Anlegen der Vorräte. All dies sind topische Beziehungen.

Viele Vogelarten bauen an den Bäumen und Sträuchern — obligatorisch oder fakultativ — ihre Nester und im Laufe der Evolution kam es bei vielen Vögeln nicht nur zu morphologischen, physiologischen, phönologischen Anpassungen und zu Anpassungen in ihrem Verhalten, sondern auch zu Anpassungen an eine gewisse Holzart, öfter jedoch an einen Holztyp und dadurch auch an eine bestimmte Holzgemeinschaft.

Die Art und der Typ der Gehölze in dieser Hinsicht wird durch ihre Beschaffenheit und durch ihre Gestalt: Baum, Halbbaum, Strauch, Halbstrauch, sowie durch die Stelle, die eine bestimmte Holzart in verschiedenem Alter in der vertikalen Gliederung (Stratigraphie) der Lebensgemeinschaft (z. B. Wald) einnimmt, ausgedrückt. Außerdem für die Art und für den Typ der Holzart ist eine bestimmte Architektonik, Kronenbau, Astbau, die Phönologie der Belaubung und Laubfall, die Stärke (Minimum und Maximum), die Rinde und die Härte des Holzes eigenartig. Individuell veränderlich ist die Astbildung, d. h. der Winkel, den der Seitenast mit der Hauptachse bildet, was primär von dem Auxinstande (nebst Genotyp) und sekundär von dem Lichtgenuß abhängig ist. Ähnlich veränderlich ist die Dichte der Baumkrone und der Belaubung, die Menge und die Größe der Rücken, der dürren Ästen und ihren Stummel, der Gesundheitzustand und noch andere Eigenschaften, die alle die topischen Beziehungen zwischen den Gehölzen und den Vögeln beeinflussen.

Vom ökologischen Standpunkte aus innerhalb der topischen Beziehungen die größte Bedeutung — ganz allgemein — haben Gehölze als Brutplätze. Wenn auch über diese Frage wir verhältnismäßig genügend unterrichtet sind, mangelt es sich an spezielle Untersuchungen, betreffend die Wahl der Gehölzarten durch Vögel zum Brüten, sowie die vertikale Verteilung der Nester nach Vogel- und Holzarten. Aus den neueren Arbeiten führen wir hier die Studie von Malčevskij et al. (1954), die Arbeit von Novikov (1956) an, während mehrere Angaben in dieser Richtung die Arbeiten von Czarnecki (1956), Blagosklonov (1957) u. a. enthalten.

Die Bindung einer Vogelart bloß an eine Holzart oder Gehölztyp ist eher als Ausnahme zu betrachten und es kann gesagt werden, daß so eine ausnahmslose Bindung (eine streng genommene Stenonidie) überhaupt nicht existiert. Wir führen nur so eine verhältnismäßig eng spezialisierte Vogelart wie das Goldhähnchen *(Regulus regulus)* an. Dieses ist in der gemäßigten Zone Europas mit dem Brüten an die Fichte *(Picea abies)* gebunden, sogar an ihre Kammform mit überhängender Beastung. Dagegen in Finnland brütet es auch in dem Gemeinen Wacholder *(Juniperus communis)* und in Nordafrika in den Laubhölzern der offenen Landschaft. Dies ist, gewiß, eine regionale, bzw. geographische Veränderlichkeit. Die Bevorzugung oder Ablehnung bestimmter Holzarten seitens der Vögel zum Brüten ist also so veränderlich, daß dieselbe Holzart in einer Gemeinschaft, in einem Gebiete bevorzugt, in einem anderen abgelehnt wird, also zu zwei Extremen angehören kann. So z. B. die Robinie *(Robinia pseudoacacia)* gehört in der Slowakei zu den bevorzugten Holzarten (sieh Tafel 23), während in Deutschland an der Robinie Nester nur selten zu finden sind (Creutz, in verb.). Jedoch trotzdem an einem genügend großen Material kann — wenigstens für gewisse größere Gebiete — der Bevorzugungsgrad einzelner Gehölze durch die Vögel zum Brüten gezeigt werden, besonders falls das Material aus einem breiteren Gebiete gesammelt wurde und so die lokalen Beziehungen abgewischt oder ausgeglichen werden. Anderseits auch die lokalen Untersuchungen können in dieser Richtung bedeutend, hauptsächlich zu Evolutions-, bzw. Anpassungsfragen beizutragen und gewöhnlich, mindestens die Extremen, durch solche Untersuchungen gut charakterisiert werden (vgl. M a l č e v s k i j. 1954).

Während etwa 20jähriger Feldarbeit in der Ökologie habe ich Material über 960 Brüten der Vögel aus 56 Arten gesammelt. Das Material habe ich bei anderer Arbeit gesammelt, und zwar von den Auwäldern und Parkanlagen um die Donau herum bis zu der Hohen Tatra, überwiegend in Wäldern (Eichen-, Eichen-Hainbuchen-, Rotbuchen-, Fichten-, Kieferwäldern, Weiden- und Pappelbeständen usw.), aber auch in den Parkanlagen, Strauchstreifen in den Feldern, Gärten und anderswo. Das Material ist nicht groß, aber mit Hinsicht darauf, daß diese 960 Nester auf 48 Holzarten von 31 Gattungen konzentriert wurden, können diese Angaben analysiert und — mit Hinsicht auf die Größe des Materials — einige Schlüsse von breiterer Anwendung gezogen werden, da das Gebiet, in dem das Material gesammelt wurde, verhältnismäßig groß und ungleichartig war. Da die Bestimmung der Gehölzart in situ nicht immer richtig war (wenigstens in den ersten Jahren dieser Untersuchung) und da in meisten Fällen die Vögel — insoweit es möglich ist zu beobachten — keinen Unterschied zwischen den Arten in bestimmten Gattungen der Gehölze machen, haben wir alle Fälle des Brütens nur an Gehölzgattungen gezogen (insgesamt 31 Gattungen). Es sind, natürlich, auch Ausnahmen, wie z. B. andere Arten brüten an der Vogelkirsche (*Prunus avium*) und an der Traubenkirsche (*Prunus padus*), oder andere an dem Feld-Ahorne (*Acer campestre*) und an dem Berg-Ahorne (*Acer pseudoplatanus*) u. ä. In der folgenden Tabelle (Tab. 23) geben wir eine Übersicht der Verteilung von 960 Nestern von 56 Vogelarten über die einzelnen Holzgattungen.

Tabelle 23

Verteilung von 960 Nestern von 56 Vogelarten über 31 Gattungen der Gehölze

Holz — Gattung	Anzahl der	
	Vogelarten	Nester
Quercus	43	196
Salix	29	84
Picea	28	75
Populus	26	94
Fagus	20	72
Ulmus	20	69
Prunus	16	52
Abies	15	20
Crataegus	13	47
Robinia	12	46
Acer	11	24
Tilia	11	22
Fraxinus	10	16
Pinus	10	23
Malus et Pyrus	9	14
Alnus	7	12
Sambucus	6	23
Rosa	6	18
Carpinus	5	7
Thuja	4	7
Juniperus	4	6
Lonicera	3	5
Aesculus	3	7
Viburnum	3	4
Chamaecyparis	3	4
Juglans	3	4
Larix	3	3
Ligustrum	2	2
Morus	1	2
Betula	1	1
Staphylea	1	1

Bemerkung: Die Gattungen der Gehölze sind in absteigender Reihenfolge nach der Anzahl der nistenden Vogelarten in der Tabelle angeführt.

Auf 1 Gehölzgattung fielen im Durchschnitt 11 Arten von brütenden Vögeln. Falls die Gehölzgattungen nach der Anzahl der brütenden Vogelarten in Klassen geordnet werden, bekommen wir die folgende Reihe:

| | Klassen | | | |
| | Anzahl der nistenden Vogelarten | | | |
	1—11	12—23	24—35	36—47
Anzahl der Holzgattungen	21	6	3	1

Aus dieser Übersicht geht es hervor — auch bei kleinem Umfange des benützten Materials —, daß viele Vogelarten auf verhältnismäßig wenig Holzarten (-gattungen) brüten und umgekehrt. Es ist eine analogische Gesetzmäßigkeit — ökologische Reziprozität —, wie wir es beim Befressen der Gehölzdiasporen gesehen haben. Wir illustrieren diese Reziprozität noch durch eine Analyse der Vogelarten in der Tabelle 24.

Tabelle 24

Die Anzahl der durch einzelne Vogelarten zum Nisten benutzten Gehölzarten

Vogelart	Anzahl der Gehölzarten	Vogelart	Anzahl der Gehölzarten
Accipiter nisus	2	*Chloris chloris*	11
gentilis	7	*Jynx torquilla*	5
Aegithalos caudatus	6	*Lanius collurio*	11
Buteo buteo	7	*minor*	4
Carduelis carduelis	7	*senator*	4
cannabina	9	*Muscicapa albicollis*	6
Certhia familiaris	3	*parva*	3
Coccothraustes coccothraustes	5	*striata*	6
Columba oenas	4	*Oriolus oriolus*	5
palumbus	8	*Parus caeruleus*	3
Coracias garrulus	3	*cristatus*	2
Corvus cornix	8	*ater*	3
frugilegus	4	*major*	8
monedula	4	*palustris*	5
Dendrocopos major	11	*Pica pica*	9
minor	4	*Sylvia atricapilla*	7
medius	3	*borin*	6
leucotos	2	*communis*	5
Dryocopus martius	2	*curruca*	6
Falco subbuteo	6	*nisoria*	6
tinnunculus	7	*Turdus ericetorum*	11
Fringilla coelebs	10	*merula*	13
Garrulus glandarius	8	*Upupa epops*	5
Hippolais icterina	4		

Vogelart	Anzahl der Gehölzarten	Vogelart	Anzahl der Gehölzarten
Picus viridis	6	*Serinus canaria*	5
canus	2	*Sitta europaea*	5
Phoenicurus phoenicurus	5	*Streptopelia turtur*	15
Pyrrhula pyrrhula	2	*Sturnus vulgaris*	7
Remiz pendulinus	2		

Auf 1 Vogelart fielen im Durchschnitt 6 Gehölzarten. Falls die Vogelarten nach der Anzahl der Gehölzarten in Klassen geordnet werden, bekommen wir die folgende Reihe:

Klassen	Anzahl der zum Nestbau benutzten Holzarten		
	1—6	7—13	14—20
Anzahl der Vogelarten	37	18	1

Aus der Übersicht sehen wir wieder, daß viele Vogelarten zum Brüten verhältnismäßig wenig Holzarten benützen und nur sehr wenig Vogelarten eine breite Skala von Brutgehölzen haben. Man muß dabei auch den Umstand in Betracht ziehen, daß in unserem Material die Anzahl der Nester der einzelnen Vogelarten sehr verschieden ist und also bei größerem Material die Verteilung der Gehölze wahrscheinlich eine andere wäre. Die Tendenz jedoch, auf einer geringen oder größeren Anzahl von Gehölzarten zu brüten, ist auch auf diesem verhältnismäßig kleinen Material angedeutet. In jedem Falle ist es bemerkenswert, daß Vogelarten mit einer breiten ökologischen Valenz, wie z. B. der Große Buntspecht (*Dendrocopos major*), der Buchfink (*Fringilla coelebs*), der Grünfink (*Chloris chloris*), der Rotrückenwürger (*Lanius collurio*), die Turteltaube (*Streptopelia turtur*), die Singdrossel (*Turdus ericetorum*), die Amsel (*Turdus merula*) usw., zum Brüten viele Holzarten benützen. Dies ist ein Teil ihrer breiten ökologischen Valenz.

Aus dieser Übersicht, wie auch aus der folgenden Tabelle 24 geht nicht nur die Verwicklung der ökologischen Reziprozität auch hier hervor, sondern wir können — mindestens in den Extremwerten, also „Minimal und Maximal" — die Brutgehölze, die am meisten ausgesucht sowie auch verhältnismäßig abgelehnt werden, und anderseits die auf vielen und die an wenigen Gehölzen brütenden Vögel zu bezeichnen. Natürlich den Grad der Bevorzugung, sowie auch die Breite der Wahl der Brutgehölze seitens der Vögel beeinflussen viele Umstände, aus denen wir als die wichtigsten einerseits die genetisch fixierten Anpassungen und anderseits den Lebensraum des Gehölzes, d. h. die Gemeinschaft, in der es eben lebt, betrachten. Anders wird z. B. zum Brüten eine solitäre Eiche in einem Feldwegrande, anders solche Eiche in einem Kieferbestand und anders in einem Eichenwald ausgesucht, wieder anders eine Jungeiche in einer Schonung und eine breitkrönige alte Eiche, reich an Höhlen und mit starken Ästen in einem alten Bestande. Aber troztdem, wie gesagt, sehr allgemein zeichnet sich uns in der Tabelle 24 die etwaige Reihe der Bevorzugung der Brutgehölze, wenn auch vom weiten nicht alle Gehölze in der Tabelle zusammengefaßt sind.

Alle Holzarten trifft die Eiche durch die Anzahl der Vogelarten, die auf (und in) dieser Holzart brüten, weit über. Dies geht ganz klar aus dem großen, jedoch viel oder weniger örtlichen Material von M a ľ č e v s k i j et al. (1954) hervor, der die Verteilung von 1700 Nester aus 58 Vogelarten im „Walde an der Vorskla" (Gebiet von Kursk) zwei Jahre lang untersuchte. M a ľ č e v s k i j et al. hat die meisten Vogelnester an Eichen gefunden. An zweiter Stelle steht in dieser Untersuchung die Linde, dann folgen absteigend: die Ulme, der Ahorn, die Birne, die Pappel, die Esche, die Kiefer und die Weide. Der Autor bemerkt, daß bloß ausnahmsweise Nester auf dem Eschen-Ahorne *(Acer negundo)* gefunden werden können. Dies stimmt mit unseren Ergebnissen überein, da ich außer dem Haussperlinge *(Passer domesticus)* auf dieser Holzart kein Nest gefunden habe. Wenn auch in den Wäldern, die durch Maľčevskij untersucht wurden, wenig Gehölzarten und hauptsächlich Straucharten waren und ihre Vertretung (die absolute Anzahl räumlich) ungleich war, ist die Reihenfolge der Gehölze unserer Reihenfolge sehr ähnlich. Interessant ist die Stelle der Weiden *(Salix div. sp.)* in diesen zwei Materialen: in unserem Material gehört die Weide zu den häufig ausgesuchten, im Material Maľčevskij's ist sie am Ende der Tabelle. Dies wieder bestätigt, was wir oben darüber gesagt haben, wie durch die Lebensstätte des Gehölzes die Bevorzugungsstufe beeinflußt wird: wir haben die Weide hauptsächlich in den Auwäldern untersucht, wo diese Holzart bestandsbildend, stellenweise die Hauptholzart und — besonders aber die sog. Kopfweiden — von den Vögeln zum Nisten sehr beliebt ist, während in den Wäldern an der Vorskla die Weide bloß vereinzelt, in anderen Beständen eingemischt oder bei Gewässern vorhanden ist. Eben der große Einfluß der Lebensstätte des Gehölzes auf den Grad der Bevorzugung spricht dafür, um die Untersuchungen in dieser Richtung vom örtlichen Vorgehen breiteren Gebieten nach, also zentrifugalerweise zu machen. Dabei soll es noch hervorgehoben werden, was wir bereits beim Befressen der Diasporen erwähnt haben, daß Gehölze mit einer großen geographischen Verbreitung — tatsächlich oder potentiell — eine größere Anzahl von Brutvögeln als die Gehölze mit enger Verbreitung haben. Das sieht man auch an den Eichen, Fichten, Weiden, Pappeln, Linden, Ulmen usw. Ähnliches kann — hauptsächlich aber in örtlicher Beziehung — auch auf die absolute Anzahl, auf die Vertretung einzelner Holzarten auf der untersuchten Fläche bezogen werden. N o v i k o v (1956) fand in den Fichtenwäldern (in der Taiga) auf der Kola-Halbinsel 67 Nester von 20 Vogelarten auf Gehölzen (außerdem auch auf dem Boden) und diese wurden folgendermaßen verteilt: auf Fichte 40 %, auf Kiefer 33 %, auf Birke 22 % und der Rest auf Wacholder und Zwerg-Birke (*Betula nana*). Interessant ist auch das Material von C z a r n e c k i (1956) aus einem Kulturlande. Der angeführte Autor untersuchte die Verteilung der Nester in einem Park mit vielen Holzarten und in einem Friedhofe. Er stellte diese Reihenfolge der Holzarten nach dem Anzahl der nistenden Vogelarten fest: Linde (*Tilia*), Fichte (*Picea*), Erle (*Alnus*), Eiche (*Quercus*), Pappel (*Populus*), Weide (*Salix*), Holunder (*Sambucus*), Esche (*Fraxinus*), Ahorn (*Acer*), Spierstrauch (*Spiraea*), Weißbuche (*Carpinus*), Hasel (*Corylus*), Ulme (*Ulmus*), Lebensbaum (*Thuja*) usw. in dem Park, während die Reihenfolge der Holzarten im Friedhofe war: Kiefer (*Pinus*), Wacholder (*Juniperus*), Birke (*Betula*), Fichte (*Picea*), Robinie (*Robinia*); Flieder (*Syringa*), Holunder (*Sambucus*), Eiche (*Quercus*), Rose (*Rosa*), Weißdorn (*Crataegus*), Ulme (*Ulmus*), Birne (*Pyrus*), Spierstrauch (*Spiraea*), Lebensbaum (*Thuja*) usw. Auch aus diesen wenigen Beispielen sieht man die enorme örtliche Veränderlichkeit der Bevorzugung, in Abhängigkeit von den örtlichen Verhältnissen der Vogelwelt, der absoluten Anzahl der Holzarten und deren Lebensstätte.

Mit der Art und mit dem Typ der Holzart, sowie auch mit dem Charakter der Gemeinschaft ist auch die Höhenverteilung der Nester in direkter Beziehung nicht nur nach Etagen der Gemeinschaft (Stratigraphie), aber auch messungsweise. Eine nicht geringe Beteiligung an der Höhenzonation der Nester hat auch die Anpassung der örtlichen Population der Vögel. Es handelt sich hauptsächlich um das Entkommen den Feinden (Nesträubern) und anderen Umweltfaktoren, wie das Oberwasser (z. B. Überschwemmungen), Niederschläge, Insolation sind, aber auch um ein Entkommen — wie ich darauf im Zusammenhang mit dem Brüten von Hänflingen (*Carduelis cannabina*) in den Auwäldern bei der Donau (T u r č e k, 1957) hingewiesen habe — den Schmarotzern. Bei der Mehrzahl der Vögel beobachten wir einen breiten Spielraum der Verteilung der Nester, speziell betreffend die vertikale Verteilung. Die Vögel aber richten sich nicht bei der Höhendislokation der Nester nach irgendeinem Messen, sondern nur nach vertikaler Verteilung der Holzarten, sowie auch nach

solcher Ordnung der Gehölzorgane: nach der Krone, Ästen u. ä. Wir
sehen es auch daraus, daß z. B. im Walde, wo eine Etage der Sträucher
oder eine untere Baumetage noch nicht entwickelt ist, mehrere Arten in
den Baumkronen brüten, also im Kronenniveau, ja daß sich die Mehrheit
der Population dorthin begibt. Dagegen in den sog. Niederwäldern, z. B.
in den Eichen-Weißbuchenwäldern, wo die herrschende Etage der Bäume
kaum 10 m erreicht, brüten in diesen auch Arten, die häufig an den
Sträuchern brüten, und daß in diesen Wäldern die Etage der herrschenden
Bäume nur solche Höhe wie im Hochwalde die Strauchetage oder die
untere Baumetage erreicht. So Mаľčevskij et al. (1954) fand in
einem Eichenhochwalde von 1700 Nestern 40 % Nester am Boden. In
meiner Analyse (Turček, 1951) der Stratigraphie des Brütens der Vögel
in den *Querceto-Carpineten* in der Slowakei, also hauptsächlich in den
obenerwähnten Niederwäldern, fällt auf die einzelnen Etagen der folgende Teil zu: auf Baumkronen (IV. Etage) 29 %, auf Stämme und ihre
Höhlen (III.) 31 %, auf Sträucher und Bäumchen (II.) 25 % und auf Boden
(I.) 15 % von Nestern. Hier sehen wir bereits eine bedeutende Verschiebung der Nester nach niedrigen Etagen (auch messungsweise), hauptsächlich nach Sträucher und nach Boden. Czarnecki (1956) stellte in einem
Park 55 % von Nestern in der IV. Etage, 31 % in der II. Etage und 14 %
in der I. Etage fest, während Höhlenbrüter es 26 % gab, aber über die
Verteilung dieser Nester schreibt der Autor nichts (es wäre unsere III.
Etage). In einem — von demselben Autor untersuchten — Friedhofe, wo
wenig hohe Bäume und Höhlen waren, wurden 38 % der Nester in den
Kronen, 47 % auf den Sträuchern und 15 % der Nester am Boden gefunden, wobei 18 % Höhlenbrüter waren. Novikov (1956) in der bereits
erwähnten Taiga fand 68 % der Nester auf Bäumen, also in der IV. Etage,
4 % Nester an Sträuchern (II.) und 28 % der Nester am Boden. Dazu
bemerkt er aber, daß zu „Baumbrüter" auch die Höhlenbrüter (unsere
III. Etage), die 30 % ausmachten, gerechnet wurden. Aber auch die Mehrzahl der Baumbrüter — mit wenigen Ausnahmen, und zwar hauptsächlich
Greifvögeln — brütete in den unteren Teilen der Baumkronen, was von
Novikov richtig als eine Anpassung der örtlichen Population an die rau-
hen klimatischen und Witterungsverhältnissen in der untersuchten Taiga
angesehen wird, da in den unteren Teilen der Kronen die Nester vor der
Kälte, dem Schnee und dem Wind usw. mehr geschützt sind. Novikov
führt auch die Angaben von Šapošnikov (1938) über die Dislokation
der Nester in einem Mischwalde, mit vorherrschender Fichte, in dem Gor-
kij-Gebiete an. Da waren in der IV. Etage 64 %, in der II. Etage 12 %
und in der I. Etage 24 % der Nester, wobei die Höhlen in der IV. Etage
miteingerechnet wurden.

Aus den angeführten Beispielen geht die relative Bindung der Vögel mit ihrem Brüten an die Schichten, Etagen der Holzarten, an ihre Form und Typ hervor, sowie auch das, daß sich die Etagen bis zu gewissem Maße in dem Sinne kompensieren, daß beim Mangel z. B. von Sträuchern ein bedeutender Teil der Nester in die Kronenetage und umgekehrt verschieben wird, oder die Beteiligung der Nester in der I. Etage, am Boden steigt.

Die Bindung der Vögel mit dem Brüten nur an eine bestimmte Holzart ist eher eine Ausnahme als eine Regel und immer relativ. Wir haben bereits den Beispiel mit dem Goldhähnchen (*Regulus regulus*) angeführt und ergänzen es noch mit der Beutelmeise (*Remiz pendulinus*), die auch eine Stenonidenart ist, aber es existiert bereits eine ökologische Morphe, die seine Nester im Schilfrohre (*Phragmites communis*) baut. Auch von N o v i k o v (1956) als stenonid angeführter, mit seinem Brüten an die Kiefer gebundener Seeadler (*Haliaeetus albicilla*) baut in dem Donaugebiet sein Nest auf den Pappeln.

In seiner Arbeit hat M a ľ č e v s k i j et al. (1954) die Frage über die Bedeutung der Sträucher, bzw. der jungen Hölzer (Unterwuchs) für das Brüten im Walde aufgestellt. Er beantwortet sie in dem Sinne, daß die Junghölzer in den Beständen, also während sie mehr oder weniger von einer Beschaffenheit der Sträucher sind, für das Brüten von größerer Bedeutung als die Sträucher sind. Man kann damit nicht absolut übereinstimmen. Hier kann es sich eher um eine gegenseitige Kompensation handeln — um eine solche Kompensation ging es ganz bestimmt in den durch den Autor untersuchten Wäldern — und die Junghölzer erschienen so als mehr bedeutende, da sie in absoluter Mehrheit waren. Dasselbe sehen wir in den jungen Eichen-, Fichten-, Tannenwäldern u. ä., aus denen die Sträucher bei waldbaulichen Maßnahmen entfernt wurden, bzw. wo die Sträucher aus Licht- und Raummangel fehlen. Da — aber nur relativ — sind von größerer Bedeutung die Junghölzer und die Nester befinden sich meistens auf diesen. Aber in den integrierten, gut gegliederten Waldbeständen (auch außerhalb diesen) fällt auf die Sträucher verhältnismäßig ein bedeutender Teil der Nester zu, oft beinahe der gleiche wie an die Baumkronen. Auch in jungen Beständen, in denen Sträucher vorhanden sind — z. B. in einigen Eichen-, Buchen-, Fichtenwäldern —, finden wir die Mehrzahl der Nester auf diese konzentriert (es sind nicht selten auf einem Strauche auch mehrere Nester zu finden), besonders falls es um ein Weißdorn (*Crataegus*), Schlehdorn (*Prunus spinosa*), Heckenkirsche (*Lonicera*), Brombeere (*Rubus*), Schneeball (*Viburnum*), Rose (*Rosa*) usw. geht, und dasselbe können wir an den, an Sträuche reichen, Waldrändern beobachten. Nur in sehr wenigen Formationen sind die

Sträucher und Junghölzer beiläufig in gleichem Maße vertreten und nur durch eine Untersuchung der Verteilung der Nester in diesen könnten wir etwas allgemein gültiges sagen, während in der Mehrheit der Formationen die Sträucher und Junghölzer sich gegenseitig, mindestens quantitativ, ausschließen.

Viele Vogelarten schlafen an den Bäumen, Sträuchern, in ihren einzelnen Teilen (Kronen, Äste, Höhlen, Rinde). Einige Vögel — wie die Elster *(Pica pica)*, der Haussperling *(Passer domesticus)*, der Feldsperling *(Passer montanus)*, die Goldammer *(Emberiza citrinella)*, die Amsel *(Turdus merula)* und viele andere — suchen dichte Baumkronen, bzw. Strauchkronen, dichte, dornige Sträucher im Winter, dichte Lianen der Waldrebe *(Clematis)* u. ä. aus. Andere Arten sitzen frei in den Kronen — die Ringeltaube *(Columba palumbus)*, die Saatkrähe *(Corvus frugilegus)*, der Buchfink *(Fringilla coelebs)* usw. — wieder andere an den dürren Ästen und Zweigen, wie der Mäusebussard *(Buteo buteo)*, der Weißstorch *(Ciconia ciconia* — auf den Pappeln), der Eisvogel *(Alcedo atthis* — auf den Ästen oberhalb des Wasserspiegels) usw. Die Eulen verbringen den Tag in den dichten Kronen der Nadel- oder Laubbäume, bzw. ziehen sich in die Höhlen oder am Boden zurück, der Ziegenmelker *(Caprimulgus)* rastet auf dem Boden oder zugedrückt an (waagerechten) Ästen und einige Vögel, wie der Star *(Sturnus vulgaris)*, die Bachstelzen *(Motacilla div. sp.)*, fliegen mehr oder weniger massenweise in die dichten Jungwälder hinein, z. B. in die Bestände der Purpurweiden *(Salix purpurea)* an den Donauinseln, oder in das Schilfrohr. Die Spechte *(Pici)* und Meisen *(Paridae)* schlafen — regelmäßig auch im Winter — in Baumhöhlen oder die Meisen *(Parus div. sp.)* in den Stamm- und Rindenrissen und Höhlen. Eine besondere Schlafart hat sich in den letzten etwa 50 Jahren im ganzen Europa bei dem Baumläufer *(Certhia familiaris)* ausgebildet, der massenweise (zusammen) in den Löchern der starken, porösen Rinde des Mammutbaumes *(Sequoia-Wellingtonia-gigantea)* schläft. Diese Löcher befinden sich — nach unseren Beobachtungen im Forstarboretum in Kysihýbel — längst der Stämme, hauptsächlich aber in dem unteren und mittleren Teile, sind von einem Durchschnitt von 5—8 cm und einer Tiefe von 3—6 cm und sind durch Spechte (hauptsächlich durch den Großen Buntspecht — *Dendrocopos major*) gemacht;[12] es ist aber nicht ausgeschlossen,

---

[12] Die Spechte *(Pici)* meiseln oft bereits im Herbst spezielle Höhlen zum Schlafen aus. Solches Anlegen von Höhlen beobachteten wir besonders im Oktober bei dem Großen Buntspecht *(Dendrocopos major)*, dem Kleinen Buntspecht *(Dendrocopos minor)* und dem Grünspecht *(Picus viridis)*. Gewöhnlich in diesem Zeitraum meiseln sie Höhlen auch in den Telegraphstangen und Säulen der Stromleitung, in der Nähe der Wälder, aus.

daß sie durch die Baumläufer (*Certhia*) selbst ausgemeiselt werden, bereits mit Rücksicht auf die Beschaffenheit (korkartig) der Borke.

Unterhalb dieser Löcher befindet sich im Winter viel Kot dieser Vögel und nach den dort gefundenen Federn kann es auf die Benützung dieser exotischen Schlafplätze beurteilt werden. Ich habe in diesen Löchern auch Blaumeisen (*Parus caeruleus*) schlafen gefunden. Diese Frage einer interessanten Anpassung hat vorläufig M a c k e n z i e (1957) bearbeitet und die diesbezüglichen Untersuchungen sind fortgesetzt. Es handelt sich hier um eine neue Anpassung an eine Holzart, die in Europa etwa über 50 Jahre lebt, jedoch ihre Rinde ist zum Schlafen erst vom Alter etwa 15—20 Jahre geeignet, und so sich diese Anpassung in den letzten etwa 30 Jahren entwickelte. Es ist dabei interessant, daß sich die Populationen der Baumläufer an einem enormen Raume, und zwar an solches Objekt gleichartig angepaßt haben, das nur zerstreut in Europa vorkommt (in der Slowakei sind etwa 30—40 Individuen zu finden!).

Bei der Benützung der Gehölze durch Vögel zum Schlafen hat eine außerordentliche Bedeutung die Phönologie der Belaubung, die frühen oder späten Morphen u. ä. Im Winter z. B. in einem Mischwalde ist die Mehrzahl der Kleinvögel zum Schlafen in den Nadelholzarten(-sträuchern) konzentriert, in den jungen Eichenwäldern wieder in Teilen mit einer Dominanz von Zerr-Eichen (*Quercus cerris*), die auch im Winter ihre trockenen Blätter behalten. Frühzeitig im Frühling ist es wieder möglich zu beobachten, wie sich fast alle Vögel zum Schlafen in Weiden (*Salix*), die sich vor anderen Holzarten belauben, konzentrieren. Das ähnliche beobachteten wir bei einer Übervermehrung des blattfressenden Schwammspinners (*Lymantria dispar*) in Eichenwäldern: an Stellen, wo die Blätter der Zerr-Eichen und Weißbuchen kahlgefressen wurden, nur wenige Vögel schliefen und auch diese wurden durch Eulen bedroht, während die Mehrzahl sich an die Eschen (*Fraxinus*), Robinien (*Robinia*), Weiden (*Salix*), Stiel-Eichen (*Quercus robur*), die durch den Kahlfraß nicht oder noch nicht befallen wurden, konzentriert hat. Auch hier — wie in den Nahrungsbeziehungen — tritt auffallend die Bedeutung der Mischbestände, die Buntheit der Gehölzarten hervor. Das ähnliche kann über die gut ausgebildete Etage der Sträucher gesagt werden. Im Winter schläft der überwiegende Teil der Vögel in diesen Sträuchern, die einerseits ein besseres Versteck vor den Feinden bieten, wo gleichzeitig aber auch günstigere ökoklimatische Verhältnisse (eine geringere Luftströmung, eine geringere Radiation) als in den Baumkronen herrschen.

Durch Vögel werden die Gehölze auch als Singposten benützt. Bei manchen Arten ist die Anwesenheit des Gehölzes direkt eine Bedingung für den Gesang, wie z. B. bei solchen Arten, die am Boden brüten: der Sprosser

(Luscinia megarhynchos), der Grauammer *(Emberiza calandra)*, der Baumpieper *(Anthus trivialis)* und viele andere.

Greifvögel, aber auch viele Insektenfresser, bzw. Insekten am Boden sammelnde Vögel, benützen die Bäume und Sträucher zum Nachstellen auf die Beute. Wir wissen z. B., von welcher Bedeutung die Randwaldbäume oder Alleebäume, besonders aber ihre dürren, peripherischen Äste, als Posten der Greifvögel und somit auch in Vertilgung der Nagetiere, oder von welcher Bedeutung die Strauchstreifen (Hecken), trockene Äste des Schlehdorns, Weißdorns u. ä. als Posten für den Rotrückenwürger *(Lanius collurio)* im Jagd von Heuschrecken, Maikäfer, Zirpen u. ä. sind.

Die Gehölze sind auch durch manche Vögel als „Vorratslager" benützt. Der Rotrückenwürger *(Lanius collurio)* und der Große Würger *(Lanius excubitor)* stechen verschiedene Insekten an die Dorne und scharfen Äste auf, der Waldkauz *(Strix aluco)*, der Rauhfußkauz *(Aegolius funereus)*, die Sperlingseule *(Glaucidium passerinum)*, bzw. andere Eulen legen in Baumhöhlen die Vorräte von kleinen, durch sie erbeuteten Nagetieren hinein, die Dohle *(Corvus monedula)* legt in die Höhlen die Eichelvorräte ein, die Spechtmeise *(Sitta europaea)* hackt in die Rindenrissen die Vorräte von Eicheln, Bucheckern, Haselnüßchen und Gallen der *Cynipiden* ein, die Tannenmeise *(Parus ater)*, die Sumpfmeise *(Parus palustris)* und die Haubenmeise *(Parus cristatus)* legen die Vorräte von Fichten-, Kiefer-, Tannensamen und von *Galeopsis tetrahit* und anderen in die Rindenrissen, zwischen die Nadeln und Flechten an den Ästen ein.

Die Vögel verstecken sich auch auf den Bäumen und Sträuchern. Nicht nur vor den Feinden — hauptsächlich vor Greifvögeln —, aber auch vor den Witterungseinflüssen, wie es Sonnenstrahlung, Regen, Wind, Schnee usw. sind. Aus diesem Gesichtspunkte aus haben die Gehölze eine Anziehungskraft auch für die Nicht-Waldvogelarten und es ist bekannt, daß viele Vogelarten, die sich eine Nahrung an den Feldern oder irgendwo außerhalb des Waldes suchen, sich in den Waldrändern, in den Strauchstreifen (Hecken), Baumgruppen und Baumstreifen verstecken, ja daß in Gefahr direkt in diese hineinfliegen.

Zum Schluß dieses Aufsatzes betonen wir—aus praktischem und Schutzgesichtspunkte aus — die engen Beziehungen der Vögel und Gehölze, was auch die Untrennbarkeit des Vogel- und Gehölzschutzes bedeutet: mit dem Gehölzschutze und seiner Artenbuntheit schützen wir gleichzeitig auch die Vögel und anderseits mit dem Vogelschutze sichern wir — besonders durch die trophischen Beziehungen der Vögel — auch den Gehölzschutz, die Verbreitung und die Existenz der Gehölze.

4. Über die Beschädigung der Gehölze durch Vögel

Einige aus den Beziehungen der Vögel und Gehölze können sich — zeitlich und räumlich verschiedenartig — wie ein wirtschaftlicher (augenblicklicher) Schaden erweisen. In solchem Falle sprechen wir über eine Beschädigung der Gehölze durch Vögel. Es handelt sich hier um trophische — direkte und indirekte — und topische, weniger um phorische und faziale Beziehungen, wie wir sie bereits früher charakterisiert haben.

Im Rahmen der direkten trophischen Beziehungen können sich diese wie Beschädigung im Befressen der Knospen, Blüten, Diasporen, im Aussaugen der Säfte und in der Konsumtion des Kambiums, im Befressen der gepflanzten und ausgesäten Diasporen, Samen, der grünen Teile der Sämlinge (Kotyledonen) aus der natürlichen Verjüngung, oder in den Baumschulen und schließlich in der Beschädigung des saftigen, fleischigen, kultivierten Obstes erweisen.

In den indirekten trophischen Beziehungen ist es wieder eine Beschädigung der Knospen, der Blüten, der Triebe, der Stämme beim Befressen, bzw. bei Gewinnung der Insekten aus diesen Teilen. Ähnliches ist von den Diasporen gültig, wo es sich um ein scheinbares, bereits in dem zuständigen Absatze beschriebenes Befressen handelt.

Im Rahmen der topischen oder Siedlungsbeziehungen kommt es zu einer Beschädigung bei dem Nestbau, entweder durch das Zimmern der Höhlen in gesunden Bäumen, wie das einige Spechte manchmal tun, oder ist es ein Abbrechen der Äste zum Nestbau, das Abreißen der Blätter und Blüten (z. B. der Kätzchen der Espe, der Pappeln, der Weide) zu demselben Ziele. Für eine Beschädigung in diesem Sinne muß man auch das Abbrechen der Wipfeln und Randtriebe beim Niedersetzen auf die Bäume (Sträucher) halten, wie wir es bei Raben, Krähen, massenweise bei Staren usw. kennen, oder ist es im Grunde genommen eine chemische Beschädigung, die z. B. auf den Bäumen in den Kormoran-Kolonien und bei manchen Reihern bekannt ist.

Bei den phorischen Beziehungen kann eigentlich von Beschädigungen selbstverständlich keine Rede sein, da diese an trophische Beziehungen gebunden sind (die Diasporen sind darum übertragen, da sie befressen sind).

Nur vereinzelt ist es möglich über aus den fazialen Beziehungen stammende Schäden zu sprechen. Hier kommt in Betracht bloß ein Ausmeiseln der Höhlungen, Löcher in der Gehölzrinde (bzw. im Holze selbst), die durch den Specht zur Befestigung, zum Einhacken der Nahrung, besonders der Zapfen der Nadelbäume, aber auch der Nüsse und Nüßchen gemacht werden. Diese Tätigkeit könnte aber ebenso mit Recht in die indirekten trophischen Beziehungen eingeteilt werden.

Aus den generativen Organen können durch Vögel Blütenknospen, Blüten und Diasporen beschädigt werden.

Bereits beim Befressen der Knospen haben wir darauf angewiesen, daß durch die Mehrheit der Vögel bei dieser Tätigkeit die Blütenknospen vor den vegetativen Knospen bevorzugt werden. Über die Folgen des Befressens der Knospen auf die Diasporenernte sind keine genauen Beobachtungen vorhanden, jedoch die Fälle einer völligen Vernichtung der Blütenknospen und damit auch der (potentiellen) Ernte kommen selten vor und sind nur bei Gimpeln *(Pyrrhula pyrrhula)* und Seidenschwänzen *(Bombycilla garrulus)* bekannt. In der Mehrheit der Fälle kommt es bloß zu einer zahlenmäßigen Herabsetzung der Blütenknospen, zu der auch spontan — ohne eine Tätigkeit der Vögel — kommt, so daß die Tragweite dieser Tätigkeit eigentlich nicht zuverlässig festgestellt werden kann. Eine Ausnahme ist die völlige Vernichtung der Blütenknospen. Dabei muß man noch ein oft nur scheinbares Befressen der Knospen in Betracht ziehen, wenn die Vögel die Blütenblätter abreißen oder die Knospen auspicken, wenn sie dort nach Insekten suchen.

Ähnlich ist es mit dem Befressen der Gehölzdiasporen, besonders der Diasporen der Waldholzarten. Im Walde — bereits vom Standpunkte der natürlichen Nahrung der Vögel und der Dissemination aus — kann das Befressen der Gehölzdiasporen auf den Bäumen oder unterhalb diesen, also der natürlicherweise abgefallenen Diasporen, nicht als ein Schaden angesehen werden. Dagegen aber auch an den Waldholzarten, soweit diese in Arboreten und in Samenanlagen („Plantagen"), also zu speziellen Zwecken, um soviel wie möglich Diasporen oder Diasporen überhaupt für weitere, künstliche Vermehrung oder zu wissenschaftlichen Zwecken zu gewinnen, angebaut werden, dort muß das Befressen der Diasporen und besonders eine Vernichtung ihres bedeutenden Teiles als ein Schaden angesehen werden. Hier stehen aber Möglichkeiten ausreichend zur Verfügung, um die Schäden durch akustische oder optische Abwehr, durch Vertreiben, bzw. durch Fang, oder in extremen Fällen durch Abschuß abzuwehren.

In Obst- und Weingärten, an den Zierbäumen usw. können die Vögel auch bedeutende Schäden verursachen. So sind Schäden durch Stare *(Sturnus)* und Drosseln *(Turdus)* an Kirschen, Johannisbeeren, Weintrauben, Maulbeeren, durch diese und andere Arten (durch den Pirol — *Oriolus)* an Öl- *(Olea)* und Feigenbäumen *(Ficus)*, an Nußbäumen *(Juglans)* durch Krähen *(Corvus)*, Eichelhäher *(Garrulus)*, Kernbeißer *(Coccothraustes coccothraustes)* und Meisen *(Parus)*, an Zwetschken und Birnen durch

Sperlinge (*Passer*), Drosseln (*Turdus*) und Meisen (*Parus*) bekannt. Diese Schäden sind aber — zwar oft bedeutend — doch mehr lokaler Natur. Sie beziehen sich gewöhnlich auf Stellen mit einer natürlichen Übervermehrung der Vögel, wie z. B. bei Massenaushängen der Nistkästen für die Stare, oder auf Stellen, in deren Umkreis die Vögel massenweise schlafen, ziehen u. ä. Auch zeitlich sind diese Schäden auf die Fütterungsperiode der Jungen (viele Vogelarten füttern ihre Jungen über eine bestimmte Zeit mit saftigen Früchten, besonders mit Beeren und Kernfrüchten), auf die Zeit des Flüggewerdens der Jungen und die nachbrutzeitlichen Striche, auf die herbstlichen Züge, im Sommer auf die besonders warmen Tage, bei Dürre und beim Wassermangel in der Umgebung usw. begrenzt. In der Mehrheit der Fälle ist die Möglichkeit einer unmittelbaren Abwehr, Abschreckens oder solcher Eingriffe in die Umwelt, die eine Milderung oder sogar Ausschaltung der Schäden zur Folge haben, gegeben.

Anders muß das Befressen der in Waldbestände, Waldschulen, Samenanlagen oder Obst- und Versuchssamenschulen eingesäten und angebauten Diasporen (Samen) angesehen werden. In diesen, hauptsächlich unmittelbar nach der Aussaat, bzw. dem Anbau, werden durch die Vögel — die sich hierher oft versammeln — die Samen aus dem Boden herausgenommen. Hier kommen fast alle Finken (*Fringillidae*), besonders aber der Buchfink (*Fringilla coelebs*), der Grünfink (*Chloris chloris*), der Feldsperling (*Passer montanus*) und der Haussperling (*Passer domesticus*), die Goldammer (*Emberiza citrinella*), der Stieglitz (*Carduelis carduelis*) usw.. dann Hühnervögel (*Galli*, der Fasan — *Phasianus*, das Auerhuhn — *Tetrao*), Tauben (*Columbae*, die Ringeltaube — *Columba palumbus*, die Hohltaube — *Columba oenas*, die Turteltaube — *Streptopelia turtur*) und Krähenvögel (*Corvidae*, der Eichelhäher — *Garrulus*, die Elster — *Pica*, die Saatkrähe — *Corvus frugilegus*, die Dohle — *Corvus monedula*), gelegentlich auch andere in Betracht. In diesen Fällen müssen Abwehrmaßnahmen vorgenommen werden: das Färben der Samen, bzw. Beizen mit Gift oder Repellenten, das Zudecken der Beete, optische und akustische Abwehrmaßnahmen. Bei diesen letzten soll das Benützen von artspezifischen Warntonen der Vögel, mittels Tonband reproduziert, mit guten Erfolgsaussichten hervorgehoben werden. Auf diese Töne — sie müssen als unbedingte Reflexen betrachtet werden — bei aller Artspezifität reagieren auch andere Arten, die Reaktion ist also oft unspezifisch.

Aus den vegetativen Organen der Gehölze werden durch die Vögel verhältnismäßig oft die Sämling-Kotyledonen der Nadel- und der Laubhölzer beschädigt. Soweit sie es an der natürlichen Verjüngung und im Walde tun, ist die Beschädigung oft vernachlässigbar. Dies besteht aber nicht in Wald- und Samenschulen, entweder an Wald-, Obst- oder Ziergehölzen. An dieser Tätigkeit beteiligen sich besonders Buchfinke, Haus- und Feldsperlinge, Goldammer, Eichelhäher, Auerhühner, Edelfasane, Ringeltauben und weniger häufig auch andere Vögel. Die Schäden sind oft bedeutend, da das Abpicken der Kotyledonen eine Vernichtung des Sämlings zur Folge hat. Auch diese Schäden sind aber, ähnlich wie das Befressen der ausgesäten Samen, zeitlich verhältnismäßig eng beschränkt, und darum können die Abwehrmaßnahmen konzentriert werden.

Das Befressen der vegetativen Knospen (Blatt- und Triebknospen), bzw. der ganzen dünnen Triebe durch Vögel kann nur selten als ein Schaden angesehen werden. Ähnlich ist es mit dem Befressen der Blätter und Nadeln. Eine Ausnahme bildet vielleicht die Vernichtung des Terminal-, Wipfeltriebes der Gehölze im Frühjahr, wie es bei dem Auerhuhn an Koniferen, bei dem Kreuzschnabel gleichfalls an diesen Holzarten u. ä. bekannt ist. Falls wir aber betrachten, daß die Vernichtung des Terminaltriebes oder der Knospen eine Verdichtung der Krone der betroffenen Holzart zur Folge hat, kann dies örtlich vorteilhaft sein und anderseits entspringt ein Ersatzterminaltrieb. Wir kennen nicht genau den Einfluß der Beseitigung des Terminaltriebes, besonders soweit es sich um die Beeinflussung des Wachstums und des Standes der Wuchsstoffe handelt, und es ist darum kaum möglich, sich meritorisch und besonders nicht im allgemeinen über diese Frage — als potentieller Schaden — zu äußern.

Bei dem Genuß der Gehölzsäfte werden durch die Vögel — und unter diesen bei uns ausschließlich durch die Spechte, da die Kommensalen nur sekundäre Konsumenten sind — die Rinde, der Bast und das Kambium, sowie das Leitgewebe der Gehölze beschädigt. Dies ist an sich, falls es einmalig oder auf eine einzige Jahreszeit beschränkt geschieht, kein Schaden, da die Wunden der Gehölze vernabt, überwallt werden, anderseits sind die unmittelbaren Saftverluste, hauptsächlich bei der Guttationsströmung im Frühling, kaum fühlbar. Man soll in Betracht ziehen, daß eine Birke z. B. während eines einzigen Frühjahrs auf solcher Weise bis zu 50 Liter Saft ohne einen offensichtlichen Nachteil verlieren kann (H u b e r, 1956). Anders ist es, wenn sich die Konsumtion der Säfte, d. h. die Ringelung, von Jahr zu Jahr an demselben Gehölzindividuum wiederholt. In solchen Fällen, wie ich darauf bei der Analyse eines solchen Stammes der Waldkiefer (*Pinus silvestris*) hingewiesen habe (T u r č e k, 1949), kommt es tief im Holze zu größeren oder kleineren Nekrosen, bei den Nadelbäumen zur Gestaltung von Harzknoten und zu Leerräumen, womit natürlich das Holz technisch entwertet wird. Auf den Nadel- und Laubbäumen infolge einer systematischen Ringelung ent-

stehen Rücken, ja sogar konvexe Kränze ringsherum des Stammes, was
auch eine technische Entwertung ist. Eben deshalb jedoch, daß diese
Tätigkeit der Spechte auf einige Individuen konzentriert wird, ist auch
der Schaden verhältnismäßig gering. Bei dem Saftgenuß können auch
indirekte Schäden entstehen und diese sind desto größer — potentiell —
je mehr, wenn auch nur einmalig, es geringelte Bäume gibt. Es geht um
die Wegemachung für die xylophage Insekten und Pilze. Wie bereits
erwähnt, fand ich in den Sauglöchern auf einer Tanne im oberen Stammteile eingebohrte Borkenkäfer (*Ips curvidens*) und dies war gewiß kein
vereinzelter, bzw. auf eine Tanne begrenzter Fall gewesen. Hier
droht aber noch eine weitere Gefahr eines Hineintragens, „Einimp-
fens" von Pilzkeimen, sowie auch von Viren in das Leitgewebe, bzw. in
die Säfte (H u b e r, 1956), analogisch, wie es z. B. bei den Pflanzenläusen (*Aphiden*), bzw. bei anderen Sauginsekten bekannt ist. Es besteht
ein Verdacht, daß mehrere Pilzkrankheiten der Gehölze auf diesem Wege
oder durch Skarifikation durch Vögel, namentlich durch Spechte, übertragen werden. Es geht um die Übertragung der Graphiose (*Ceratostomella ulmi*) auf Ulmen, von *Dothichiza populnea* auf Pappeln, von *Monilia cinerea* auf Zwetschken und andere Obstbäume (vgl. T u r č e k, 1950)
und um die Übertragung von *Endothia parasitica* auf Eßkastanien, bzw.
auf Eichen, die für die nearktischen Spechtarten bereits bewiesen
wurde. In dieser Richtung wären eingehende, durch Beobachtungen in der
Natur und durch Versuche unterlegte Untersuchungen erforderlich.
Während wir über diese indirekten Schäden keine exakten Beweise haben
und auch nicht den Einfluß der Ringelung der Gehölze auf ihre Fruchtbarkeit auswerten können, sind die unmittelbaren Schäden technischen
Charakters in Europa verhältnismäßig gering, in den Wäldern können sie
vernachlässigt werden und solche Ausdehnungen, wie z. B. in den USA,
von weitem nicht erreichen (vgl. F e c h n e r, 1951, L o c k a r d - P u t-
n a m - C a r p e n t e r, 1950). Es scheint aber doch — dies als eine
unbestätigte Voraussetzung —, daß die Konsumtion der Gehölzsäfte durch
Vögel, namentlich durch Spechte, in neuester Zeit öfter vorkommt. Das
Ausmeiseln von ganzen Höhlungen oder nur von größeren oder kleineren
Löchern in den lebenden Bäumen sind — hauptsächlich seitens der Forstmänner — als Vogelschaden an den Gehölzen zugerechnet. Jedoch ist
kein exakter Beweis — wenigstens kenne ich keine solche Fälle — darüber
gegeben, daß die betroffenen Bäume tatsächlich gesund (also nicht nur
lebendig) waren. Falls der Baum nicht ganz gesund war, über einen
Schaden kann es nicht gesprochen werden. Anderseits — als eine indirekte Folge — muß man in Betracht ziehen, daß die Spechte durch diese
Tätigkeit eigentlich Niststätte für andere Höhlen- und Halbhöhlen-

brüter, also für solche Vogelarten vorbereiten, die für die wirtschaftliche Ökologie wertvoll sind, da es sich um eine Ermöglichung des Brütens solcher Vogelarten handelt, die eine große Bedeutung in der Regulierung des Bestandes der schädlichen Insekten oder als Wild (Tauben) haben. Oft sehen wir in Wäldern, hauptsächlich in Nadelwäldern und speziell an Fichten, mächtige Öffnungen, manchmal eckige, die durch den Schwarzspecht *(Dryocopus martius)* in den Wurzelanläufen oder in den unteren Baumteilen ausgemeiselt wurden. Wenn es sich dabei um Randbäume oder den Winden ausgestellte Bäume handelt, oft hat diese „Beschädigung" den Bruch und den Absturz des Stammes zur Folge. In diesen Fällen bemeiseln die Spechte fast ausschließlich solche Stämme, die im Holze durch Ameisen (hauptsächlich durch *Camponotus ligniperda)* befallen sind, also bereits beschädigte und zum Untergang verurteilte Bäume.

Neuerlich, infolge des ausgedehnten Pappelanbaus fast in allen Ländern Europas, merkt man eine Beschädigung dieser Stämme und Äste durch Spechte, bzw. an den dünnsten Ästchen auch durch Spechtmeisen *(Sitta)* und Meisen *(Parus)*, und das in einer Zeit, wann diese Vögel aus den Stämmen oder aus inaktiven Knospen holzfressende Insekten, wie *Saperda carcharias, Saperda populnea, Cossus cossus, Zeuzera pyrina*, verschiedene Arten aus der Gattung *Aegeria (Sesia), Cecidomyiden* usw., gewinnen. Wenn auch die gemeiselten Stämme, Äste als eine Beschädigung erscheinen, als eine Folge kommt es da zu einer Herabsetzung der Population der schädlichen Holzinsekten, die unseren mechanischen oder chemischen Maßnahmen wenig zugänglich sind.

Das Abbrechen der lebenden Ästchen, hauptsächlich aus den weichen Laubbäumen, kann bei Reihervögeln, Kormoranen, Krähen, Raben beobachtet werden und dies kann — besonders bei einem konzentrierten, Kolonienbrüten — auf manche Holzart mit dem Verlust eines Teiles der vegetativen, bzw. transpirativen Organe schädliche Folgen haben. Ähnlich muß das Abbrechen der noch unverhölzten, jungen Triebe als Schaden betrachtet werden, das z. B. an Kiefern durch Krähen und Raben beim Niedersetzen auf diese Triebe und beim „Hutschen" beobachtet wurde, was — allem Anscheine nach — besonders den Krähen physiologisch „angenehm" ist.

Durch diese ganze Tätigkeit der Vögel — die uns als schädlich erscheinen kann — werden sicherlich die Beschaffenheit, Physiologie, Fruchtbarkeit, Gesundheitslage und Vitalität unserer Gehölze beeinflußt. Unsere Kenntnisse über die Auswirkung solcher Tätigkeit, und zwar über die tatsächliche und nicht scheinbare Wirkung, sind jedoch derzeit ungenügend und deshalb soll eine Bewertung dieser Tätigkeit der Vögel nur mit Vorsicht vorgenommen werden.

1. Fläche von Eibe, *Taxus baccata*, Bestandesrand, Alter etwa 45 J.
Ohne Pflanzendecke, am Boden nur Streu. Aufnahme am 25. 7. 1950

Holzart	Anzahl auf 225 m²	Minimale Entfernung von der Mutterpflanze; m
Pinus koreaensis	12	35
Sorbus aucuparia	119	131
Cornus alternifolia	2	130
Amelanchier canadensis	5	105
Prunus spinosa	17	6
Prunus serotina	4	165
Ribes uva-crispa	1	in der Nähe fehlt
Carpinus betulus	3	275
Quercus borealis, palustris, coccinea	11	193
Ligustrum vulgare	1	5
Prunus avium	16	230
Rubus idaeus	117	18
Abies alba	1	34
Rosa sp.	2	12
Pinus peuce	11	63
Corylus avellana	5	140
Euonymus europaea	2	15
Crataegus sp.	3	18
Pinus leucodermis	2	4
Rhamnus frangula	1	5
Sambucus nigra	3	78
S	338 Stück aus 23 Holzarten	

Es waren je m² im Mittel 1,5 Stück Gehölze.

2. Fläche von Winterlinde, *Tilia cordata*, 25 m vom Rande entfernt, Alter etwa 40 J.
Boden mit spärlicher Pflanzendecke, Fallaub und Lichtgenuß. Aufnahme am 24. 8. 1950

Holzart	Anzahl auf 225 m²	Minimale Entfernung von der Mutterpflanze; m
Euonymus europaea	26	20
Prunus avium	13	18
Prunus spinosa	12	10
Laburnum vulgare	2	153
Crataegus sp.	24	34
Rosa sp.	13	27
Acer pseudoplatanus	3	54
Acer campestre	4	30
Cornus sanguinea	2	67

2. Fläche (Fortsetzung)

Holzart	Anzahl auf 225 m²	Minimale Entfernung von der Mutterpflanze; m
Prunus serotina	20	190
Fraxinus sp.	6	206
Acer ginnala	2	217
Amelanchier canadensis	2	230
Sorbus aucuparia	12	252
Carpinus betulus	2	32
Fagus silvatica	2	163
Ribes uva-crispa	5	in der Nähe fehlt
Abies alba	1	311
Ligustrum vulgare	6	15
Quercus petraea	28	154
Quercus borealis	2	165
Pirus communis	2	in der Nähe fehlt
Ptelea trifoliata	11	10
Prunus padus	4	64
Ribes rubrum	1	
Pinus peuce	1	220
S	206 Stück aus 26 Holzarten	

Es waren je m² im Mittel 0,9 Gehölze.

3. Fläche von Balkankiefer, *Pinus peuce*, 25 m vom Rande entfernt, Alter etwa 50 J. Der Boden fast ohne eine Pflanzendecke, viel Fallnadeln. Die Junghölzer sind konzentriert meist am Rande der Fläche. Aufnahme am 24. 8. 1950

Holzart	Anzahl auf 225 m²	Minimale Entfernung von der Mutterpflanze; m
Prunus serotina	26	125
Quercus robur	10	182
Fagus silvatica	9	202
Fraxinus sp.	108	10
Crataegus sp.	8	27
Sorbus aucuparia	49	126
Amelanchier canadensis	27	93
Prunus spinosa	3	30
Quercus petraea	18	168
Prunus avium	20	in der Nähe fehlt
Viburnum opulus	1	in der Nähe fehlt
Quercus borealis	4	163
Taxus baccata	1	62
Rosa sp.	3	30

3. Fläche (Fortsetzung)

Holzart	Anzahl auf 225 m²	Minimale Entfernung von der Mutterpflanze; m
Cornus sanguinea	1	128
Carpinus betulus	2	228
Abies sp.	1	85
Tilia sp.	1	200
Rhamnus cathartica	1	60
S		293 Stück aus 19 Holzarten

Es waren je m² im Mittel 1,3 Gehölze.

4. Reiner Waldkiefernbestand, *Pinus silvestris*, Alter etwa 20 J. Boden ohne Pflanzendecke. mit Fallnadeln und Moos. Etwa in 600 m Meereshöhe. Probefläche 100 m² groß. Aufnahme am 2. 10. 1956

Holzart	Anzahl auf 100 m²	Minimale Entfernung von der Mutterpflanze; m
Quercus petraea	19	150
Prunus avium	17	?
Fagus silvatica	3	200
Crataegus sp.	3	?
Abies alba	2	30
Juniperus communis	1	10
Rubus caesius	3	20
Spirea media	1	?
Sambucus nigra	2	50
S		51 Stück aus 9 Holzarten

Auf 1 m² entfielen im Mittel 0,5 Gehölze.

5. Ein anderer Bestandteil desselben Bestandes. 100 m²

Holzart	Anzahl	Minimale Entfernung
Quercus petraea	25	150
Fagus silvatica	4	200
Prunus avium	15	?
Rosa sp.	5	?
Rubus caesius	2	20
Spirea media	1	?
Sambucus nigra	1	50
Ribes uva-crispa	1	300
S		54 Stück aus 8 Holzarten

Auf 1 m² entfielen im Mittel 0,5 Gehölze.

18 Ökologische

Quercus petraea	29*	150
Prunus avium	29	?
Fagus silvatica	5	200
Rubus idaeus	9	60
Abies alba	3	30
Spirea media	3	?
Rosa sp.	2	?
Crataegus sp.	1	?
Acer campestre	1	?
Taxus baccata	1	500
S		83 Stück aus 10 Holzarten

Auf 1 m² entfielen im Mittel 0,8 Gehölze.

*) Darunter ein Büschel von 17 Sämlingen.

LITERATUR

A m a n n F., 1949, *Hagebuchensamen als Vogelnahrung*, Ornith. Beobachter 1949, 45—46.

A n o n y m u s, 1955, *The capercailzie*, Nature 178 (45, 24), 79, 14.

A n o n y m u s, 1957, *Birds as seed curriers*, Newslett. N. Z. For. Serv. 7 (3), 4.

B a l d w i n H. J., 1942, *Forest tree seed of the North temperate region*, Chronica Botanica Co., Waltham, Mass, USA, 240.

A r c h a r o v J. V. — G o r š k o v V. P., 1941, *Seriožka beriozy kak osenne-zimnij korm riabčika i tetereva*, Trudy Mosk. zootechn. instituta, Bd. 1.

B a l s a c de, H. H., 1935, *Les fruits de Sophora japonica L. dans le régime alimentaire des oiseaux*, Alauda 1935, 130—132.

B a l s a c de, H. H. — M a y a u d N., 1930, *Compléments à l'étude de la propagation du gui (Viscum album) par les oiseaux*, Alauda 1930, 474—493.

B a l s a c de, H. H. — M a y a u d N., 1931, *Notes bromatologiques*, Alauda 1931, 433—443.

B a t t s L. H., jun., 1953, *Siskin and goldfinch feeding at sapsucker tree*, The Wilson Bull. 65, 3, 198.

B ä s s l e r F. A., 1953, *Amseln fressen Samen von Sophora japonica*, Die Vogelwelt 74, 2.

B ä s s l e r F. A., 1955, *Wacholderdrosseln fressen die Beeren des wilden Schneeballs*, Der Falke 2, 175.

B e k r e j e v J. A., 1950, *Kedrovyje lesa sverdlovskoj oblasti*, Lesnoje choziajstvo III, 26, 11.

B e t t m a n n H., 1953, *Schneeballbeeren als Vogelnahrung*, Ornith. Mitteilungen 5, 11.

B e t t s M. M., 1955, *The food of titmice in oak woodland*, The Journ. of Animal Ecology 24, 2, 282—323.

B o a s J. E., 1896, *Dans Forstzoologi*, Copenhagen.

B o d e n s t e i n G., 1953, *Zur Winternahrung des Buchfinken, des Stars, der Amsel und des Rotkehlchens*, Ornith. Mitteilungen 5, 7.

B ö h r H. J., 1953, *Schneeballbeeren als Winternahrung unserer Vögel*, Ornith. Mitteilungen 5, 12.

B r a n d e r T., 1955, *Jakttagelser om zookori (Beobachtungen über Zoochorie)*, Mem. Soc. F. Fl. Fenn. 30 (1953—1954), 62—71, Helsinki.

B r i n k m a n n M., 1955, *Der Vogelbestand eines Wiesenbruches mit Randholzung im Südosnabrücken Flachland*, Biolog. Abhandlungen 11.

B r o w n J. M. B., 1953, *Studies on Britisch Beechwoods*, For. Commiss. Bull. 20, London 1953.

B r o w n J. M. B., 1956, *Natural regeneration of beech*, Report on For. Research 1955, 41—42.

B u s h R., 1955, *Safeguarding orchard fruit*, Country Life 118, 3052, 88—89.

B u r g e r H., 1947, *Holz, Blattmenge und Zuwachs, VIII, Die Eiche*, Mitteilungen der Schweiz. Anstalt für das forstl. Versuchswesen XXV, 1, Zürich.

B u r g e r H., 1947, *Holz, Blattmenge und Zuwachs, IX, Die Föhre*, Mitteilungen der Schweiz. Anstalt für das forstl. Versuchswesen XXV, 2, Zürich.

B u r g e r H., 1949—1950, *Holz, Blattmenge und Zuwachs, X, Die Buche*, Mitteilungen der Schweiz. Anstalt für das forstl. Versuchswesen XXVI, 2, Zürich.

B ü s g e n M. — M ü n c h E., 1927, *Bau und Leben unserer Waldbäume*, Jena.

C a m p b e l l B., 1946, *Food of Bullfinch*, British Birds XXXIX, 11.

C a m p e l l E., 1950, *Der Tannenhäher und die Arvenverbreitung*, Bündnerwald (Chur) 4, 1, 3—6.

C a t u n c a n u J. J., 1952, *Pasari folositoare in agricultura*, Edit de Stat.

C o l i n g e W. E., 1941, *The food of the blackbird (Turdus merula L.) in succesive Year*, Ibis 14, 5, (4), 610—613.

C r e u t z G., 1953, *Eibenfrüchte als Vogelnahrung*, Die Vögel der Heimat 1952, 31—33.

C r e u t z G., 1953, *Beeren und Früchte als Vogelnahrung*, Beiträge zur Vogelk. 3, 91—103.

C r o c k e r W. — T h o r n t o n N. C. — S c h r o e d e r E. M., 1946, *Internal pressure necessary to break shells of nuts and the role of the shells in delayed germination*, Contributions from Boyce Thompson Inst. 14, 3, USA.

C s i k i E., 1908, *Positive Daten über die Nahrung unserer Vögel, V*, Aquila 15, 183—206.

C u r t i s J. D., 1948, *Animals that eat Ponderosa pine seed*, Journ. of Wildlife Management 12, 3, 327—328.

C z a r n e c k i Z., 1956, *Materialy do ekologii ptaków gniezdzacych się w śródpolnych kepach drzew*, Ekologia polska, ser. A, IV, 13, 379—417.

C z a r n o w s k i M., 1950, *Kilka słów o niektórych zależnoszciach funkcjonalnych u naszych drzew*, Sylwan XCIV. (IV), 4, 51—68.

C y p e r t E. — W e b s t e r B. S., 1948, *Yield and use by wildlife of acorns of water and willow oaks*, Journ. Wildlife Management 12, 3, 227—231.

Č e p u r n o v V. S. — G a n z š t e j n G. M. — J a n u l o v K. P., 1956, *Zametki po zimnemu pitaniju ptic Moldavii*, Uč. zap. Kišiňov. instituta 23, 2, 141—145.

D e m e n t i e v G. S. — G l a d k o v N. A., 1954, *Pticy Sovetskogo Sojuza, I, V, VI*, Sovetskaja nauka, Moskva.

D e n g l e r A., 1930, *Waldbau auf ökologischer Grundlage*, Berlin.

D i n e s m a n L. G., 1952, *O zadačach issledovanij po zoologii pozvonočnych v glinistych polupustyňach Zavolžja v sviazi s polezaščitnym lesorazvedenijem*, Biull. Mosk. obščestva ispyt. prirody, novaja ser., otd. biol., Bd. LVII, 1.

D i n e u r P., 1951, *Quelques données sur l'écologie de la régénération du Chène ruovre*, Bull. Soc. roy. forest. Belg. 58, 2, 38—50.

D o m a ń s k i V., 1954, *Sójki*, Las polski 1.

D o m b r o v s k y R. R., 1946, *Pasarile Rominici*, Bucuresti.

D o p p e l m a i r G. G. — M a ľ č e v s k i j A. S. — N o v i k o v G. A. — F a l k e n- š t e j n V. Ju., 1951, *Biologia lesnych zverej i ptic*, Moskva 1951.

D y k V., 1952, *Nezvyklý způsob otravy strakapúda velkého*, Ochrana přírody 7, 5, 113—114.

E r k a m o V., 1948, *On the winter nourishment and biology of the bullfinch Pyrrhula p. pyrrhula L.*, Archivum Soc. Zool.-Bot. Fen. 1946, 86—101:

E r k a m o V., 1950, *Beobachtungen über die von einigen finnischen Passeres gebrauchte Pflanzennahrung*, Archivum Soc. Zool.-Bot. Fenn 1949, 2 (4), 101—101.

F a r s k ý O., 1948, *Užitečnost našeho bažanta pro lesnictví a zemědělství, posuzována podle rozboru jeho potravy*, Sborník SVÚZ ČSR, 1, Brno.

F e c h n e r G. V., 1951, *Yellow poplar lumber grade yield recovery — a quide to improved cutting practices*, Journ. of Forestry 49, 12.

F e r i a n c O., 1941, *Avifauna Slovenska*, Prír. príloha TOS II, 11.

F e r i a n c o v á Z., 1955, *Potrava hrdličky záhradnej (Streptopelia decaocto d. Friv.) a hrdličky poľnej (Streptopelia turtur L.)*, Biologia X, 4.

F i r b a s F., 1935, *Über die Wirksamkeit der natürlichen Verbreitungsmittel der Waldbäume*, Natur und Heimat 6, 3.

F i s c h e r K. R., 1933, *Die Entstehung forstlich wichtiger Vogelsaaten, ihr waldbaulicher Wert und ihre Bedeutung für die forstliche Pflanzengeographie*, Forstwissensch. Zentralbl. 1933, 2, 113—126.

F o r m o z o v A. N., 1933, *The crop of cedar-nuts, invasions into Europe of the Siberian nutcracker (Nucifraga car. macrorhynchos Br.) and fluctuations in numbers of the squirrel (Sciurus vulgaris L.)*, Journ Animal Ecol. 2, 70—81.

F o r m o z o v A. N., 1948, *Melkije gryzuny i nasekomojadnyje Šarinskogo rajona kostromskoj oblasti v period 1930—1940 gg.*, Fauna i ekologia gryzunov (Materialy po gryzunam, vyp. 3), Mosk. obščestvo ispyt. prirody, Moskva 1948, 2—110.

F o r m o z o v — O s m o l o v s k a j a — B l a g o s k l o n o v, 1950, *Pticy i vrediteli lesa*, Izdat. Mosk. obšč. ispyt. prirody, Moskva.

F r a n z J., 1937, *Beobachtungen über das Brutleben des Weißrückenspechtes*, Beitr. Forstpfl. Biol., Vögel 13, 165—174.

F r a n z J., 1943, *Über Ernährung und Tagesrhytmus einiger Vögel im arktischen Winter*, Journ. für Ornithologie 91,1.

F r i e d e r i c h s K., 1930, *Die Grundfragen und Gesetzmäßigkeiten der land- und forstwirtschaftlichen Zoologie*, I—II, Berlin.

F r i t s c h R. H. — M e i j e r i n g M. P. D., 1951, *Anlage und Leistung der Schmieden des Großen Buntspechtes (Dryobates major)*, Deutsche zool. Zeitschr. 1, 5, 147—164; Zool. Zentr. Anzeiger 23—25.

F r y e r J. C. F., 1939, *The destruction of buds of trees and shrubs by birds*, British Birds 33, 4, 90—94.

G ä b l e r H., 1954, *Tierische Samenschädlinge der einheimischen forstlichen Holzgewächse*, Radebeul-Berlin 1954.

G e b h a r d t E., 1955, *Stare als Obstschädlinge*, Ornith. Mitteilungen 7, 7.

G i b b s J. S. Ch., 1951, *Waxwings in the Winter of 1949—50*, British Birds 44, 5.

G i b b J., 1954, *Feeding ecology of tits, with notes on Treecreeper and Goldcrest*, The Ibis 96, 513—543.

G i b b J., 1957, *Food requirements and other observations on captive tits*, Bird Study 4, 4, 207—215.

G l u t z v. B l o t z h e i m N., 1956, *Zur Vorratsanlegung des Tannenhähers*, Ornith. Beobachter 53, 2, 36—40.

G o l o v B. A. — O s m o l o v s k a j a V. J., 1955, *Biologija i choziajstvennoje znače-*

nije soroki v jestestvennych i iskusstvennych lesnych nasaždenijach jugo-vostoka jevropejskoj časti SSSR, Trudy Instituta geografii 66, 257—273.

G o o d R., 1947, *The geography of the flowering plants*, London—New York.

G o o d w i n D., 1951, *Some aspects of the behaviour of the Jay-Garrulus gland.*, Ibis 93, 414—442.

G o o d w i n D., 1955, *Jays and Carrion crows recovering hidden food*, British Birds 48, 4, 181—183.

G ö t h e H., 1954, *Starke Bergfinkenschwärme Winter 1953/54 in Oberhessen*, Die Vogelwelt 75, 5.

G r e s c h i k J., 1930, *Zur Frage: welche Vögel die Beeren des Stachelbeerstrauches fressen*, Kócsag III, 3—4, 69—70.

G r e s c h i k J., 1930/a, *Kleiber verzehrt reife rote Johannisbeeren*, Kócsag III, 3—4, 70.

G r e s c h i k J., 1931, *Fenyvescinke a vörös bodza bogyóin (Zur Beerennahrung der Tannenmeise)*, Kócsag IV, 39.

G r e s c h i k J., 1933, *Beiträge zur Kenntnis der Nahrung d. Seidenschwanzes während seines Winteraufenthaltes in Ungarn*, Kócsag VI, 3—4, 89—93.

G r i m m e r R., 1954, *Tannenhäher an herbstlichen Haselnußversteck*, Die Vogelwelt 75, 6.

G r u l i c h J. — F o l k Č., 1956, *Škody na ořešáku působené sýkorou koňadrou (Parus major)*, Zool. listy V (XIX), 3, 233—236.

G y ő r f i J., 1948, *A harkályfélék erdőgazdasági jelentősége*, Erdőgazdaság II.

H a f t o r n S., 1953, *Observasjoner over hamstring av naering ogsa hos lappmeis*, Det Kongelige Norske Videnskabers Selskabs Forhandlingen 26, 76—82.

H a f t o r n S., 1954, *Hvordan meisene hamstrer naering og hvilken betydning det har for dem*, Tidskrift for skogbruk 62, 371.

H a n z á k J., 1952, *Hnízdění a systematické postavení čečetek, Carduelis flammea L. v Československu*, Sylvia XIV.

H a r t l e y P. H. T., 1948, *The assessment of the food of birds*, The Ibis 90.

H a r t l e y P. H. T., 1954, *Wild fruits in the diet of British trushes*, British Birds XLVII, 97—107.

H a s e A., 1952, *Schäden an Walnüssen durch Krähen*, Anz. Schädlinks. 25, 75—76.

H a s e A., 1955, *Schäden an Walnüssen durch Meisen im Jahre 1954*, Nachrichtenbl. Deutsch. Pflanzenschutzdienstes 7, 115—117.

H a v r e van, R., 1951, *Note sur le comportement des ramiers (Columba palumbus) en hiver*, Le Gerfaut 1951, 288—291.

H e i n t z e A., 1935, *Handbuch der Verbreitungsökologie der Pflanzen*, Stockholm, 1. Ausg. 1932, 2. Ausg. 1935.

H e m b e r g E., 1918, *Bokens (Fagus silvatica L.) invandring till Skandinavien och dess spridnings-biologi*, Skogvardfören, Tidskr. 16, Stockholm.

H e r m a n O., 1901, *A madarak hasznáról és káráról*, Budapest.

H i n t i k k a T. S., 1942, *Muntamista koivun vioituksista, 1—2 (Über einige Schädigungen der Birke)*, Ann. Bot. Soc. Zool.-Bot. Fenn: 16, 7, 1—30:

H o l m b o e J., 1900, *Notizen über die endozoische Samenverbreitung der Vögel*, Nyt. Mag. Naturvidensk. 38, 303—320.

H o l m e s S. G. — M a t t h e w s J. D., 1951, *Girdling or banding a means of increasing cone production in pine plantations*, Forest Record 12, For. Commiss. London.

H r y n i e w i e c k i B., 1952, *Owoce i nasiona*, Panstw. Wyd. Naukowe, Warszawa.

H u b e r B., 1942, *Die Siebröhren der Pflanzen als Nahrungsquelle fremder Organismen und als Transportbahnen von Krankheitskeimen*, Biologia generalis 16, 310—343.

278

H u b e r B., 1956, *Die Saftströme der Pflanzen*, Berlin.

C h e t t l e b u r g h M. R., 1952, *Observations on the collection and burial of acorns by jays in Hainault Forest*, British Birds XLV, 35, 359—364.

C h e t t l e b u r g h M. R., 1955, *Further notes on the recovery of acorns by jays*, British Birds 48, 4, 183—184.

C h o l o d n y j N. G., 1941, *O rasseleniji duba v jestestvennych uslovijach*, Botaničeskij žurnal SSSR 26, 2—3.

C h o l o d n y j N. G., 1949, *Kak rasselajetsia dub v jestestvennych uslovijach?* Sredi prirody, vyp. 15 Mosk. obščestva ispyt. prirody, Moskva.

I l i n s k i j A. P., 1945, *Rasselenije rastenij*, Priroda 1945, 5.

I ľ j i n s k i j A. N., 1950, *Vrediteli žoludej i mery boŕby s nimi*, Les i step 1950, 6.

J a k u b e W., 1955, *Stieglitze nehmen Kiefernsamen auf*, Ornith. Mitteilungen 7, 3.

J i r s í k J., 1955, *Naši pěvci*, Čs. akademie věd, Praha.

J u n t i n e n P., 1952, *Oravan kuusen siemensadolle aihenttamasta vahingosta (Damage to Spruce-seed crops caused by squirrels in Finland)*, Metsät. Aikak. 1952, 8.

J u r k e v i č J. D., 1951, *Plodonoščenije dubrav BSSR (Belorus.)*, Les i step III, 11.

K a p u s z c i ń s k i S., 1945, *Rola jarzebiny (Sorbus aucuparia L.) w biocenozie lesnej*, Instytut badawczy lesnictwa, ser. C, 16, Kraków.

K a p u s z c i ń s k i S., 1947, *Cis jako roślina żiwicielska*, Wszechświat 1947, 9, Kraków.

K a r p i ń s k i J. J., 1949, *Materialy do bioekologii puszczy Bialowieszkiej*, Instytut badawczy lesnictwa, ser. A, 56, Warszawa.

K e r n e r A., 1896—1898, *Pflanzeleben*, Leipzig.

K e v e (K l e i n e r et al.) A., 1939, *A fácán gazdasági jelentősége az 1937/38 évi országos vizsgálat eredményei alapján*, Aquila 42—45 (1935—1938).

K e v e A., 1949, *Zehnjährige Erfahrung über Seidenschwanz-invasionen in Ungarn und in Karpaten-Becken, 1938/39—1947/48*, Larus III.

K o k e š O., 1951, *České kaštánky*, Ochrana přírody VI, 5—6.

K o n d r a t o v A. V., 1953, *O vozobnovleniji sibirskogo kedra v prirode gnezdovym sposobom*, Agrobiologija 1953, 3.

K o n e v G. J., 1951, *Kedr v sosnovych lesach Sibiri*, Botaničeskij žurnal XXXVI, 4.

K o n e v G. J., 1956, *Kedrovyje orechi — korm riabčikov*, Priroda 1959, 9, 115—116.

K r a m e r V., 1956, *Beeren des wilden Schneeballs als Vogelnahrung*, Der Falke 3, 69.

K r e f t i n g L. — R o e E., *The role of some birds and mammals in seed germination*, Ecol. Monogr. 19, 269—286.

K r u g l i k o v G. G., 1939, *Vred, pričiňajemyj belkoj i datlom lesnomu choziajstvu*, Lesnoje choziajstvo 1939, 1.

K r ü s s m a n n G., 1951, *Die Laubgehölze*, Berlin.

K r ü s s m a n n G., 1955, *Die Nadelgehölze*, Berlin.

K u t u z o v P. P., 1954, *Kedr sibirskij*, Priroda 1954, 3.

K u u s i s t o P., 1932, *Katsuas Fennoskandian Zookoorisuustutkimukseen (Übersicht über die Zoochorie-Forschung in Fennoskandia)*, Ann. Soc. Zool.-Bot. Fenn. 12, 107—142.

L a b u s B., 1957, *Beobachtungen an Buntspechten*, Ornith. Mitteilungen 9, 7, 148.

L a c k D. — L a c k E., 1951, *Further changes in bird-life caused by afforestation*, Journ. of Animal Ecology 20, 2, 173—179.

L a u c k h a r t I. B., 1957, *Animal cycles and food*, Journ. Wildl. Managmt. 21, 2, 230—234.

L e e g e O., 1937, *Endozoische Samenverbreitung von Pflanzen mit fleischigen Früchten durch Vögel auf den Nordseeinseln*, Abt. naturw. Ver. Bremen 30, 1—2, 262—284.

L e v i n a R. E., 1957, *Sposoby rasprostranenija plodov i semian*, Izdat. Mosk. gos. univ., Moskva.

L i e b m a n n W., 1910, *Die Schutzeinrichtungen der Samen und Früchte gegen unbefugten Vogelfraß*, Jenaer Z. Naturwiss. 46, 1—64.

L i e n h a r t R., 1935, *Pics et conifères*, Alauda 1935, 4.

L i c h a č e v G. J., 1957, *Nekotoryje dannyje po pytaniju riabčika v Tulskich zasekach*, Zool. žurnal 36, 7, 1104—1105.

L i n d e m a n n W., 1950, *Der biologische Zusammenhang zwischen dem Vorkommen der Krähenbeere (Empetrum) und der Verbreitung der Schneehühner*, Columba 1950, 2.

L i n d r o t h H. — L i n d g r e n L., 1950, *Metson hakomisen metsänhoidollisesta merkityksestä (On the significance for forestry of the capercailzie Tetrao urogallus L., feeding on pine-needles etc.)*, Suomen Riista 1950, 5, Helsinki.

L i n t i a D., 1954, *Pasarile din R. P. R.*, Bd. II, Bucuresti:

L o c k a r d C. R. — P u t n a m J. A. — C a r p e n t e r R. D., 1950, *Log defects in Southern hardwoods*, Washington.

L ö h r l H., 1955, *Welche Meisenarten verstecken Futter?* Die Vogelwelt 76, 210—212.

L ö h r l H., 1957, *Kirschen als Futter für nestjunge Stare*, Ornith. Mitteilungen 9, 23.

L u n a u C., 1953, *Stockenten tauchen nach Eicheln*, Die Vogelwelt 74, 1.

M a a s C., 1950, *Beerennahrung der Vögel*, Die Vogelwelt 71, 161.

M a c G r e g o r W. G., 1955, *Cyanide poisoning of songbirds by almonds*, Condor 57, 6, 370.

M a c k e n z i e J. M. D., 1957, *Treecreepers roosting in Wellingtonias*, Bird Study 4, 94—97.

M a d o n P., 1936, *Sur la nourriture des pics*, Alauda 1936, 1.

M a h l o w C., 1956, *Gimpel frißt Beeren des Wilden Schneeballs*, Der Falke 3, 2.

M a ľ č e v s k i j A. S. — P o k r o v s k a j a J. V. — O v č i n n i k o v a N. P. — G e r a k o v a T. N., 1954, *Ob ekologičeskich zakonomernosťach raspredelenija ptičjich gňozd v lesu po nabľudenijam v lesostepnoj dubrave Les na Vorskle)*, Uč. zap. Leningrad. gos. univ., 1954, 181, 77—101.

M a n s f e l d K., 1938, *Die Wacholderdrossel als Gartenschädling*, Deutsche Vogelwelt 63, 604.

M a n s f e l d K., 1957, *Aves — Vögel in Sorauer: Handbuch der Pflanzenkrankheiten*, Bd. V, 5. Aus., 7—160.

M a z i n g V. V., 1957, *Roľ ptic v rasprostraneniji semian lesnych i bolotnych rastenij*, Trudy vtoroj pribaltijskoj ornitologičeskoj konferencii, AN SSSR, Moskva 1957, 384—392.

M c A t e e W. L., 1947, *Distribution of seeds by birds*, The American Midland Naturalist 38, 1.

M e l n i č e n k o A. N., 1949, *Polezaščitnyje lesnyje polosy stepnogo Zavolžja i vozdejstvije ich na razmnoženije životnych poleznych i vrednych dľa seľskogo choziajstva*, Izdat. Mosk. obščestva ispyt. prirody, Moskva 1949.

M e ž e n n y j A. A., 1957, *Vlijanie kamennogo glucharia na architektoniku krony listvennicy*, Botan. žurnal XLII, 1, 84—85.

M i c h a e l i s K., 1894, *Amseln fressen im Frühjahr Beeren*, Ornith. Monatschr. 19, 299.

M i c z i n s k i K., 1938, *Die Wacholderdrossel als Gartenschädling*, Deutsche Vogelwelt 63, 64.

M o l č a n o v A., 1938, *Vred pričiňajemyj urožaju jelovych semian pticami i belkoj*, Lesnoje choziajstvo 6, 12.

M o l i n i e u R. — M ü l l e r — S c h n e i d e r P., 1938, *La dissémination des espèces végétales*, Rev. générale de bot., Bd. 50.

M o r o z o v G. F., 1928, *Die Lehre vom Walde*, Neudamm.

M o u n t f o r t G., 1957, *The Hawfinch*, London.

M ö h r i n g G., 1957, *Zur Beerennahrung der Mönchgrasmücke*, Der Falke 4, 6, 205—208.

M ö h r i n g G., 1957, *Die Beerennahrung unseres Federwildes*, Archiv für Forstwesen, 5—6, 330—342.

M r á č e k Z., 1953, *Příspěvek k pěstování buku výsevem bukvic do lesních porostů*, Lesnická práce 31, 5.

M ü l l e r P., 1955, *Verbreitungsbiologie der Blütenpflanzen*, Veröfentl. Geobot. Inst. Rübel, Zürich, Bern 1955.

M ü l l e r - S c h n e i d e r P., 1934, *Beitrag zur Keimverbreitungsbiologie der Endozoochoren*, Berichte der Schweiz. bot. Ges. 43, 2.

M ü l l e r - S c h n e i d e r P., 1949, *Unsere Vögel als Samenverbreiter*, Ornith. Beobachter 1949, 4, 120—123.

N a g y L., 1957, *Balkáni fakopáncs mint cseresznyeevő*, Aquila 1956—1957, 63—64, 291.

N a u m o v N. P., 1955, *Ekologija životnych*, Sovetskaja nauka, Moskva.

N e j f e ľ d t J. A., 1958, *Pitanije nekotorych lesnych ptic južnoj Karelii*, Zool. žurnal 37, 2, 257—269.

N i e t h a m m e r G. — P r z y g o d d a W., 1954, *Zur Ernährung von Ringel- und Hohltaube*, Die Vogelwelt 75, 2, 41—55.

N o v i k o v G. A., 1948, *O rasprostraneniji duba sojkoj*, Priroda 1948, 3.

N o v i k o v G. A., 1956, *Jelovyje lesa kak sreda obitanija i roľ v ich žižni mlekopitajuščich i ptic*, Sbornik Roľ životnych v žizni lesa, Izd. Mosk. gos. univ., Moskva 1956, 6—165.

O b r a z c o v B. V., 1956, *O roli životnych v obleseniji stepej*, Priroda 1956, 4, 106—108.

O r l o v P. P., 1955, *Materialy k voprosu o seľskochoziajstvennom značeniji dubonosa (Coccothraustes cocc.) i gorlicy (Streptopelia turtur)*, Zoolog. žurnal XXXIV, 4, 950—952.

O s m o l o v s k a j a V. J., 1946, *Pitanije ďatlov sokom derevjej*, Zoolog. žurnal XXV, 3.

O s m o l o v s k a j a V. J. — F o r m o z o v A. N., 1955, *O pitaniji pereľotnych i kočujuščich ptic v lesnych posadkach stepnoj polosy*, Trudy Instituta geografii 66, 241—256.

O s w a l d H., 1956, *Beobachtungen über die Samenverbreitung bei der Zirbe*, Allg. Forstzeitung, Wien 1956, 15—16, 200—202.

P a c z o s k i S., 1933, *Podstawowe zagadnienie geografii roślin*, Bibliot. botaniczna, Poznań.

P a r i s P., 1935, *Pics et tilleuls*, Alauda 1935, 4.

P e t r o v P., 1957, *Fazant u nas s ogled na po-natatišnogo mu razselvane*, Naučnoizsledovat. inst. Gor. i Gor. stopan, Sofia, Naučni trudove IV, 139—214.

P f ü t z e n r e i t e r F., 1957, *Pflanzengallen und Gallinsekten als Vogelnahrung*, Die Vogelwelt 78, 4, 120—123.

P e t t e r s o n M., 1956, *Diffusion of a new habit among Greenfinches*, Nature 1956, 177; 4511, 709—710.

P h i l l i p s F. J., 1910, *The dissemination of junipers by birds*, For. Quart. 8, 60—73.

P o r t e n k o L. A., 1948, *Šejnyje meški u ptic*, Priroda 10, 50—54.

Promptov A. N., 1949, *Pticy v prirode*, Učpedgiz, Leningrad.

Pospelov S. M., 1952, *Obyknovennaja ovsianka i ziablik — vrediteli pitomnikov*, Priroda 1952.

Pynnönen A., 1943, *Beiträge zur Kenntnis der Biologie finnischer Spechte*, II, *Die Nahrung*, Ann. Zool. Soc. Zool.-Bot. Fenn. 9, 4, Helsinki.

Reinikainen A., 1937, *The irregular migrations of the crossbill, Loxia c. curvirostra, and their relation to the conecrops of the conifers*, Ornis Fennica 14.

Rejmers N. F., 1953, *Pitanije kedrovok i ich rol' v rasprostraneniji kedra v gorach Chamar-Dabana*, Lesnoje choziajstvo 1953, 1.

Rejmers N. F., 1956, *Rol' kedrovki i myševidnych gryzunov v kedrovych lesach južnogo Pribajkal'ja*, Biull. MOIP, biol., 1956, 2, 35—40.

Rejmers N. F., 1956, *Rol' mlekopitajuščich i ptic v vozobnovleniji kedrovych lesov Pribajkal'ja*, Zool. žurnal 1956, 4, 595—599.

Rejmers N. F., 1957, *Nabl'udenija za gnezdom kedrovok*, Priroda 46, 7, 114.

Ridley H. N., 1930, *The dispersal of plants throughout the World*, Ashford.

Ringleben H., 1949, *Frißt das Rotkehlchen die Früchte des Pfaffenhütchens?* Die Vogelwelt 70, 2.

Rudcovskij B., 1948, *Semena stromů a křovin jako potrava ptáků v zimě*, Sylvia IX—X, 1947—1948, 2.

Setchell W. A., 1926, *Les migrations des oiseaux et la dissémination des plantes*, Compt. rend., Sommaire des seances de la Soc. de biogéographie 22, 54—56.

Schifferli A., 1953, *Der Bergfinken-Masseneinfall (Fring. montifringilla L.) 1950/51 in der Schweiz*, Ornith. Beobachter 50, 3, 65—89.

Schifferli A., 1955, *Verhalten des Tannenhähers beim Hamstern von Arvennüßchen*, Ornith. Beobachter 52, 157—158.

Schifferli A. — Ziegeler R., 1955, *Begegnung mit Dreizehenspecht in Engadin*, Ornith. Beobachter 53, 1—5.

Schneider W., 1957, *Einige Beobachtungen über die Ernährung, besonders die Beeren- und Früchtennahrung unserer Vögel*, Beiträge zur Vogelkunde (Heyder Festschrift), Bd. 5, H. 3/4, 183—188.

Schneider W., 1957, *Ein weiterer Beitrag zur Lebensgeschichte des Stars, Sturnus vulgaris L.*, Beiträge zur Vogelkunde 6, 1, 43—74.

Schönbeck H., 1956, *Der Tannenhäher (Nucifraga caryocatactes L.) in der Steiermark*, Mitteilungsheft Nr. 5/1956 des Landesmuseums Joanneum (Abt. Zoologie u. Botanik), Graz, 68—82.

Schönbeck H., 1957, *Zirbe und Tannenhäher*, Carinthia II, Naturw. Beitr. z. Heimatk. Kärntens 67, 154—156.

Schuster L., 1930, *Die Beerennahrung der Vögel*, Journ. f. Ornithologie 78, 273—301.

Schuster L., 1932, *Ulmensamen als Futter junger Feldsperlinge*, Beitr. z. Fortpflanz. Biol. d. Vögel 8, 159—160.

Schuster L., 1950, *Über den Sammeltrieb des Eichelhähers (Garrulus glandarius)*, Die Vogelwelt 71, 1.

Siivonen L., 1939, *Zur Ökologie und Verbreitung der Singdrossel (Turdus ericet. phil. Brehm)*, Ann. Zool. Soc. Zool.-Bot. Fenn. 7, 1, 1—289.

Sládek J., 1958, *Ornitofauna arboréta Mlyňany*, Biol. práce SAV IV, 12, 111—151.

Smirnov A. V., 1956, *Vozobnovlenije kedra v Vostočnoj Sibiri*, Lesnoje choziajstvo 9, 4.

Smith C. F. — Aldous S. E., 1947, *The influence of mammals and birds in retarding artificial and natural reseeding of coniferous forests in the United States*, Journ. of Forestry 45, 5.

S t a r č e n k o J. J., 1951, *O metodach prognoza urožaja semian drevesno-kustarniko-vych porod*, Lesnoje choziajstvo IV, 8.

S t e i n b a c h e r G., 1953, *Zur Biologie der Amsel* (Turdus merula L.), Biol. Abhandlungen 5.

S u k a č e v V. N., 1952, *K voprosu o razvitiji rastiteľnosti*, Botaničeskij žurnal 37, 4.

S u t t e r E. — A m a n n F., 1953, *Wie weit fliegen vorratsammelnde Tannenhäher?* Ornith. Beobachter 50, 89—90.

S u t t o n G. M., 1951, *Dispersal of Mistletoe by birds*, The Wilson Bull. 1951, 235—237.

S v o b o d a P., 1949, *Přínos sovětské vědy k lesní typologii*, Lesnická práce 28, 11—12.

S w a n b e r g O. P., 1951, *Food storage, territory and song in the Thick-billed nutcraker (Nucifr. car. car)*, Proceedings of Xth Intern. Ornith. Congress Uppsala, 545, 554.

S w a n b e r g P. O., 1956, *Territory in the Thick-billed nutcracker, Nucifraga caryocatactes*, The Ibis 98, 412—419.

S y r o e č k o v s k i j E. E., 1953, *O vrede černogolovoj sojki sadam i ogorodam Zapadnogo Kavkaza*, Biull. Mosk. obšč. ispyt. prirody, otd. biol., t. LVIII, 1.

S z a f e r W., 1952, *Zarys ogolnej geografii roślin*, II. wyd., Warszawa.

S z i j j J., 1957, *A seregély táplalkozásbiológiája és mezőgazdasági jelentősége*, Aquila 63—64, 71—101.

S z m i d t W., 1957, *Limba, zapomniany gatunek drzewa*, Las polski XXXI, 17, 4—6.

S z ö c s J., 1950, *Időszakos madárvendégek a budapesti Mártonhegyen (1932—1946)*, Aquila 51—54, 129—132.

Š i p e r o v i č V. Ja., 1954, *Lesopatologičeskaja charakteristika plodovych lesov*, Trudy Instituta lesa AN SSSR, t. XVI.

Š n a j p e r k R., 1951, *Modřín*, Čs. les 31, 18.

T a y l o r A. — R i d p a t h M. G., 1956, *Bird damage and the fruit grower*, R. H. S. Year Book, Nr. 9, 73, 77.

T e p l o v V. P., 1956, *O pytaniji kriakvy žoluďami duba*, Zool. žurnal 35, 8, 1264—1265.

T e v i s L. F., 1953, *Effect of vertebrate animals on seed crop of sugar pine*, Journ. of Wildlife Management 17, 2.

T o l m a n R., 1944, *De invasie van de pestvogel Bombycilla garrulus L. in Nederland*, Limosa 17, 2—3.

T r a c y N., 1933, *Pine conc diet of Great Spotted Woodpecker*, British Birds 26, 257—258.

T u b e u f von, 1923, Monographie der Mistel, München 1923.

T u b e u f von, 1934, *Epiblema- (Wicklerräupchen-) Schaden an Fichtenknospen*, Zeitschr. f. Pflanzenkrankh. (Pflanzenpathologie) und Pflanzenschutz 44, 9, 423—443.

T u r č e k F., 1948, *Rozširovanie semien vtákmi a význam tohoto pre les*, Čs. háj XXII, 3.

T u r č e k F. J., 1948, *A contribution to the food habits of the European Magpie (Pica p. pica)*, Auk. 65, 297.

T u r č e k F. J., 1949, *Krúžkovanie stromov ďatľami; 2) Ďalšie krúžkovanie stromov ďatľami*, Lesnická práce XXVIII, 6—7, 8—10.

T u r č e k F. J., 1949, *K ekologii tisu Taxus baccata L.*, Poľana V, 11—12.

T u r č e k F. J., 1950, *The Great Spotted Woodpecker, Dendrocopos major, as a carrier of the Monilia rot*, Var Fagelvarld 9, 4, 210—212.

T u r č e k F. J., 1951, *O vzťahu sojky (Garrulus glandarius L.) k obnove duba (Quer-cus sp.)*, Lesnická práce 29, 9—12, 385—396.

T u r č e k F. J., 1951, *O stratifikácii vtáčej populácie lesných biocenóz typu Querceto-Carpinetum na južnom Slovensku*, Sylvia 13, 3, 71—86.

T u r č e k F. J., 1952, *O pomere vtákov a savcov k drevinám so zvláštnym zreteľom na semená ako potravu*, Práce Výzkum. ústavů lesn. ČSR, I, Praha 1952, 125—166.

T u r č e k F. J., 1953, *Činnosť vtákov a cicavcov pri obnove a zalesňovaní*, Bratislava 1953.

T u r č e k F. J., 1954, *The ringing of trees by some European woodpeckers*, Ornis Fennica XXXI, 2.

T u r č e k F. J., 1955, *Príspevky k výskumu lesníckeho arboréta v Kysihýbli pri Banskej Štiavnici (vtáky a cicavce)*, Práce výzkum. ústavů lesn. ČSR, 8, Praha 1955.

T u r č e k F. J., 1957, *Zum Knospenfraß einiger Finkenvögel*, Waldhygiene 2, 3, 75—79.

T u r č e k F. J., 1957, *A Duna melleti ligeterdők madárvilága, tekintettel gazdasági jelentöségére*, Aquila 63—64 (1956—1957), 15—40.

T u r č e k F. J., 1958, *Dreviny, vtáky a cicavce z niektorých pásov kriačin v poliach*, Biol. práce SAV IV, 8, 47—67.

U g r e n o v i č A., 1907, *Über einige Angriffe der Vögel auf Pflanzengallen*, Zentralbl. f. das gesamte Forstwesen 33, 529—531.

U l b r i c h E., 1928, *Biologie der Früchte und Samen (Karpobiologie)*, Biol. Studien-bücher VI, Berlin.

U s t i n o v a E. J., 1952, *Biologija cvetenija listvennych drevesnych porod*, Lesnoje choziajstvo V, 1.

V a n D e r s a l W. R., 1938, *Native woody plants of the United States, their erosion-control and wildlife values*, Washington.

V a r e n i k J. P., 1955, *Vorobji, opyliteli kukuruzy*, Priroda 44, 8, 117—118.

V e r t s e A., 1943, *Verbreitung und Ernährungsweise der Saatkrähe sowie deren land-wirtschaftliche Bedeutung in Ungarn*, Aquila 50.

V o r o n o v A. G., 1957, *Vzaimootnošenije životnogo i rastiteľnogo mira*, Priroda 46, 2, 95—98.

W a r g a K., 1921, *Die Frucht von Celtis australis als Vogelnahrung*, Aquila 1921, 199—200.

W a r g a K., 1922, *Amsel und Weißdorn*, Aquila 1922, 199.

W a r g a K., 1922, *Stieglitz und Platankapsel*, Aquila 1922, 201.

W a r g a K., 1922, *Über die Beeren- und Früchtennahrung der Vögel*, Aquila 1922, 194—195; 1923—1924, 331.

W a r g a K., 1926, *Berauschte Kirschkernbeißer*, Aquila 1925—1926, 296.

W a r g a K. 1939, *A Bombycilla g. garrulus 1931/32 és 1932/33 évi inváziója s a gyürü-zési kisérletek eredményei*, Aquila XLII—XLV.

W e s t e r f r ö l k e P., 1953, *Zur Beerennahrung der Vögel*, Die Vogelwelt 74, 3, 108.

W e s t e r f r ö l k e P., 1953, *Warum meiden Vögel die Früchte des Schneeballstrau-ches? (Viburnum op.)*, Ornith. Mitteilungen 5, 7.

W e s t e r f r ö l k e P., 1954, *Schneeballfrüchte als Vogelnahrung*, Ornith. Mitteilun-gen 6, 11.

W i t h e r b y H. F. — J o u r d a i n F. C. R. — T i c e h u r s t N. F. — T u c k e r B. W., 1945, *The Handbook of British Birds*, I—V, London.

W o l f f G., 1950, *Sumpfmeise als Liebhaber von Birkensamen*, Die Vogelwelt 71, 1.

W o o d s H. E., 1955, *Blackheaded Gulls perching in trees and eating acorns*, British Birds 48, 7, 331.

W r ó b l o w n a W., 1950, *Obserwacje nad rozmnożeniem wegetatywnym, kiełkowaniem i zoochoria maliny*, Acta Soc. Bot. Pol. XX.

Z a ž u r i l o K. K., 1931, *K klassifikacii ornitochornych plodov i semian.* Žurnal Russk. botan. obščestva, t. XVI. vyp. 2—3.

Z e l d e r W., 1954, *Zur Beerennahrung einiger Vögel im Herbst und Winter*, Ornith. Mitteilungen 6, 11.

Z i m i n a R. P., 1954, *K ekologii kedrovok i klestov v jeľnikach severnogo Tan-Šaňa*, Trudy Instituta geografii AN SSSR 1954, 4, 60, 179—194.

BEILAGE

Abbildung Nr.	Diasporen — Art (Samen, Frucht):	Beschädigt (befressen) durch (Vogelart):	Seite
38	Picea abies	Dendrocopos major	302
39	Picea abies	Loxia curvirostra	302
40	Picea orientalis	Loxia curvirostra	303
41	Picea glauca	Loxia curvirostra	303
42	Pinus silvestris, P. nigra	Dendrocopos major	303
43	Pinus silvestris	Dendrocopos major	304
44	Pinus cembra	Nucifraga caryocatactes	304
45	Pinus peuce	Sitta europaea	304
46	Pinus cembra	Loxia curvirostra	304
47	Pinus cembra	Dendrocopos major	304
48	Pinus cembra	Nucifraga caryocatactes	305
49	Pinus mugo	Dendrocopos major	305
50	Pinus nigra	Dendrocopos major	305
51	Pinus murrayana	Dendrocopos major	305
52	Pinus pungens	Dendrocopos major	305
53	Pinus flexilis	Sitta europaea	306
54	Pinus koreaensis	Dendrocopos major	306
55	Pinus strobus	Loxia curvirostra	306
56	Pinus scopulorum	Dendrocopos major	306
57	Platanus orientalis	Carduelis carduelis	307
58	Prunus domestica durch Monilien mumifiziert	Dendrocopos major	307
59	Prunus domestica	Passer domesticus	307
60	Prunus padus	Coccothraustes coccothraustes	307
61	Prunus spinosa	Coccothraustes coccothraustes	307
62	Prunus serotina	Coccothraustes coccothraustes	308
63	Prunus avium	Coccothraustes coccothraustes	308
63a	Prunus serotina	Coccothraustes coccothraustes	308
64	Pseudotsuga menziesi	Dendrocopos major	308
65	Pseudotsuga menziesi	Loxia curvirostra	308
66	Pseudotsuga menziesi	Loxia curvirostra	309
67	Ptelea trifoliata	Parus palustris	309
68	Pterocarya fraxinifolia	Coccothraustes coccothraustes	309
69	Ptelea trifoliata	Chloris chloris	309
70	Quercus petraea	Garrulus glandarius	310
71	Quercus petraea	Sitta europaea	310
72	Quercus petraea	Garrulus glandarius	310
73	Quercus cerris	Dendrocopos major, Sitta europaea	310
74	Quercus sp.	Garrulus glandarius	310
75	Quercus cerris	Sitta europaea	311
76	Rhamnus cathartica	Sitta europaea	311
76a	Rhus typhina	Coccothraustes coccothraustes	311
77	Robinia pseudoacacia	Phasianus colchicus	311
78	Rosa canina	Dendrocopos major	312

19*

Abbil- dung Nr.	Diasporen – Art (Samen, Frucht)	Beschädigt (befressen) durch (Vogelart)	Seite
79	*Rosa canina*	*Chloris chloris*	312
80	*Rosa canina*, Gewölle mit Samen	*Turdus merula*	312
80a	*Rosa canina*	*Coccothraustes coccothraustes*	312
81	*Sambucus ebulus*	*Turdus merula, T. ericetorum* *Sylvia atricapilla*	313
82	*Sorbus aucuparia*	*Coccothraustes coccothraustes*	313
82a	*Staphylea pinnata*	*Coccothraustes coccothraustes*	313
83	*Taxus baccata*	*Coccothraustes coccothraustes*	313
84	*Taxus baccata*	*Sitta europaea*	313
85	*Thuja plicata*	*Carduelis spinus*	314
86	*Thuja plicata*	*Chloris chloris*	314
87	*Thuja occidentalis*	*Chloris chloris*	314
88	*Thuja occidentalis*	*Pyrrhula pyrrhula*	314
89	*Tilia cordata*	*Coccothraustes coccothraustes*	314
89a	*Tilia platyphylla*	*Coccothraustes coccothraustes*	314
90	*Ulmus glabra*	*Chloris chloris*	315
91	*Ulmus carpinifolia*	*Carduelis carduelis*	315
91a	*Viburnum lantana*	*Coccothraustes coccothraustes*	315
91b	*Viburnum opulus*	*Coccothraustes coccothraustes*	315
92	Blütenknospen der Weißtanne, *Abies alba*, im Winter durch den Kreuzschnabel befressen.		315
93	Endknospe der Weißtanne, *Abies alba*, aus der die Tannenmeise, *Parus ater*, eine Raupe des Tannenknospenwicklers, *Epiblema nigricana*, auspickte.		315
94	Mai-Triebe der Weißtanne, *Abies alba*, die durch Kreuzschnäbel beim Befressen der Pflanzenläusen herunter geworfen worden sind.		316
95	Knospen von Weißdorn beschädigt im Frühjahr durch Grünlingen.		316
96	Knospen von Lärchen, durch Gimpel ausgepickt. Ein Teil der Knospen war durch die Gallenfliege *Dasyneura laricis* befallen.		316
97	Ein Bett der Schwarzkiefer, *Pinus nigra*-Sämlingen, die durch den Haussperling befressen wurden.		316
98	Birnenknospen durch den Seidenschwanz im Spätwinter befressen.		317
99	Knospen der Süßkirsche durch Grünlingen im Spätwinter beschädigt.		317
100	Knospen der Süßkirsche im Spätwinter durch den Kernbeißer beschädigt.		317
101	Knospen der Wintereiche im Spätwinter durch den Kernbeißer beschädigt.		318
102	Knospen von Zwetschken, durch *Pyrrhula pyrrhula, Fringilla coelebs* und *F. montifringilla* im Spätwinter massenhaft befressen.		318

294

1

2

2a

2b

3

4

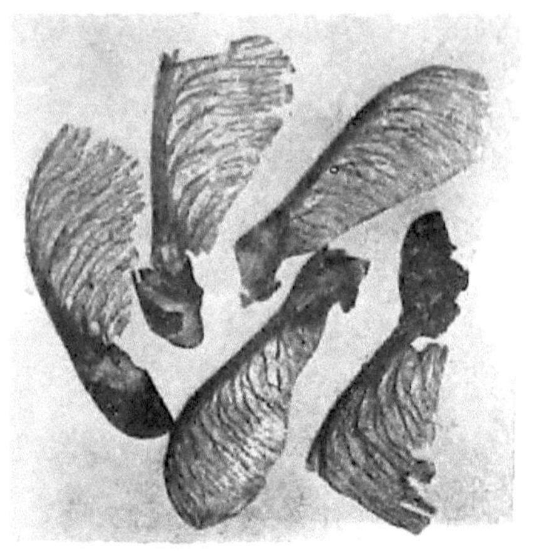

5

6

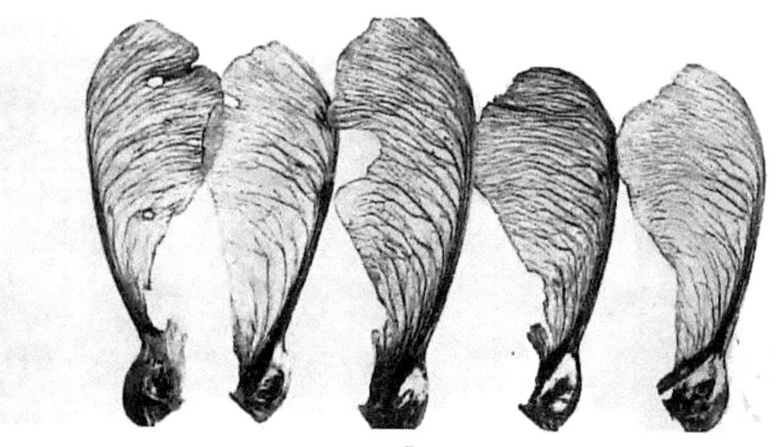

7

8

8a

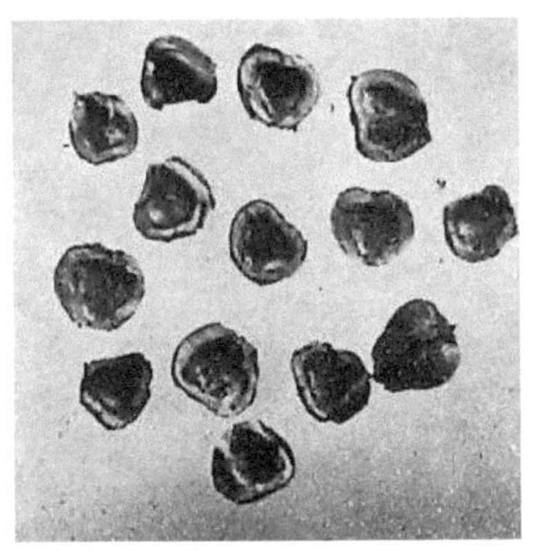

9

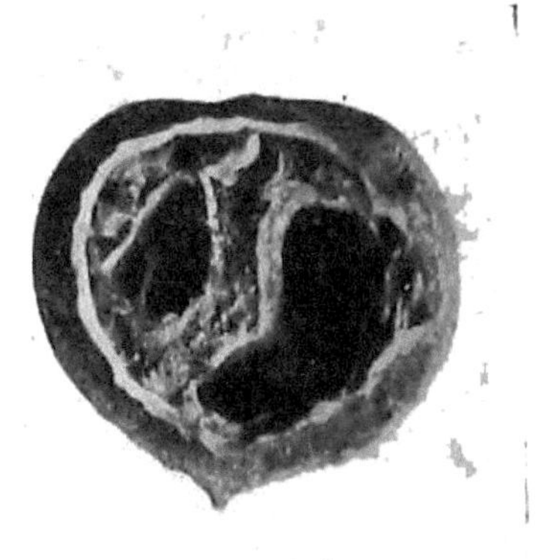

10

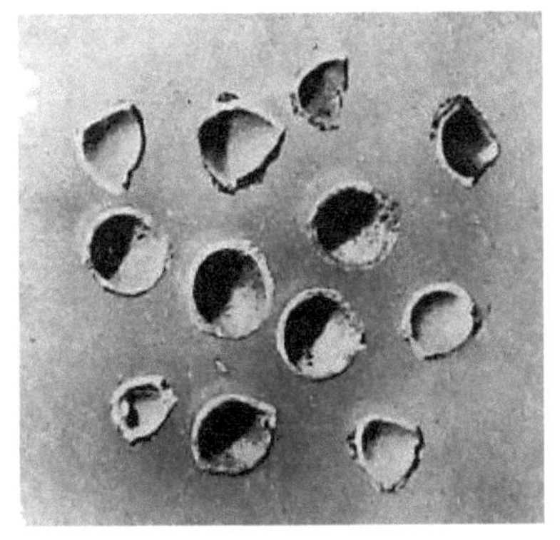

11

12

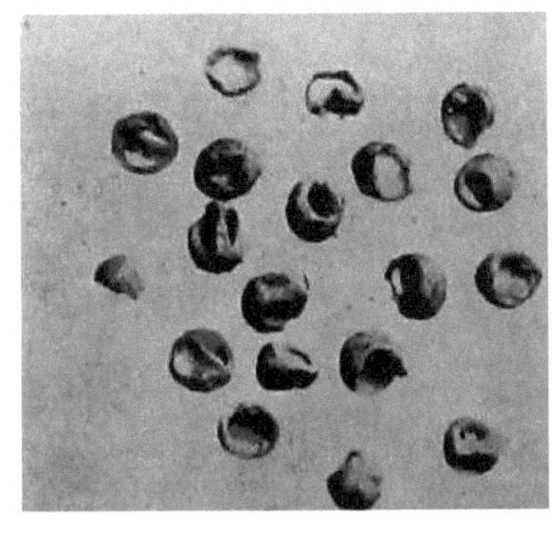

13

14

15

16

17

18

19

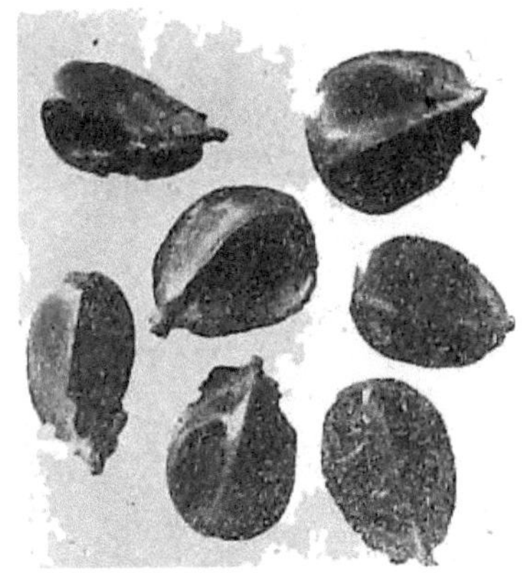

20

21

22

23

24

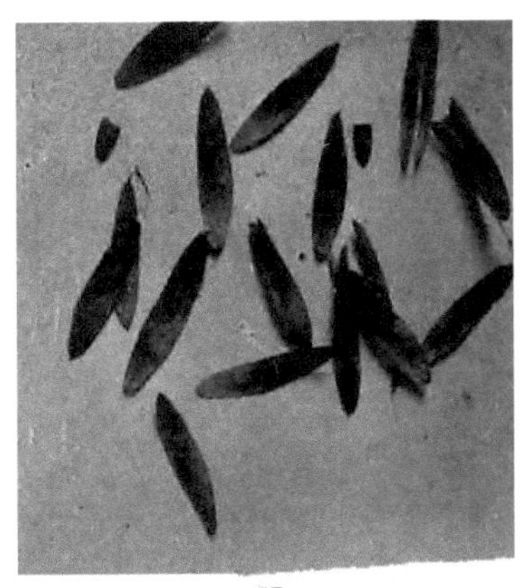

25

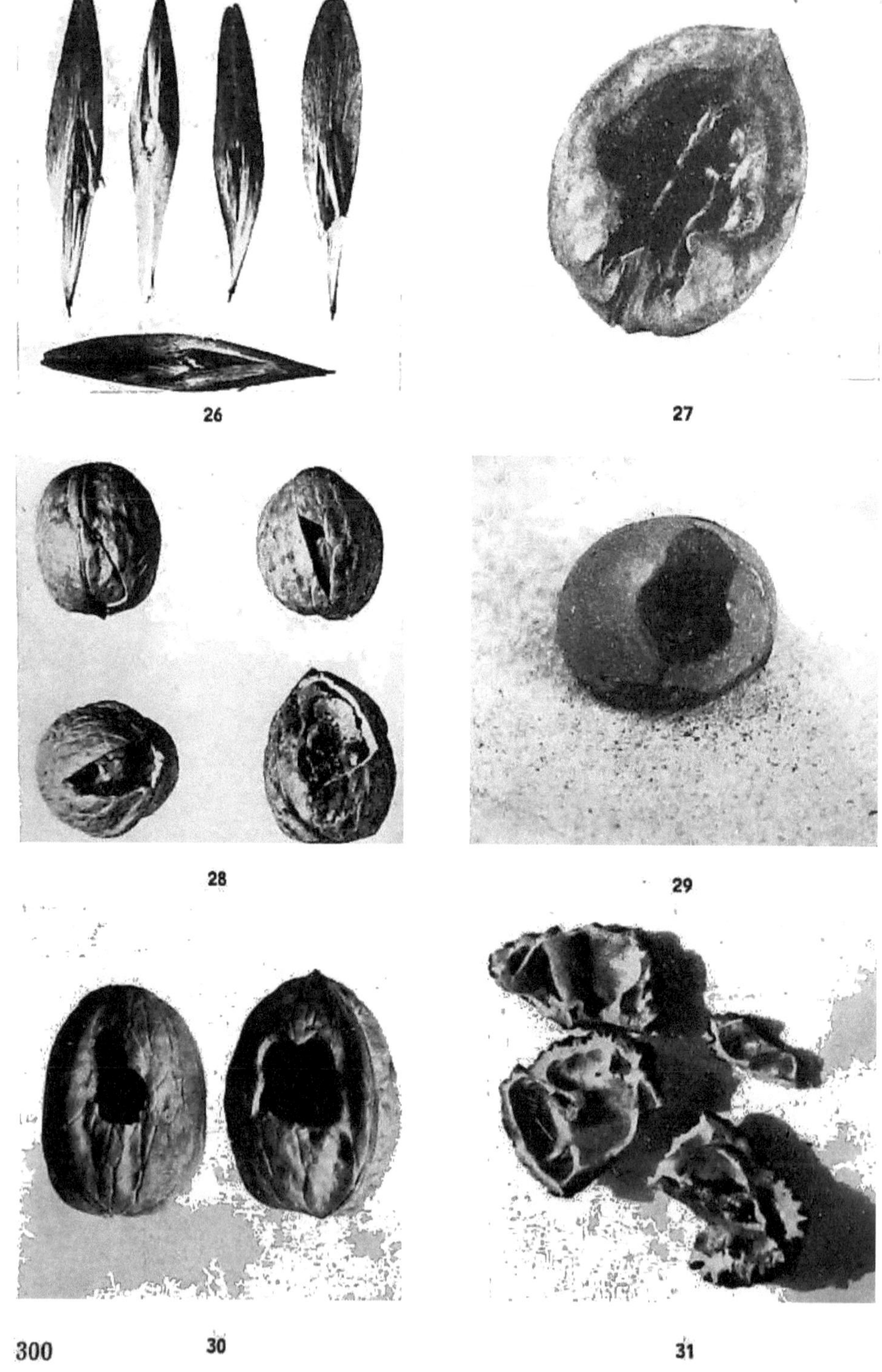

26

27

28

29

30

31

32

33

33a

34

35

36

37

38

39

40

41

42

43

44

45

46

47

48

49

50

51

52

53

54

55

56

57

58

59

60

61

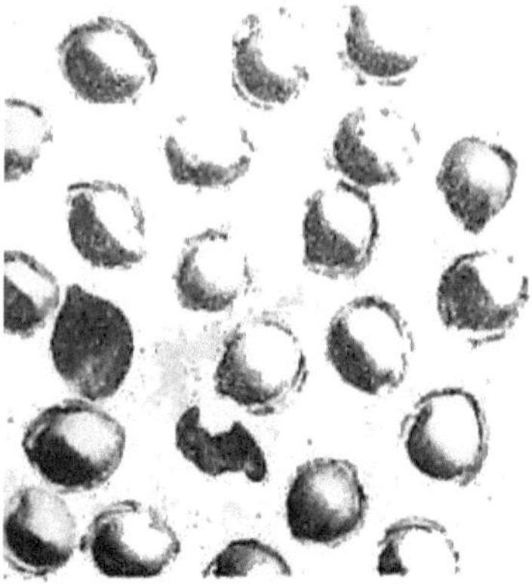

62

63

63a

64

65

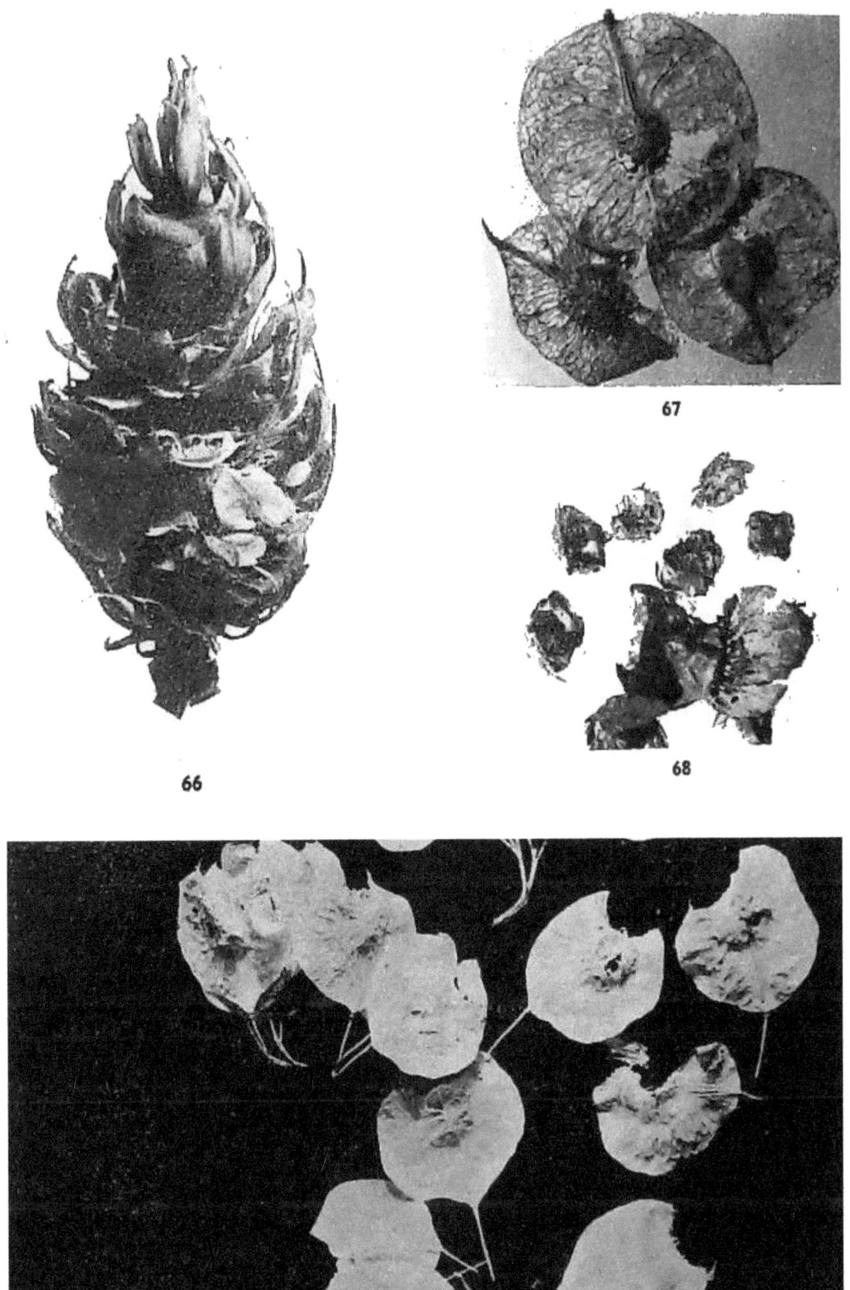

66

67

68

69

70

71

72

73

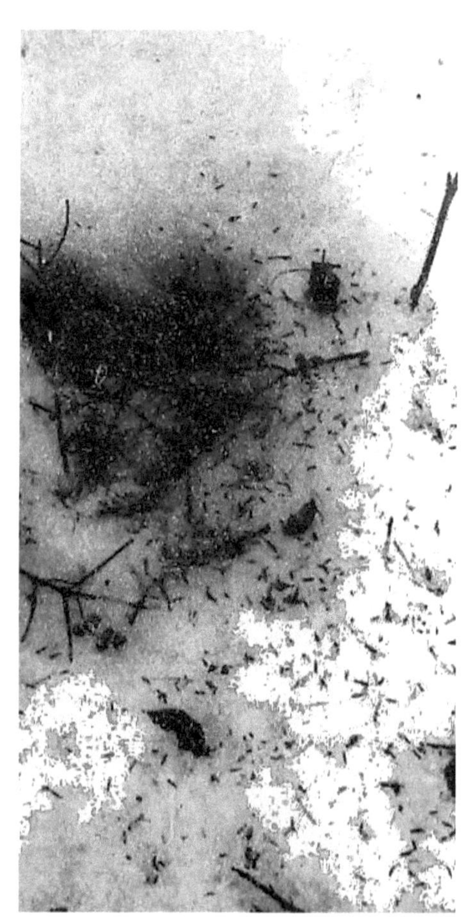

74

310

75

76

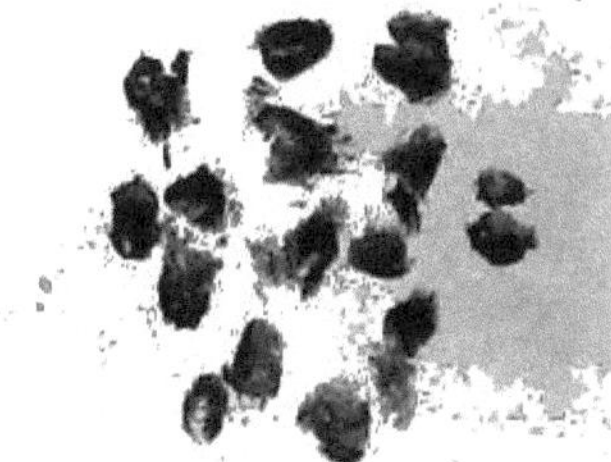

76a

77

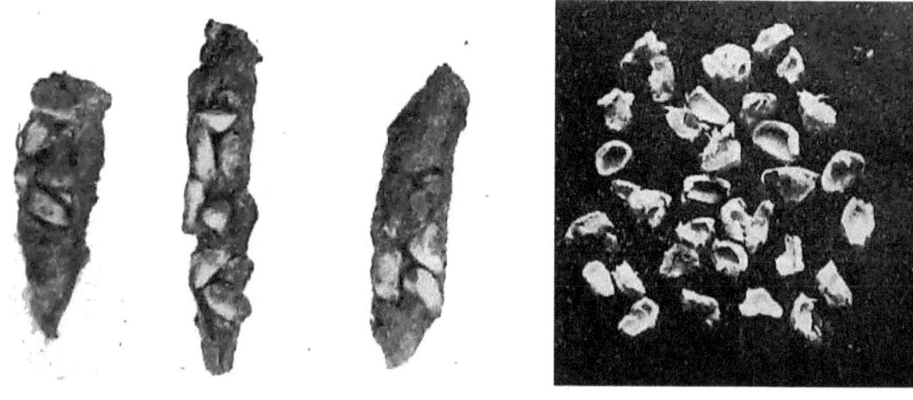

78

79

80

80a

81

82

82a

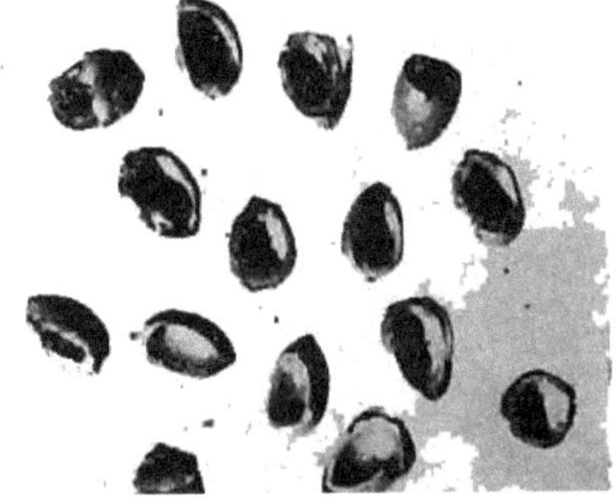

83

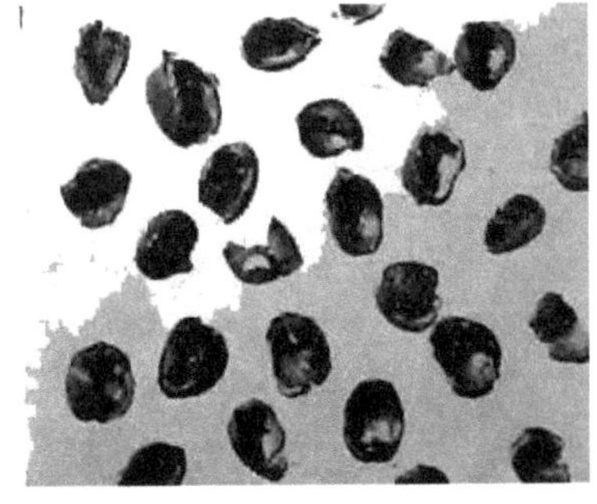

84

85

86

87

88

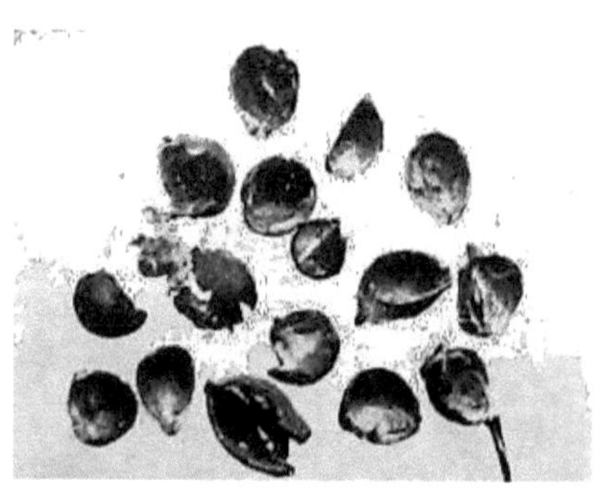

89

89a

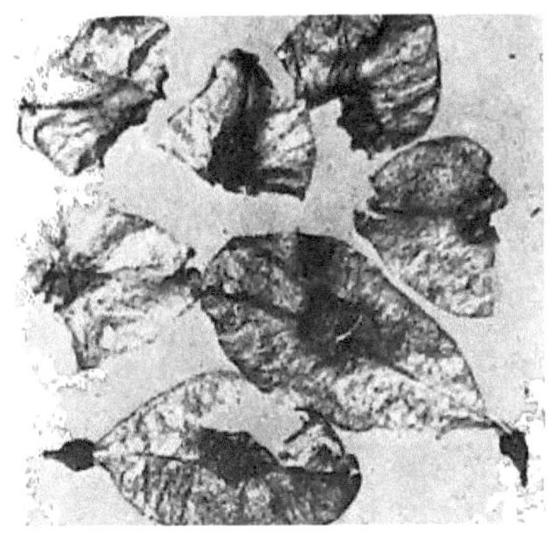
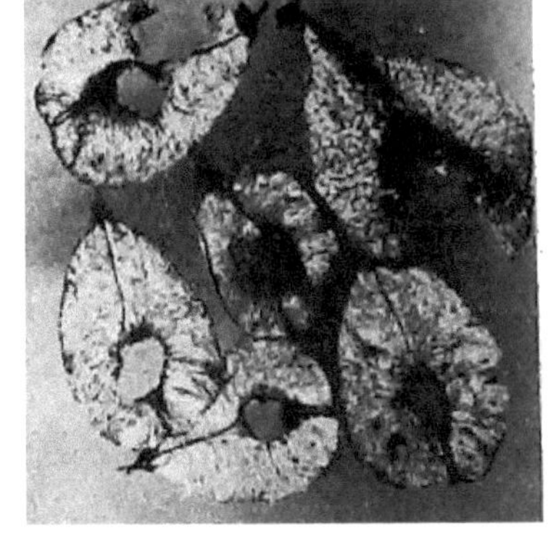

90

91

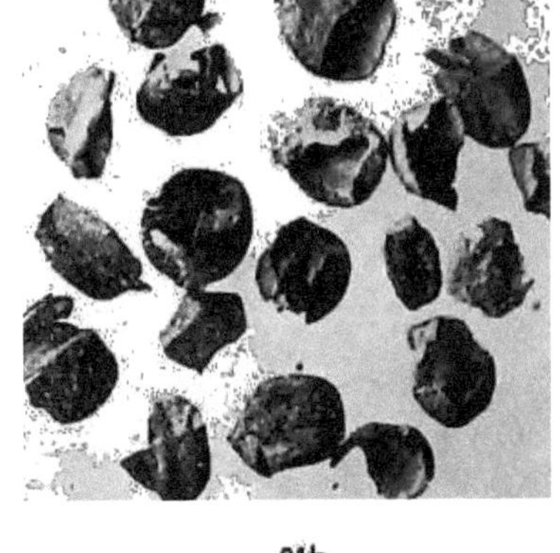

91a

91b

92

93

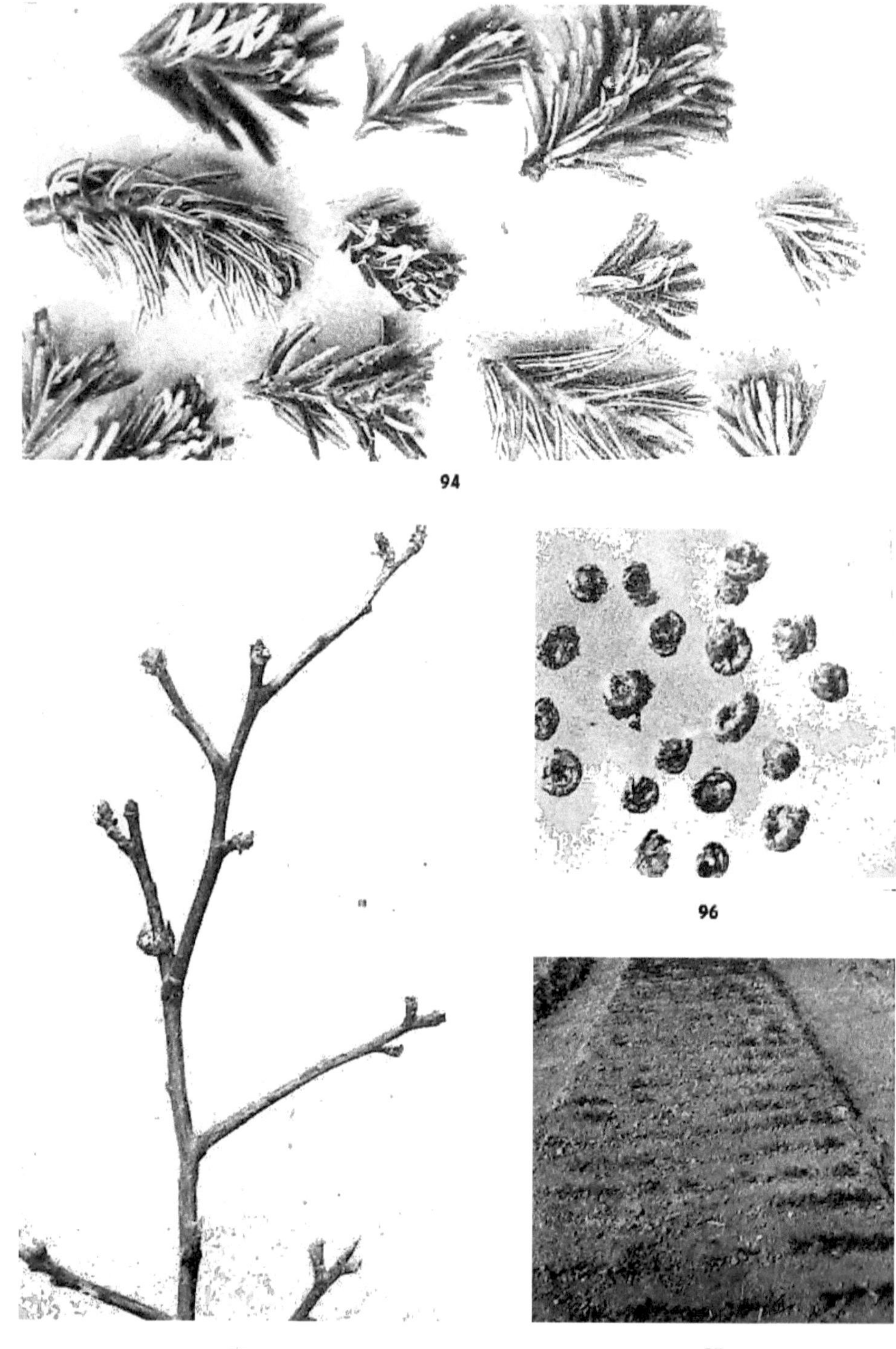

94

95

96

97

98

99

100

101

102

103

104

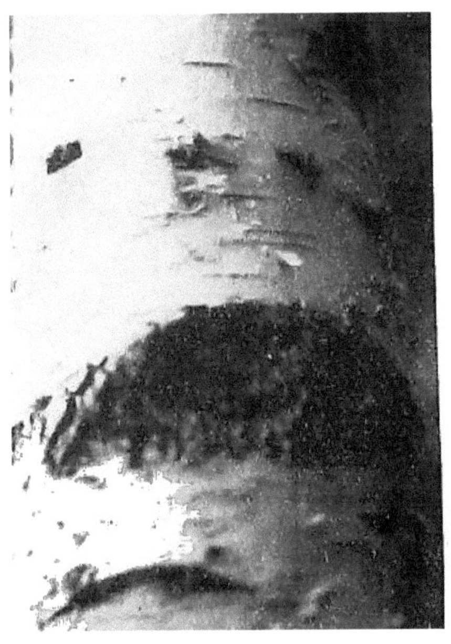

105

106

107

108

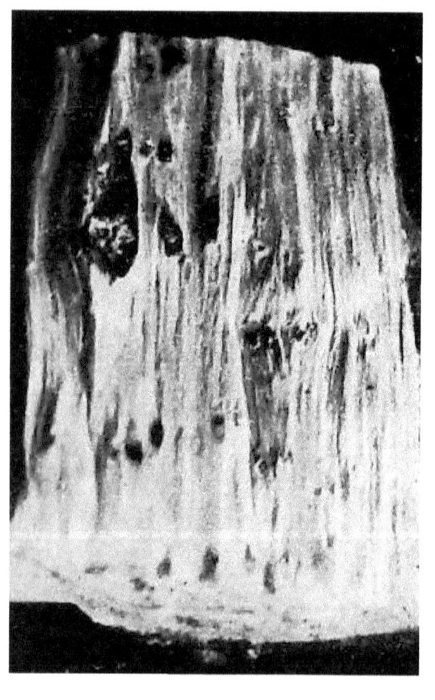

109

110

111

112

113

114

115

21 Ökologische

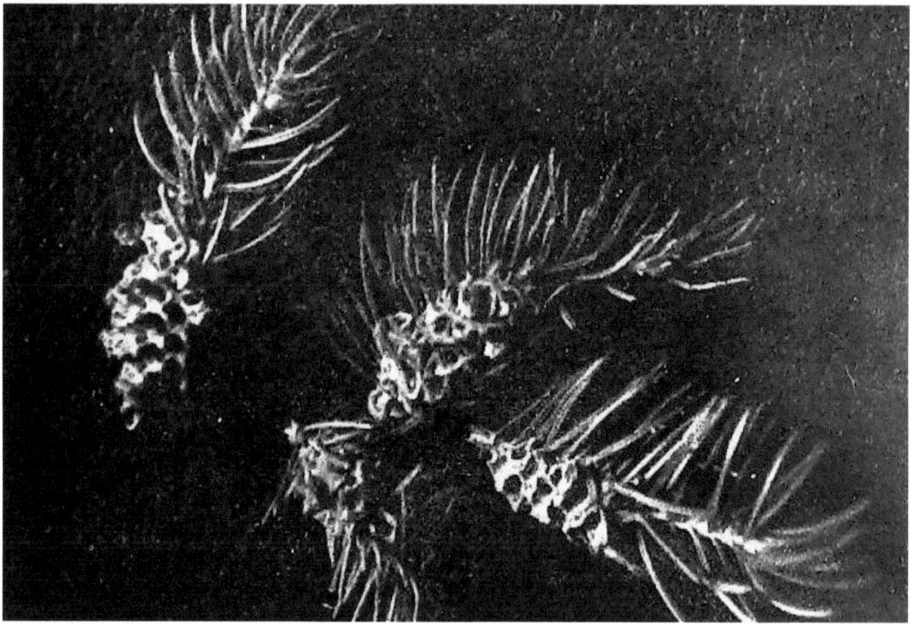

116

117

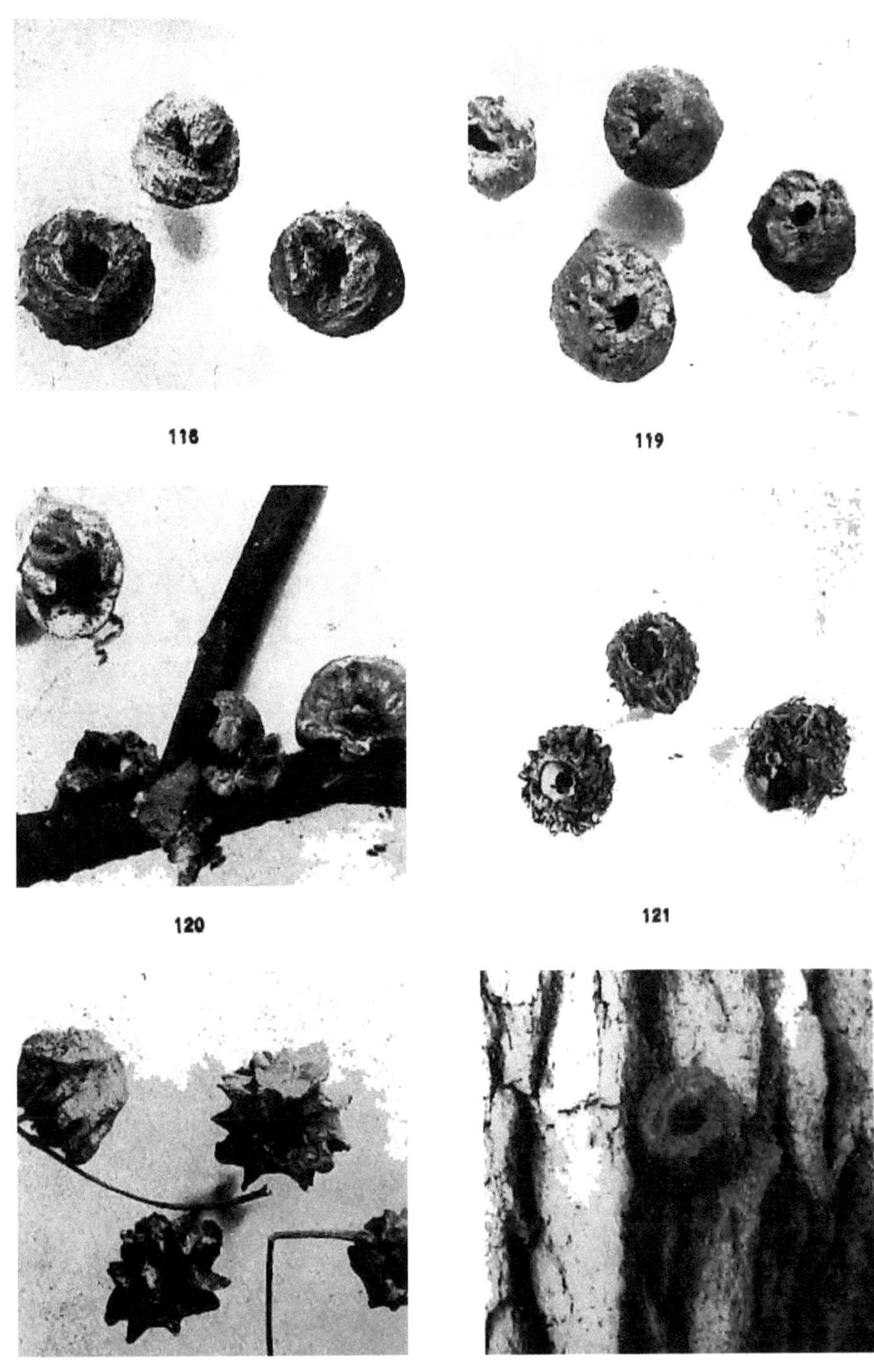

116

119

120

121

122

123

21*

124

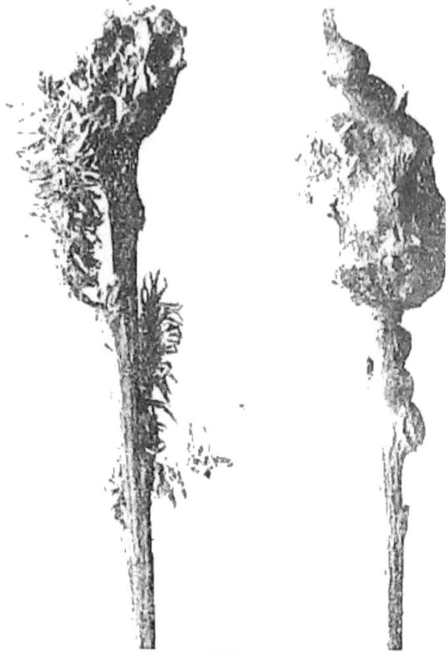

125

126

127

129

129

130

131

132

133

134

135

136

137

138

139

140

329

141

Exlibris Publish Verlag & Literaturagentur • Bochum
www.exlibrispublish.de • info@exlibrispublish.de

SUB schallundbild Studios • Bochum
www.schallundbild.de • admin@schallundbild.de